Vim实用技巧

（第2版）

Practical Vim
Edit Text at the Speed of Thought

[英] Drew Neil 著

杨源 车文隆 译

人民邮电出版社

北 京

图书在版编目（CIP）数据

Vim实用技巧：第2版 /（英）尼尔（Drew Neil）著；
杨源，车文隆译. -- 北京：人民邮电出版社，2016.11
ISBN 978-7-115-42786-1

Ⅰ. ①V… Ⅱ. ①尼… ②杨… ③车… Ⅲ. ①UNIX操
作系统－程序设计 Ⅳ. ①TP316.81

中国版本图书馆CIP数据核字(2016)第139458号

◆　　著　　[英] Drew Neil

　　　　译　　杨　源　车文隆

　　责任编辑　　陈冀康

　　责任印制　　沈　蓉　焦志炜

◆ 人民邮电出版社出版发行　　北京市丰台区成寿寺路 11 号
　　邮编　100164　电子邮件　315@ptpress.com.cn
　　网址　http://www.ptpress.com.cn
　　北京天宇星印刷厂印刷

◆ 开本：800×1000　1/16
　　印张：19.75　　　　　　　　2016 年 11 月第 1 版
　　字数：379 千字　　　　　　2025 年 1 月北京第 36 次印刷
　　著作权合同登记号　图字：01-2016-0807 号

定价：59.00 元
读者服务热线：**(010)81055410**　印装质量热线：**(010)81055316**
反盗版热线：**(010)81055315**

内容提要

Vim 是一款功能丰富而强大的文本编辑器，其代码补全、编译及错误跳转等方便编程的功能特别丰富，在程序员中得到非常广泛的使用。Vim 能够大大提高程序员的工作效率。对于 Vim 高手来说，Vim 能以与思考同步的速度编辑文本。同时，学习和熟练使用 Vim 又有一定的难度。

本书为那些想要提升自己的程序员编写，阅读本书是熟练掌握高超的 Vim 技巧的必由之路。全书共 21 章，包括 123 个技巧。每一章都是关于某一相关主题的技巧集合。每一个技巧都有针对性地解决一个或一类问题，帮助读者提升 Vim 的使用技能。本书示例丰富，讲解清晰，采用一种简单的标记方法，表示交互式的编辑效果，可以帮助读者快速掌握和精通 Vim。

本书适合想要学习和掌握 Vim 工具的读者阅读，有一定 Vim 使用经验的程序员，也可以参考查阅以解决特定的问题。

读者对本书的评论

我通过本书学到的 Vim 知识比从其他渠道获得的要多得多。

➤ Robert Evans 软件工程师，编码狂人

读完本书的几章后，我意识到自己有多么孤陋寡闻，在 30 分钟时间里一下子被从中级用户打回到初学者。

➤ Henrik Nyh 软件工程师

本书不断地改变我对一个编辑器能做什么的信仰。

➤ John P. Daigle 开发人员，ThoughtWorks 公司

Drew 在本书中继续了他在 Vimcasts 网站上的杰出工作。对任何关注 Vim 的人来说，这都是一本不可错过的书。

➤ Anders Janmyr 开发人员，Jayway

本书在官方文档和如何真正使用 Vim 之间架设了一座跨越鸿沟的桥梁。读完几章以后，我就把默认编辑器换成了 Vim，从此再未换过。

➤ Javier Collado 自动化 QA 工程师，Canonical 公司

Drew Neil 远不止为我们展示了工作所用的正确工具。他于穿插叙述之中，揭示了每个决定背后的哲学。本书教你让 Vim 用手指思考，而不是期待你记住所有东西。

➤ Mislav Marohnic 顾问

我将 Vim 用于做服务器维护已经超过 15 年了，但只在最近才把它用于软件开发。我以为我了解 Vim，但本书极大地提升了我的编码效率。

➤ Graeme Mathieson 软件工程师，Rubaidh 公司

本书让我意识到对于 Vim 我还有多少东西要学。每个技巧都可以很容易地马上应用到工作过程当中，从多方面提升你的工作效率。

➤ Mathias Meyer 《Riak 手册》的作者

在 Vim 知识方面，本书是一个无尽的宝藏。现在我用 Vim 处理日常工作已经超过两年了，这本书给了我无穷的启发。

➤ Felix Geisendörfer 联合创始人，Transloadit

第一版序

传统观点认为，Vim 的学习曲线很陡，但我相信绝大多数 Vim 用户对此不以为然。在学习 Vim 的初期，人们的确需要经历一段驼峰似的阻力，然而一旦完成了 vimtutor 的训练，并了解如何为 vimrc 配置一些基本选项后，就会达到一个新的高度，能用 Vim 完成实际工作了——尽管步履蹒跚，但终有回报。

接下来该做什么呢？来自互联网的答案是所谓的"技巧"——一种解决特定问题的灵丹妙药。当你觉得解决某个问题的方法不是最佳时，没准儿就要去搜索专门解决它的技巧了，或者你可能会主动看一些更受追捧的技巧。根据我的学习经验，这种策略的确奏效，不过这样学得很慢。"用 * 查找光标下的单词"这一招固然会让你受益匪浅，但却难以帮助你像 Vim 高手一样思考问题。

当我发现本书正是以这种"技巧"的方式组织章节时，你一定能理解我所持的怀疑态度。这区区上百条技巧怎么能让我举一反三呢？但当我翻了几页本书之后，我才意识到自己对"技巧"的理解太片面了。本书介绍的技巧与我认为的"问题 / 解决方法"方式有所不同，它旨在向人们传授如何像 Vim 高手一样思考问题。从某种意义上讲，这些技巧更像是寓言故事而非医师处方。书中的前几条技巧向人们介绍了应用范围很广的 . 命令，这是 Vim 高手们最重要的看家法宝，因为当时没人指点，我自己过了多年才意识到这一点。

正是由于这个原因，我才对本书的出版感到如此兴奋。如果现在再有 Vim 新手问我"下一步该学什么"，我知道该告诉他们什么了。不管怎么说，本书甚至还教会了我不少东西呢。

Tim Pope

Vim 核心贡献者

2012 年 4 月

前　言

本书是为那些想提升自己的程序员写的。你一定听说过，对于 Vim 高手来说，Vim 能以思考的速度编辑文本。阅读本书则是通往此途的必经之路。

本书是精通 Vim 的捷径。尽管它不会手把手教你，不过初学者可以先运行随 Vim 发布的交互式课程——Vim 向导[①]来了解必备的知识。本书则在这一基础之上着重介绍核心概念，并为你讲解地道的用法。

Vim 是高度可配置的，然而定制是一件很个性化的事情，因此我试图避免建议什么应该放进你的 vimrc 里，什么不应该。相反，本书关注的是 Vim 编辑器的核心功能。不管你是通过 SSH 登录远端服务器工作，还是在用本地安装了插件而增添了额外功能的 GVim，这些功能都永远在那儿。精通了 Vim 的核心功能，你就获得了一个可移植的、强大的文本编辑工具。

本书如何组织

这是一本按技巧组织的书，它被设计成不必从头读到尾（没错！在下一章开头，我会建议你直接跳到正文）。每一章都是关于某一相关主题的技巧集合，而每个技巧都讲解一个特定的实用功能。有些技巧自成一体，而有些技巧则依赖本书中其他地方的内容，这些有依赖关系的技巧会以交叉引用的形式呈现给大家，因此你可以轻松找到所有内容。

虽然整本书的进度安排不是先从入门开始，然后再到高级，但是每个独立章节中的内容都是按循序渐进的方式来组织的。缺乏经验的 Vim 用户可能更愿意先浏览全书，只阅读每章的前几个技巧；而高级用户可能会重点看每章中比较靠后的技巧，或是根据需要查阅本书。

关于示例的说明

在 Vim 中，对一件给定的任务，总能找到不止一种解决办法。例如，第 1 章里的

[①] http://vimhelp.appspot.com/usr_01.txt.html#vimtutor

所有问题都围绕 ⬚ 命令进行设计，以便讲解 ⬚ 命令的应用，不过这些问题也都可以用 :substitute 命令解决。

在阅读我的解决方法时，你自己也许会想："难道用这种方法做不是更快吗？"可能你是对的！我的解决方法只是在讲解一种特定的技术，试图透过它们简单的外表，找出它与你日常所面临问题的相似之处，而这一点才是这些技巧可以帮你节省时间的地方。

先学会盲打，然后再学习 Vim

如果你要低头看着键盘打字，那学习 Vim 的好处不会立竿见影地显现出来。要高效地使用 Vim，必须学会盲打。

Vim 的祖先要追溯到经典的 UNIX 编辑器 vi 和 ed，参见技巧 27 中的 "**Vim（及其家族）的词源**" 部分，它们比鼠标及所有点击界面出现得都早，因此根本没有这类接口，所有操作都通过键盘完成。Vim 也是一样，Vim 中的所有操作也都可以通过键盘完成。对盲打人员来说，这意味着用 Vim 做任何事都能更快些。

致　谢

感谢 Bram Moolenaar 创造了 Vim，也感谢所有对 Vim 的开发做出贡献的人。这是一个永恒的软件，我期盼自己能与它一同成长。

感谢 Pragmatic Bookshelf 公司的每个人，正是你们的齐心协力才使这本书变得更好。特别感谢本书的项目编辑 Kay Keppler，感谢他教导我成为一名作者，并促使本书成形，而不在乎经历了多少的成长之痛以及我偶尔使性子。同样要感谢本修订版的项目编辑 Katharine Dvorak。我也想感谢 David Kelly，感谢他对我与众不同的排版要求所做出的巧妙设计。

本书刚开始并没有打算按照技巧的方式组织章节，但 Susannah Pfalzer 发现采用这种格式会更好。重写这么多内容的确很痛苦，但做完之后，我头一次写出了让自己满意的初稿。Susannah 知道什么是最好的，感谢她分享了这一见解。

感谢 Dave Thomas 和 Andy Hunt 创办了 Pragmatic Bookshelf 公司。我没想过让其他出版商出版本书，并且我很荣幸本书能和其他书一起列在他们的书目中。

如果没有技术审阅人员，本书不可能出版。每一位技术审阅人都为之贡献了力量，并帮助本书成形。在此我想感谢 Adam McCrea、Alan Gardner、Alex Kahn、Ali Alwasity、Anders Janmyr、Andrew Donaldson、Angus Neil、Charlie Tanksley、Ches Martin、Daniel Bretoi、David Morris、Denis Gorin、Elyézer Mendes Rezende、Erik St. Martin、Federico Galassi、Felix Geisendörfer、Florian Vallen、Graeme Mathieson、Hans Hassel- berg、Henrik Nyh、Javier Collado、Jeff Holland、Josh Sullivan、Joshua Flanagan、Kana Natsuno、Kent Frazier、Luis Merino、Mathias Meyer、Matt Southerden、Mislav Marohnic、Mitch Guthrie、Morgan Prior、Paul Barry、Peter Aronoff、Peter Rihn、Philip Roberts、Robert Evans、Ryan Stenhouse、Steven、Ragnarök、Tibor Simic、Tim Chase、Tim Pope、Tim Tyrrell 以及 Tobias Sailer。

即便是有了技术审阅人员的审查，一些错误依然隐藏在书中。在此我想感谢为本书提交错误报告的所有人，是你们帮助我找到错误并修正它们。

Vim 的内置文档是非常了不起的资源，本书中到处都在引用它。我想感谢 Carlo Teubner 把 Vim 文档在线发布到 vimhelp.appspot.com，并持续更新。

本书第一版中有些技巧很糟糕，但我依然把它们加入书中，因为我觉得它们很重要。在本修订版中，我很高兴能够重写这几个糟糕的技巧。感谢 Christian Brabandt 实现了"改变玩法"的 gn 命令，让我能够重写技巧 84。感谢 Yeggapan Lakshmanan 实现了 cfdo 命令（及其相关命令），让我能够重写技巧 97。我也想感谢 David Bürgin 所提交的 Vim 补丁 7.3.850，这一补丁终结了 vimgrep 命令带给我的小头疼。

另外，我想感谢整个 Vim 社区，感谢他们通过互联网分享见解。通过阅读 StackOverflow 上 Vim 标签中的内容和订阅 vim_use 邮件列表，我学到了本书中的很多技巧。

Tim Pope 的 rails.vim 插件对于说服我皈依 Vim 起了很大的作用，并且他开发的许多其他插件也都成为我的 Vim 设置中必不可少的组成部分。我也从 Kana Natsuno 的插件中领悟到很多东西，在我印象里，他的自定义文本对象是对 Vim 核心功能最好的扩展。感谢你们两位把 Vim 这把“锯子”磨得更加锋利，使我们大家从中获益。

感谢 Joe Rozner 提供的 wakeup 源码，我使用它来介绍 :make 命令；感谢 Oleg Efimov 对 nodeline 缺陷的快速反馈，也感谢 Ben Cormack 对 robots 以及 ninjas 的解释。

2012 年 1 月，我们搬到了柏林，在这里的技术社区的启发下，我完成了本书。我想感谢 Gregor Schmidt 成立了 Vim 柏林用户组，也感谢 Schulz-Hofen 举办的招待我们的聚会。与 Vim 用户交谈的机会，真正帮我理清了思路，因此我感激每个参加 Vim 柏林会议的人。也感谢 Daniel 及 Nina Holle 把自己的房子转租给我们，它既是居住的绝佳场所，也是工作的高效环境。

2011 年 3 月我住在埃及时，需要动手术清除肠道粘连。不幸的是，我离家很远；幸运的是，我妻子陪伴在身边。Hannah 把我送到半岛南部医院，在那里我受到了很好的照顾。我想对那里的所有医务人员表示感谢，感谢他们对我的悉心照料，也感谢 Shawket Gerges 医生为我成功地进行了手术。

当我母亲知道我要动手术时，她抛下一切乘坐最早航班飞到埃及。要知道当时这个国家正在发生革命，她老人家需要多大的勇气才能做到这一切啊。我无法想象没有我母亲的支持与经验，我和 Hannah 该如何度过这段困难时期。我为一生中拥有两个如此伟大的女人而感到幸福。

写作体例说明

在本书中，我会通过图例进行演示，而不是描述它们，因为用书面语不太容易做到这一点。为了显示在交互式编辑会话中所采取的步骤，我采用了一种简单的标记方法，把按键操作及 Vim 缓冲区的内容排在一起进行说明。

如果你急于动手操作的话，现在可以直接跳过这一部分。这一部分主要描述本书沿用的体例，你会发现其中很多都不需要解释。或许在某个地方你会偶然发现一个符号，想搞清楚它究竟代表什么意思。当这种情况发生时，你可以回到这一部分来寻求答案。

了解 Vim 的内置文档

了解 Vim 文档的最好方式是花点时间阅读。我在书中给出了 Vim 文档入口的"超链接"，以方便读者找到相关文档。例如，这里有一个通往 Vim 向导的"超链接"：:h vimtutor ❶。

这个图标具有两个作用。第一，它起到指示牌的作用，把目光吸引到这些有用的参考信息上；第二，如果你在联网的电子设备上阅读本书的话，那么你可以单击这些图标，它会把你带到 Vim 在线文档的相应入口。从这个意义上讲，它的确是超链接。

但是，如果你正在阅读纸版书，那该怎么做？别担心，如果在你手边有可访问的 Vim 程序，简单地输入图标前的命令即可。

例如，你可以输入 :h vimtutor（:h 是 :help 命令的简写）。你可以把它想成 vimtutor 文档的唯一地址，即某种形式的 URL。从这个意义上讲，此 help 引用也是一种指向 Vim 内置文档的超链接。

在书页中模拟 Vim 的标记

Vim 区分模式的界面把它同其他文本编辑器区别开来。以音乐作个比喻，让我们拿 Qwerty 键盘与钢琴键盘进行比较。一个钢琴家可以每次只弹一个琴键来演奏主旋律，他也可以一次弹多个键来演奏和弦。对于多数文本编辑器，要触发一个键盘快捷

键，需要先按住一个或多个修饰键，如控制键或命令键，然后再按另外一个键，在 Qwerty
键盘上的这种操作方式，等同于在钢琴键盘上演奏和弦。

　　某些 Vim 命令也由演奏和弦的方式触发。不过普通模式命令则被设计成输入一串
按键。在 Qwerty 键盘上的这种操作方式，则等同于在钢琴键盘上演奏主旋律。

　　`Ctrl-s` 是用来表示组合键命令的惯用约定，意为"同时按控制键及 `s` 键"，但
这种约定方式并不适合用来描述 Vim 区分模式的命令集。在本节，我们将结识贯穿于
全书的标记，在讲解 Vim 的用法时会用到它们。

演奏主旋律

　　在普通模式中，我们按次序输入一个或多个键组成一条命令。这些命令看起来像
下面这样：

标记	含义
`x`	按一次 `x`
`dw`	依次按 `d`、`w`
`dap`	依次按 `d`、`a`、`p`

　　这些序列大多数包含两个或 3 个按键，但有的命令会更长。解读 Vim 普通模式
命令序列的含义可能颇具挑战性，不过经过练习后你会做得更好。

演奏和弦

　　当你看到诸如 `<C-p>` 这样的键时，它的意思不是"先按 `<`，然后按 `C`，再按 `-`，
等等"。`<C-p>` 标记等同于 `Ctrl-p`，意为"同时按 `<Ctrl>` 及 `p`"。

　　我不会无缘无故地选择这种标记方式的。首先，在 Vim 的文档中使用了这种标记
（`:h key-notation` ❶），我们也用它定义自定义按键映射项。另外，某些 Vim 命令
由组合键及其他键以一定的次序组合在一起，这种标记也可以很好地表达这些命令。
请看下面这些例子。

标记	含义
`<C-n>`	同时按 `<Ctrl>` 和 `n`
`g<C-]>`	按 `g`，然后同时按 `<Ctrl>` 和 `]`
`<C-r>0`	同时按 `<Ctrl>` 和 `r`，然后按 `0`
`<C-w><C-=>`	同时按 `<Ctrl>` 和 `w`，然后同时按 `<Ctrl>` 和 `=`

占位符

　　很多Vim命令需要以一定的次序按两个或多个按键。有些命令后面必须跟某种特定类型的按键，而其他命令后面则可以跟键盘上的任意键。我使用花括号表示一条命令后可以跟有效按键集合。下面是一些例子。

标记	含义
`f{char}`	按 `f`，后面跟任意字符
`` `{a-z} ``	按 `` ` ``，后面跟任意小写字母
`m{a-zA-Z}`	按 `m`，后面跟任意小写或大写字母
`d{motion}`	按 `d`，后面跟任意动作命令
`<C-r>{register}`	同时按 `<Ctrl>` 和 `r`，后面跟一个寄存器地址

显示特殊按键

　　有些特殊按键以其名字表示，下表节选了其中的一些。

标记	含义
`<Esc>`	按退出键
`<CR>`	按回车键，也写作 `<Enter>`
`<Ctrl>`	按控制键
`<Tab>`	按制表键
`<Shift>`	按切换键
`<S-Tab>`	同时按 `<Shift>` 和 `<Tab>`
`<Up>`	按上光标键
`<Down>`	按下光标键
`␣`	按空格键

> 注意，空格由 `␣` 表示。它和 `f{char}` 命令组合在一起时记为 `f␣`。

区分不同模式下的输入

　　在操作 Vim 时，经常会从普通模式切换到插入模式，然后再切换回普通模式。Vim 中的每个键都可能具有不同的含义，这取决于当前哪个模式生效。我用了另一种样式表示在插入模式中输入的键，这可以让人很容易地把它们与普通模式下的按键区分开来。

看看这个例子 `cwreplacement<Esc>`。普通模式命令 `cw` 会删除从光标位置到当前词结尾处的文本，并切换到插入模式。然后我们在插入模式中输入单词"replacement"，并按 `<Esc>` 键再切换回普通模式。

普通模式所用的样式也用于可视模式，而插入模式的样式也用来表示命令行模式及替换模式下输入的按键。你可以通过上下文清楚地知道当前处于哪个模式。

在命令行中操作

在有些技巧中，我们会在 shell 或 Vim 中执行一条命令行命令。下面是在 shell 中执行 grep 命令的格式。

⇒ `$ grep -n Waldo *`

下面是执行 Vim 内置的 `:grep` 命令的格式。

⇒ `:grep Waldo *`

在全书中，`$` 符号表示在外部 shell 中执行一条命令行命令，`:` 提示符则表示这条命令在内部的命令行模式中执行。有时我们也会看到其他的提示符，包括：

提示符	含义
$	在外部 shell 中执行命令行命令
:	用命令行模式执行一条 Ex 命令
/	用命令行模式执行正向查找
?	用命令行模式执行反向查找
=	用命令行模式对一个 Vim 脚本表达式求值

无论你何时在文中见到一条 Ex 命令，比如 `:write`，都可以假设我们按了 `<CR>` 键来执行该命令，否则该命令什么也不会做，因此可以认为 `<CR>` 在 Ex 命令中是隐含的。

与之相反，Vim 的查找命令允许在按 `<CR>` 前预览第一个匹配项（参见技巧 82）。当你在文中见到一条查找命令时，比如 `/pattern<CR>`，你会看到 `<CR>` 键被显式地标出来了；如果 `<CR>` 被省略了，那是有意为之，也就是说你现在还不要按回车。

显示缓冲区内光标的位置

在显示缓冲区内容时，如果能指示当前光标位于何处，那会很有用。在下面的例子里，你可以看到光标位于单词"One"的第一个字母上。

`One two three`

当我们执行一项包含若干步的修改时，缓冲区的内容会经历一些中间状态。为了讲解这一过程，我使用了一个表格，在其左栏中显示所执行的命令，在右栏中显示缓冲区的内容。下面是个简单的例子。

按键操作	缓冲区内容
{start}	`One two three`
`dw`	`two three`

在第 2 行，我们运行 `dw` 命令删除了光标下的单词。通过查看位于同一行的缓冲区内容，我们可以立刻看到这条命令执行完后缓冲区的状态。

高亮显示查找匹配项

在讲解 Vim 的查找命令时，如果能把缓冲区内出现的每个匹配项都高亮显示出来，那会很有帮助。在下例中，查找字符串 "the" 会让出现该模式的 4 处地方被高亮显示出来：

按键操作	缓冲区内容
{start}	`the problem with these new recruits is that` `they don't keep their boots clean.`
`/the<CR>`	`the problem with these new recruits is that` `they don't keep their boots clean.`

你可以跳到技巧 81，了解如何激活 Vim 的查找高亮功能。

在可视模式中选择文本

可视模式允许在缓冲区内选择文本，然后在其上操作。在下例中，用 `it` 文本对象选中 `<a>` 标签内的文本。

按键操作	缓冲区内容
{start}	`<a href="http://pragprog.com/dnvim/">Practical Vim</a>`
`vit`	`<a href="http://pragprog.com/dnvim/">Practical Vim</a>`

注意，高亮显示可视选区的样式与高亮显示查找匹配项的样式相同。当你看到这种样式时，根据上下文就可以知道它究竟是代表一处查找匹配项，还是一个高亮选区。

下载本书中的示例

本书中的例子通常都先显示修改前的文件内容，并在示例文本中给出该文件所在的路径，如下所示：

```
macros/incremental.txt
partridge in a pear tree
turtle doves
French hens
calling birds
golden rings
```

　　每当你看到以这种方式列出的文件路径时，都表示该例可被下载。我建议你在 Vim 中打开此文件，然后亲自试试这个例子。这是学习 Vim 的最好方式。

　　要照着书中的例子操作，你可以从 Pragmatic Bookshelf 的网站上下载本书所有的示例和源代码[①]。如果你在联网电子设备上阅读本书，也可以单击文件名来逐一获取每个文件。你可以用上面的例子试验一下。

使用 Vim 的出厂配置

　　Vim 是高度可配置的，如果你不喜欢其默认的行为，可以改变它们。这本是好事，但是，如果你用自定义的 Vim 跟着做本书中的例子，可能会感到迷惑，你也许会发现有些东西并不像书中描述的那样工作。如果你怀疑是自定义配置造成了干扰，那么你可以做一个快速的测试。试着先退出 Vim，然后再用下列选项启动它。

⇒ `$ vim -u NONE -N`

　　`-u NONE` 标志让 Vim 在启动时不加载你的 `vimrc`，这样，你的定制项就不会生效，插件也会被禁用。当用不加载 `vimrc` 文件的方式启动时，Vim 会切换到 vi 兼容模式，这将导致很多有用的功能被禁用，`-N` 标志则会使能 'nocompatible' 选项，防止进入 vi 兼容模式。

　　对于本书中的大多数例子来说，用 `vim -u NONE –N` 启动 Vim 应该可以确保你获得与书中的描述相符的体验，不过也有几处例外。有些 Vim 的内置功能是由 Vim 脚本实现的，也就是说，只有在激活插件时，它们才会工作。下面的文件中包含了激活 Vim 内置插件的最小配置。

```
essential.vim
set nocompatible
filetype plugin on
```

---

① http://pragprog.com/titles/dnvim/source_code

在启动 Vim 时，可以执行如下命令，用该文件取代你的 vimrc。

⇒ `$ vim -u code/essential.vim`

在执行时，需要相应地调整 code/essential.vim 文件所在的路径。激活 Vim 内置的插件功能后，可以使用诸如 netrw（参见技巧 44）、omni-completion（参见技巧 119），以及很多其他的功能。我在本书中所说的 Vim 的出厂配置，指的就是激活了内置的插件功能，并且禁用了 vi 兼容模式时的配置。

需要留意技巧开头的名为"准备工作"的小节，要想跟着技巧中的步骤做，需要对 Vim 进行相应的配置。如果你由 Vim 的出厂配置开始，然后再动态应用这些定制项，就应该能重现技巧中的结果，不会遇到任何问题。

如果你仍遇到问题，请看后面的"关于 Vim 的版本"部分。

Vim 脚本所扮演的角色

Vim 脚本让我们可以给 Vim 添加新的功能，或是改变其已有的功能。它是一种完整的脚本语言，并且这个主题本身就可以写一整本书。不过本书并不是这样一本书。

但我们不会完全避开此话题，Vim 脚本一直隐身在幕后，时刻准备响应我们的召唤。在技巧 16、技巧 71、技巧 95 及技巧 96 中，我们将看到一些如何使用它们完成日常工作的例子。

本书展示了如何使用 Vim 的核心功能。换句话说，它假设我们不使用任何第三方插件。不过技巧 87 是个例外，visual-star.vim 插件添加的功能我认为是不可或缺的，并且它只需很少的代码——不超过 10 行。同时它也展示了扩充 Vim 的功能是多么容易。文中给出了 visual-star.vim 的实现，但没有讲解。这应该能给你一些印象，了解 Vim 脚本是什么样的，以及你能用它干什么。如果它激起了你的兴趣，那就更好了。

关于 Vim 的版本

本书中的所有例子都在最新的 Vim 版本中测试过，在写本书时是版本 7.4。就是说，大多数例子在任意 7.x 版本中都能够很好地工作，并且所讨论的很多功能在 6.x 中也同样适用。

有些 Vim 功能可以在编译期间被禁用。例如，在配置编译选项时，可以传入 --with-features=tiny 参数，这会禁用除最基本的功能外的其他所有功能（Vim 的功能集还包括 small、normal、big 和 huge）。可以查阅 `:h +feature-list` ❶，浏览完整的功能列表。

如果你发现自己的 Vim 缺少本书所讨论的某个功能，那么你也许正在使用一个最小功能集的 Vim 发行版。可以用 `:version` 命令检查此功能是否可用。

⇒ `:version`

❰ VIM - Vi IMproved 7.4 (2013 Aug 10, compiled Oct 14 2015 18:41:08)

  Huge version without GUI. Features included (+) or not (-):

  +arabic +autocmd +balloon_eval +browse +builtin_terms +byte_offset

  +cindent +clientserver +clipboard +cmdline_compl +cmdline_hist

  +cmdline_info +comments

  ...

在现代计算机上，没理由不用 Vim 的 huge 功能集！

用终端 Vim 还是图形化 Vim？你自己定！

传统上，Vim 在终端内运行，没有图形用户界面（GUI）。我们也可以说 Vim 具有 TUI，即文本用户界面。如果你每天有大量时间花在命令行上，你会感觉这很自然。

如果你通常使用基于图形用户界面的文本编辑器，那么 GVim（或 OS X 上的 MacVim）可以给你提供一个通往 Vim 世界的有用桥梁（参见 `:h gui`❶）。GVim 支持更多的字体以及更多的语法高亮颜色，也可以使用鼠标。它也遵从某些操作系统的约定，例如，在 MacVim 中，可以用 `Cmd-X` 和 `Cmd-V` 与系统剪切板交互，也可以用 `Cmd-S` 保存文件，用 `Cmd-W` 关闭一个窗口。如果你能接受的话，可以用这些命令，不过你应该已意识到，还有更好的方法完成这些。

对本书的目的而言，运行终端 Vim 还是 GVim 关系不大。我们将着重于介绍 Vim 的核心命令，这些功能在两者中都能很好地运行。我们要学习的重点是如何用 Vim 的方式来工作。

目　录

第1章

Vim 解决问题的方式

从本质上讲，我们的工作是重复性的。不论是在几个不同的地方做相同的小改动，还是在文档的相似结构间移动，我们都会重复很多操作。凡是可以简化重复性操作的方式，都会成倍地节省我们的时间。

Vim 对重复性操作进行了优化。它之所以能高效地重复，是因为它会记录我们最近的操作，让我们用一次按键就能重复上次的修改。这听起来很强大，但是除非我们能够学会规划按键动作，使得在重复时能完成一项有用的工作，否则这没什么用。掌握这一理念是高效使用 Vim 的关键。

我们将以 **.** 命令作为开始。这个看似简单的命令是 Vim 中的瑞士军刀，掌握它的用法是精通 Vim 的第一步。我们将运行一些可由 **.** 命令快速完成的简单编辑任务，虽然每个任务彼此之间截然不同，但解决的方法却大同小异。我们将找到一种理想的编辑模式，即用一次按键移动，用另一次按键执行。

技巧1 认识 . 命令

. 命令可以让我们重复上次的修改，它是 Vim 中最为强大的多面手。

Vim 文档只是简单地提到 **.** 命令会"重复上次修改"（参见 :h .①），这听起来没什么特别，但在这个简单的说明里，我们会发现让 Vim 区分模式的编辑模型如此高效的核心原因。首先我们要问："究竟什么是修改？"

要理解 . 命令的强大，我们需要意识到这一点："上次修改"可以指很多东西，一次修改的单位可以是字符、整行，甚至是整个文件。

我们将使用下面这段文本进行说明。

the_vim_way/0_mechanics.txt
Line one
Line two
Line three
Line four

x 命令会删除光标下的字符，在这种情况下使用 . 命令"重复上次修改"时，就会让 Vim 删除光标下的字符。

按键操作	缓冲区内容
{start}	Line one
	Line two
	Line three
	Line four
x	ine one
	Line two
	Line three
	Line four
.	ne one
	Line two
	Line three
	Line four
..	one
	Line two
	Line three
	Line four

我们可以输入几次 u 撤销上述修改，使文档恢复到初始状态。

dd 命令也做删除操作，但它会把整行一起删掉。如果在 dd 后使用 . 命令，那么"重复上次修改"会让 Vim 删除当前行。

按键操作	缓冲区内容
{start}	Line one
	Line two
	Line three
	Line four

续表

按键操作	缓冲区内容
dd	Line two
	Line three
	Line four
.	Line three
	Line four

最后，>G 命令会增加从当前行到文档末尾处的缩进层级。如果在此命令后使用 . 命令，那么"重复上次修改"会让 Vim 增加从当前行到文档末尾的缩进层级。在下例中，让光标从第二行开始，以便一目了然地看出差别。

按键操作	缓冲区内容
{start}	Line one
	Line two
	Line three
	Line four
>G	Line one
	Line two
	Line three
	Line four
j	Line one
	Line two
	Line three
	Line four
.	Line one
	Line two
	Line three
	Line four
j.	Line one
	Line two
	Line three
	Line four

x、dd 以及 > 命令都是在普通模式中执行的命令，不过，每次进入插入模式时，也会形成一次修改。从进入插入模式的那一刻起（例如，输入 i），直到返回普通模式时为止（输入 <Esc>），Vim 会记录每一个按键操作。做出这样一个修改后再用 . 命令的话，它将会重新执行所有这些按键操作（参见技巧 8 中的**在插入模式中移动光标会重置修改状态**部分中的补充说明）。

. 命令是一个微型的宏

在第 11 章"宏"中，我们将看到 Vim 可以录制任意数目的按键操作，然后在以后重复执行它们。这让我们可以把最常重复的工作流程录制下来，并用一个按键重放它们。可以把 . 命令当成一个很小的宏（macro）。

我们将在本章看到一些关于 . 命令的应用，另外还将在技巧 9 及技巧 23 中学到 . 命令的一些最佳应用技巧。

技巧 2　不要自我重复

对于在行尾添加内容这样的常见操作，如添加分号，Vim 提供了一个专门的命令，可以把两步操作合并为一步。

假设有如下的 JavaScript 程序片段。

the_vim_way/2_foo_bar.js

```
var foo = 1
var bar = 'a'
var foobar = foo + bar
```

我们想在每行的结尾添加一个分号。要实现这一点，先得把光标移到行尾，然后切换到插入模式进行修改。$ 命令可以完成移动动作，接着就可以执行 a;<Esc> 完成修改了。

要完成全部修改，也可以对下面两行做完全相同的操作，不过那样做会错过这里将要提到的小窍门。由于 . 命令可以重复上次的修改，因此不必重复之前的操作，而是执行两次 j$. 。一个键（.）顶 3 个（a;<Esc>），虽然每次省得并不多，不过在重复操作时，累积效应可不小。

不过让我们再仔细审视一下这个操作模式：j$. 。j 命令使光标下移一行，而 $ 命令把光标移到行尾。我们用了两下按键，仅仅是为了把光标移到指定位置，以便可以用 . 命令。你觉得还有改进的余地吗？

减少无关的移动

a 命令在当前光标之后添加内容，A 命令则在当前行的结尾添加内容。不管光标当前处于什么位置，输入 A 都会进入插入模式，并把光标移到行尾。换句话说，它把 $a 封装成了一个按键操作。在本技巧后的**一箭双雕**部分中，我们将会看到 Vim 提供了不少这样的复合命令。

下面是对之前例子的改进。

按键操作	缓冲区内容
{start}	var foo = 1 var bar = 'a' var foobar = foo + bar
A;<Esc>	var foo = 1; var bar = 'a' var foobar = foo + bar
j	var foo = 1; var bar = 'a' var foobar = foo + bar
.	var foo = 1; var bar = 'a'; var foobar = foo + bar

j.	var foo = 1;
	var bar = 'a';
	var foobar = foo + bar;

　　用 A 来代替 $a，大大提升了 . 命令的效率。不必再把光标移到行尾，只需保证它位于该行内就行了（可在任意位置）。现在可以重复执行足够多次的 j. ，完成对后续行的修改。

　　一键移动，另一键操作，真是太完美了！请留意这种应用模式，因为我们即将在更多的例子中看到它的身影。

　　虽然这一模式对这个简短的例子来说很好用，但它不是万能的。试想一下，如果我们不得不给连续 50 行添加分号，即便每个修改输一次 j. ，看起来也是一项很繁重的工作。跳到技巧 30 可以看到另外一种解决方法。

> ### 一箭双雕
>
> 　　我们可以这样说，A 命令把两个动作（$a）合并成了一次按键。不过它不是唯一一个这样的命令，很多 Vim 的单键命令都可以被看成两个或多个其他命令的组合。下表列出了类似的一些例子，你能找出它们之间别的共同点吗？
>
> | 复合命令 | 等效的长命令 |
> |---|---|
> | C | c$ |
> | s | cl |
> | S | ^C |

一箭双雕（续）

复合命令	等效的长命令
I	^i
A	$a
o	A<CR>
O	ko

如果你发觉自己正在输入 ko（或更糟糕，在用 k$a<CR>），马上打住！想想你在干什么，然后你就会意识到可以把它换成 O 命令。

你找出这些命令别的共同点了吗？它们全都会从普通模式切换到插入模式。仔细想想这一点，并想想这对 . 命令可能产生怎样的影响。

技巧 3 以退为进

我们可以用一种常用的 Vim 操作习惯在一个字符前后各添加一个空格。乍一看，这种方法有点古怪，不过其好处是可重复，这将使我们可以事半功倍地完成工作。

假设有一行代码看起来是这样的：

the_vim_way/3_concat.js

```
var foo = "method("+argument1+","+argument2+")";
```

在 JavaScript 里把字符串连接到一起从来都不美观，但可以像下面这样在 + 号前后各添加一个空格，让肉眼更容易识别。

```
var foo = "method(" + argument1 + "," + argument2 + ")";
```

使修改可重复

下面的惯用方法可以解决这个问题。

按键操作	缓冲区内容
{start}	var foo = "method("+argument1+","+argument2+")";
f+	var foo = "method("+argument1+","+argument2+")";

续表

按键操作	缓冲区内容
s␣+␣\<Esc\>	var foo = "method(" +█argument1+","+argument2+")";
;	var foo = "method(" + argument1█","+argument2+")";
.	var foo = "method(" + argument1 +█","+argument2+")";
;.	var foo = "method(" + argument1 + "," +█argument2+")";
;.	var foo = "method(" + argument1 + "," + argument2 +█")";

s 命令把两个操作合并为一个：它先删除光标下的字符，然后进入插入模式。在删除 + 号后，先输入 ␣+␣，然后退出插入模式。

先后退一步，然后前进三步，这是个奇怪的小花招，看起来可能不够直接。但这样做最大的好处是：我们可以用 . 命令重复这一修改。我们所要做的只是把光标移到下一个 + 号处，然后用 . 命令重复这一操作即可。

使移动可重复

本例中还有另外一个小窍门。f{char} 命令让 Vim 查找下一处指定字符出现的位置，如果找到了，就直接把光标移到那里（参见 :h f ❶）。因此，输入 f+ 时，光标会直接移到下一个 + 号所在的位置。我们将会在技巧 50 里学到更多关于 f{char} 命令的知识。

完成第一处修改后，可以重复按 f+ 命令跳到下一个 + 号所在的位置。不过，还有一种更好的方法可以用。; 命令会重复查找上次 f 命令所查找的字符，因此不用输入 4 次 f+，而是只输入一次，后面跟着再用 3 次 ; 命令。

合而为一

; 命令带我们到下一个目标字符上，. 命令则重复上次的修改。因此，可以连续输入 3 次 ;. 来完成全部修改。看起来是不是很熟悉？

与其和 Vim 区分模式的编辑模型做斗争，倒不如与它一起协同工作。然后，你就会发现它能把特定任务变得多么的容易。

技巧 4　执行、重复、回退

在面对重复性工作时，我们需要让移动动作和修改都能够重复，这样就可以达到最佳编辑模式。Vim 对此的支持是：它会记住我们的操作，并使最常用的操作触手可及，所以可以很方便地重复执行它们。本节将介绍 Vim 可以重复执行的每个操作，并学习如何回退这些命令。

我们已经看到 `.` 命令会重复上次修改。由于很多操作都被当成一次修改，因此 `.` 命令已经证明了它的神通广大。但有些命令能以其他的方式重复。例如，`@:` 可以用来重复任意 Ex 命令（在技巧 31 中讨论），或者也可以输入 `&`（参见技巧 93）来重复上次的 `:substitute` 命令（它本身也是一条 Ex 命令）。

如果我们知道如何重复之前的操作，而无需每次都输入整条命令，那么就会获得更高的效率。可以先执行一次，随后只需重复即可。

然而，这么少的按键就可以完成这么多的事情，这也可能会带来麻烦。我们需要很小心地操作才行，不然就很容易出错。当一遍又一遍地连续按 `j.j.j.` 时，那种感觉就像是在敲鼓。可是，如果不小心在一行上敲了两次 `j` 键，会发生什么？或是更糟，敲了两次 `.` 键？

当 Vim 让一个操作或移动可以很方便地重复时，它总是会提供某种方式，让我们在不小心做过头时能回退回来。对 `.` 命令而言，我们永远可以按 `u` 键撤销上次的修改。如果在使用 `f{char}` 命令后，不小心按了太多次 `;` 键，就会偏离我们的目标。不过可以再按 `,` 键跳回去，这个命令会反方向查找上次 `f{char}` 所查找的字符（参见技巧 50）。

当不小心做过头时，知道怎么回退会很有帮助。表 1-1 总结了 Vim 中可重复执行的命令，以及相应的回退方式。在多数场景中，撤销（undo）都是我们想要使用的命令，难怪我键盘上的 `u` 键磨损得这么厉害！

表 1-1　可重复的操作及如何回退

目的	操作	重复	回退
做出一个修改	`{edit}`	`.`	`u`
在行内查找下一指定字符	`f{char}`/`t{char}`	`;`	`,`
在行内查找上一指定字符	`F{char}`/`T{char}`	`;`	`,`
在文档中查找下一处匹配项	`/pattern<CR>`	`n`	`N`
在文档中查找上一处匹配项	`?pattern<CR>`	`n`	`N`
执行替换	`:s/target/replacement`	`&`	`u`
执行一系列修改	`qx{changes}q`	`@x`	`u`

技巧 5　查找并手动替换

Vim 提供了一个 :substitute 命令专门用于查找替换任务，不过用上面介绍的技术，也可以手动修改第一处地方，然后再一个个地查找替换其他匹配项。. 命令可以把我们从繁重的工作中解放出来，而即将登场的另一个有用的单键命令，则能够让我们方便地在匹配项间跳转。

在下面这段文本中，每一行都出现了单词 "content"。

the_vim_way/1_copy_content.txt

```
...We're waiting for content before the site can go live...
...If you are content with this, let's go ahead with it...
...We'll launch as soon as we have the content...
```

假设想用单词 "copy"（意义同 "copywriting"）来替代 "content"。也许你会想，这太简单了，只要用替换命令就行了，像下面这样：

⇒ :%s/content/copy/g

但是，且慢！如果我们运行上面这条命令，就会出现 "If you are 'copy' with this," 这样的句子，这很荒唐！

之所以会有这种问题，是因为 "content" 一词有两种含义，一个是 "copy" 的同义词（发音为'kon'tɛnt），另一个是 "happy" 的同义词（发音为 kən'tent）。用专业的话说，我们是在处理拼写相同，但含义和发音都不同的词。不过这不是我想说的重点，重点是我们一定要小心每一步操作。

我们不能想当然地用 "copy" 替换每一个 "content"，而是要时刻留神，对每个地方都要问 "这里要修改吗？"，然后回答 "修改" 或者 "不改"。substitute 命令也能胜任这项工作，我们将在技巧 90 中学到该怎么做。不过现在，我们将寻求符合本章主题的另一种解决办法。

偷懒的办法：无需输入就可以进行查找

现在你可能已经猜到了，. 命令是我最喜爱的 Vim 单键命令，而排在第二位的是 * 命令，此命令可以查找当前光标下的单词（参见 :h * ❶）。

我们可以调出查找提示符，并输入完整的单词来查找 "content"。

⇒ `/content`

或者，可以简单地把光标移到这个单词上，然后按 `*` 键。以下面的操作为例。

按键操作	缓冲区内容
`{start}`	...We're waiting for content before the site can go live... ...If you are content with this, let's go ahead with it... ...We'll launch as soon as we have the content...
`*`	...We're waiting for content before the site can go live... ...If you are content with this, let's go ahead with it... ...We'll launch as soon as we have the content...
`cwcopy<Esc>`	...We're waiting for content before the site can go live... ...If you are content with this, let's go ahead with it... ...We'll launch as soon as we have the copy...
`n`	...We're waiting for content before the site can go live... ...If you are content with this, let's go ahead with it... ...We'll launch as soon as we have the copy...
`.`	...We're waiting for copy before the site can go live... ...If you are content with this, let's go ahead with it... ...We'll launch as soon as we have the copy...

刚开始，把光标移到单词“content”上，然后使用 `*` 命令对它进行查找，你也可以自己试一下。这会产生两个结果：一是光标跳到下一个匹配项上，二是所有出现这个词的地方都被高亮显示出来。如果你并没有看到高亮，试着运行一下 `:set hls`。要了解更多这方面的内容，请参见技巧 81。

执行过一次查找“content”的命令后，现在只需按 `n` 键就可以跳到下一个匹配项。在本例中，按 `*nn` 会遍历完所有的匹配项，从而跳回到本次查找的起点。

使修改可重复

当光标位于“content”的开头时，就可以着手修改它。这包括两步操作：首先要删除单词“content”，然后输入替代的单词。`cw` 命令会删除从光标位置到单词结尾间的字符，并进入插入模式，接下来就可以输入单词“copy”了。Vim 会把我们离开插入模式之前的全部按键操作都记录下来，因此整个 `cwcopy<Esc>` 会被当成一个修改。也就是说，执行 `.` 命令会删除从光标到当前单词结尾间的字符，并把它修改为“copy”。

合而为一

万事俱备！每次按 `n` 键时，光标就会跳到下一个“content”单词所在之处，而按 `.` 键时，它就会把光标下的单词改为“copy”。

如果想替换所有地方，就可以不加思考地一直按 `n.n.n.` 以完成所有的修改（但是，这种情况下也可以用 `:%s/content/copy/g` 命令）。然而，由于我们需要留意不符合要求的匹配项，所以在按了 `n` 之后，要审视一下当前的匹配项，然后决定是否把它改为"copy"。如果需要修改的话，就按 `.` 命令，反之则不用。无论决定是什么，都可以再次按 `n` 移到下一个地方，如此循环往复，直到完成全部的修改。

技巧6　认识 `.` 范式

到目前为止，我们介绍了 3 个简单的编辑任务。尽管每个问题都不一样，不过我们都找到了用 `.` 命令解决该问题的方法。在本节，我们将比较这些方案，并找出它们共有的模式——一个我称之为" `.` 范式"的最佳编辑模式。

回顾前面 3 个 `.` 命令编辑任务

在技巧 2 中，我们想在一系列行的结尾添加分号。我们先用 `A;<Esc>` 修改了第一行，做完这步准备后，就可以使用 `.` 命令对后续行重复此修改。我们使用了 `j` 命令在行间移动，要完成剩余的修改，只需简单地按足够多次 `j.` 就可以了。

在技巧 3 中，我们想为每个 `+` 号的前后各添加一个空格。先用 `f+` 命令跳到目标字符上，然后用 `s` 命令把一个字符替换成 3 个，做完这步准备后，就可以按若干次 `;.` 完成此任务。

在技巧 5 中，我们想把每处出现单词"content"的地方都替换成"copy"。使用 `*` 命令来查找目标单词，然后用 `cw` 命令修改第一处地方。做完这步准备后，就可以用 `n` 键跳到下一匹配项，然后用 `.` 键做相同的修改。要完成这项任务，只需简单地按足够多次 `n.` 就行了。

理想模式：用一键移动，另一键执行

所有这些例子都利用 `.` 命令重复上次的修改，不过这不是它们唯一的共同点，另外的共同点是它们都只需要按一次键就能把光标移到下一个目标上。

用一次按键移动，另一次按键执行，再没有比这更好的了，不是吗？这就是我们的理想解决方案。我们将会一次又一次地看到这一编辑模式，所以为了方便起见，把它叫做" `.` 范式"。

第一部分　模式

Vim 提供一个区分模式的用户界面，就是说在 Vim 中按键盘上的任意键所产生的结果可能会不一样，而这取决于当前处于哪种模式（mode）。知道当前正处于哪种模式，以及如何在各模式间切换，是极其重要的。在本书的这一部分，我们将学习每种模式的工作方式及其用途。

第 2 章

普通模式

普通模式是 Vim 的自然放松状态，如果本章看起来出奇的短，那是因为几乎整本书都在讲如何利用普通模式，而本章只涉及其中的一些核心概念以及通用技巧。

其他文本编辑器大部分时间都处于类似 Vim 插入模式的状态中，因此对 Vim 新手来说，把普通模式（normal mode）当成默认状态看起来很奇怪。在技巧 7 中，我们将以一个画家的工作区作为类比，来解释其原因。

许多普通模式命令可以在执行时指定执行的次数，这样它们就可以被执行多次。在技巧 10 中，我们将结识一对用于加减数值的命令，并且会看到这两条命令如何与次数结合在一起，进行简单的算术运算。

指定执行的次数可以减少按键个数，但并不是说一定要为此目的而这样做。我们将会看到一些例子，在这些例子中，简单地重复执行一条命令，要比花时间去计算想要执行多少次更好。

普通模式命令的强大，很大程度上源于它可以把操作符与动作命令结合在一起。在本章的最后，我们将看到这种结合达到的效果。

技巧 7　停顿时请移开画笔

对于不习惯 Vim 的人来说，普通模式看上去是一种奇怪的缺省状态，但有经验的 Vim 用户却很难想象还有其他任何方式。本节使用了一个比喻来说明为什么 Vim 要采用这种方式。

你估计画家会花费多少时间用画笔在画布上作画？毫无疑问，这因人而异，但是，如果这占了画家全部工作时间的一半还要多的话，我会觉得非常诧异。

想一下除了画画外，画家还要做哪些事情。他们要研究主题，调整光线，把颜料混合成新的色彩，而且在把颜料往画布上画时，谁说他们必须要用画笔？画家也许会换用刻刀来实现不同的质地，或是用棉签来对已经画好的地方进行润色。

画家在休息时不会把画笔放在画布上。对 Vim 而言也是这样，普通模式就是 Vim 的自然放松状态，其名字已经寓示了这一点。

就像画家只花一小部分时间涂色一样，程序员也只花一小部分时间编写代码。绝大多数时间用来思考、阅读，以及在代码中穿梭浏览，而且当确实需要修改时，谁说一定要切换到插入模式才行？我们可以重新调整已有代码的格式，复制它们，移动其位置，或是删除它们。在普通模式中，我们有众多的工具可以利用。

技巧 8　把撤销单元切成块

在其他编辑器中，输入一些词后使用撤销命令，可能会撤销最后输入的词或字符，然而在 Vim 中，我们自己可以控制撤销的粒度。

`u` 键会触发撤销命令，它会撤销最新的修改。一次修改可以是改变文档内文本的任意操作，其中包括在普通模式、可视模式以及命令行模式中所触发的命令，而且一次修改也包括了在插入模式中输入（或删除）的文本，因此我们也可以说，`i{insert some text}<Esc>` 是一次修改。

在不区分模式的文本编辑器中，输入一些单词后使用撤销命令，有两种可能。一种是它可能会撤销最后输入的字符；另一种做得更好点，它可能会把字符分成块，使每次撤销操作删除一个单词而不是一个字符。

在 Vim 中，我们自己可以控制撤销命令的粒度。从进入插入模式开始，直到返回普通模式为止，在此期间输入或删除的任何内容都被当成一次修改。因此，只要控制好对 `<Esc>` 键的使用，就可使撤销命令作用于单词、句子或段落。

那么，应该多久离开一次插入模式呢？这是个人喜好的问题，不过我喜欢让每个"可撤销块"对应一次思考过程。在写这段文字时（当然是在 Vim 中写的），我经常在每句话的结尾停顿一下，想一想接下来该写什么。不管停顿的时间有多短，每次停顿都是一个自然的中断点，提示我该退出插入模式了。当我准备好继续写时，按 `A` 命令就可以回到原来的地方继续写作。

如果我认为已经走错了方向，就会切换到普通模式，然后按 `u` 撤销。每次做撤销时，文字都按我最初书写时的思路，被切分成条理清晰的块，也就是说我可以很容易地试着写一两句话，如果感到不合适的话，随后按一两下键就可以将其舍弃。

当处于插入模式时，如果光标位于行尾的话，另起一行最快的方式是按 `<CR>`。不过有时我更喜欢按 `<Esc>o`，这是因为我有预感，也许在撤销时我想拥有更细的粒度。如果听起来这不太好理解，不必担心，当你对 Vim 越来越熟悉时，就会感到切换模式越来越轻松。

一般来讲，如果你停顿的时间长到足以问"我应该退出插入模式吗？"这个问题，就退出吧。

> **在插入模式中移动光标会重置修改状态**
>
> 当我提到撤销命令会回退从进入插入模式到退出此模式期间输入（或删除）的全部字符时，我略过了一个小细节。如果在插入模式中使用了 `<Up>`、`<Down>`、`<Left>` 或 `<Right>` 这些光标键，将会产生一个新的撤销块。你可以把这想象为先切换回普通模式，然后用 `h`、`j`、`k` 或 `l` 命令对光标进行了移动，唯一区别是我们并没有退出插入模式。这也会对 `.` 命令的操作产生影响。

技巧 9　构造可重复的修改

Vim 对重复操作进行了优化，要利用这一点，必须考虑该如何构造修改。

在 Vim 中，要完成一件事，总是有不止一种方式。在评估哪种方式最好时，最显而易见的指标是效率，即哪种手段需要的按键次数最少（又名 VimGolf [①]）。然而，在平局时该如何选择获胜者呢？

---

① http://vimgolf.com/

在下例中，假设光标位于行尾处的字符"h"上，而我们想要删除单词"nigh"：

```
normal_mode/the_end.txt
```

```
The end is nigh
```

反向删除

因为光标已经位于单词末尾，所以可以先反向删除该词。

按键操作	缓冲区内容
{start}	The end is nigh
db	The end is h
x	The end is

按 `db` 命令删除从光标起始位置到单词开头的内容，但会原封未动地留下最后一个字符"h"，再按一下 `x` 键就可以删除这个捣乱的字符。这样，整个操作的 Vim 高尔夫得分是 3 分。

正向删除

这一次，让我们尝试一下正向删除。

按键操作	缓冲区内容
{start}	The end is nigh
b	The end is nigh
dw	The end is

先用 `b` 命令把光标移到单词的开头，移动好后，就可以用一个 `dw` 命令删掉整个单词。这一次的 Vim 高尔夫得分也是 3 分。

删除整个单词

到目前为止，已有的两种方式都要先做某种准备工作或清理工作。另外，也可以使用更为精准的 `aw` 文本对象（text object），而不是用动作命令（参见 :h aw ❶）。

按键操作	缓冲区内容
{start}	The end is nigh
daw	The end is

可以把 `daw` 命令解读为"delete a word"，这样比较容易记忆。在技巧 52 和技巧 53 中将介绍更多关于文本对象的细节。

决胜局：哪种方式最具重复性？

我们尝试了 3 种不同的方式来删除一个词：`dbx`、`bdw` 以及 `daw`。每种情况的 Vim 高尔夫得分都是 3 分。那么要怎么回答这个问题："哪种方式最好？"

还记得吗，Vim 对重复操作进行了优化。让我们再回顾一下这 3 种方式，这一次我们跟着用一次 `.` 命令，看看会发生什么。我建议你自己也亲自试一下。

反向删除方案包含两步操作：`db` 命令删除至单词的开头，而后 `x` 命令删除一个字符。如果我们跟着执行一次 `.` 命令，它会重复删除一个字符（`.` = = `x`）。我不觉得这有什么价值。

正向删除方案也包含两步。这一次，`b` 只是一次普通的移动，而 `dw` 完成修改。此时用 `.` 命令会重复 `dw`，删除从光标位置到下个单词开头的内容。不过因为我们刚好已经在行尾了，并没有"下一个单词"，所以在这个场景里 `.` 命令没什么用。不过，至少它代表了一个更长点的操作（`.` = = `dw`）。

最后的方案只调用一个操作：`daw`。这个操作不仅仅删除了该单词，它还会删除一个空格，因此光标最终会停在单词"is"的最后一个字符上。如果此时使用 `.` 命令，它会重复上次删除单词的命令。这一次，`.` 命令会做真正有用的事情（`.` = = `daw`）。

结论

`daw` 可以发挥 `.` 命令的最大威力，因此我宣布它是本轮的获胜者。

要想充分利用 `.` 命令，事先常常需要进行一番周详的考虑。如果你发现自己要在几个地方做同样的小修改，就可以尝试构造你的修改，让它们能够被 `.` 命令重复执行。要识别出这类机会需要进行一定的实践，不过一旦养成了使修改可重复的习惯，你就会从 Vim 这里得到"奖赏"。

有时，我并没有看到用 `.` 命令的机会，然而在做完一次修改后，我发现要做另一次同样的操作，这时候，我脑海里会浮现出 `.` 命令，而它也已经准备好为我效力了。每当遇到这种情况时，我都会开心地笑起来。

技巧 10　用次数做简单的算术运算

大多数普通模式命令可以在执行时指定次数，可以利用这个功能来做简单的算术运算。

很多普通模式命令都可以带一个次数前缀，这样 Vim 就会尝试把该命令执行指定的次数，而不是只执行一次（参见 `:h count` ➊）。

`<C-a>` 和 `<C-x>` 命令分别对数字执行加和减操作。在不带次数执行时，它们会逐个加减，但如果带一个次数前缀，那么可以用它们加减任意整数。例如，如果把光标移到字符 5 上，执行 `10<C-a>` 就会把它变成 15。

但是如果光标不在数字上会发生什么？文档里说， `<C-a>` 命令会"把当前光标之上或之后的数值加上 [count]"（参见 `:h ctrl-a` ➊）。因此，如果光标不在数字上，那么 `<C-a>` 命令将在当前行正向查找一个数字，如果找到了，它就径直跳到那里。我们可以利用这一点简化操作。

下面是一段 CSS 片段。

normal_mode/sprite.css

```
.blog, .news { background-image: url(/sprite.png); }
.blog { background-position: 0px 0px }
```

我们要复制最后一行并且对其做两个小改动，即用"news"替换单词"blog"，以及把"0px"改为"-180px"。可以运行 `yyp` 来复制此行，然后用 `cW` 来修改第一个单词。但该怎么处理那个数值呢？

一种做法是用 `f0` 跳到此数字，然后进入插入模式手动修改它的值，即 `i-18<Esc>`。不过，运行 `180<C-x>` 则要快得多。由于光标不在要操作的数字上，所以该命令会正向跳到所找到的第一个数字上，从而省去了手动移光标的步骤。让我们看看整个操作过程。

按键操作	缓冲区内容
`{start}`	`.blog, .news { background-image: url(/sprite.png); }` `.blog { background-position: 0px 0px }`

`yyp`	`.blog, .news { background-image: url(/sprite.png); }`
	`.blog { background-position: 0px 0px }`
	`.blog { background-position: 0px 0px }`

`cW.news<Esc>`	`.blog, .news { background-image: url(/sprite.png); }`
	`.blog { background-position: 0px 0px }`
	`.news { background-position: 0px 0px }`

`180<C-x>`	`.blog, .news { background-image: url(/sprite.png); }`
	`.blog { background-position: 0px 0px }`
	`.news { background-position: -180px 0px }`

在本例中，只复制了一行并做出改动。但是，假设要复制 10 份，并对后续数字依次减 180。如果要切换到插入模式去修改每个数字，每次都得输入不同的内容（-180，然后-360，以此类推）。但是如果用 `180<C-x>` 命令的话，对后续行也可以采用相同的操作过程。甚至还可以把这组按键操作录制成一个宏（参见第 11 章），然后根据需要执行多次。

数字的格式

007 的后面是什么？不，这不是詹姆斯·邦德的恶作剧，我是在问：如果对 007 加 1，你觉得会得到什么结果。

如果你的答案是 008，那么当你尝试对任意以 0 开头的数字使用 `<C-a>` 命令时，也许会感到诧异。像在某些编程语言中的约定一样，Vim 把以 0 开头的数字解释为八进制值，而不是十进制。在八进制体系中，007 + 001 = 010，看起来像是十进制中的 10，但实际上它是八进制中的 8，糊涂了吗？

如果你经常使用八进制，Vim 的缺省行为或许会适合你。如果不是这样，那么你可能想把下面这行加入你的 vimrc 里：

```
set nrformats=
```

这会让 Vim 把所有数字都当成十进制，不管它们是不是以 0 开头的。

技巧 11　能够重复，就别用次数

在处理某些特定工作时，使用次数可以使按键次数变得最少，不过并不是非得这样不可。我们需要认真考虑次数与重复各自的优缺点。

假设在缓冲区里有如下文字。

Delete more than one word

想把这段文字改为 "Delete one word"，也就是说，要像这段文字里所讲的那样删除两个单词。

有几种方式可以达到这一目的，`d2w` 和 `2dw` 都可以。使用 `d2w`，先调用删除命令，然后以 `2w` 作为动作命令，可以把它解读为"删除两个单词"；然而 `2dw` 做的相反，这一次，次数作用于删除命令，而动作命令只跨越一个单词，可以把这解读为"做两次删除单词的操作"。抛开语义不讲，无论哪种方法，结果都是相同的。

现在，让我们考虑另外一种方式，即 `dw.`。这可以解读为"删除一个单词，然后重复上次的操作"。

概括一下，我们的 3 种选择 `d2w`、`2dw` 或者 `dw.` 都是 3 次按键，不过哪一种最好呢？

根据我们的讨论，`d2w` 和 `2dw` 是相同的，在执行完两者中的任一个后，可以按 `u` 键撤销，这样两个被删除的单词又会回来。或者，我们不是用撤销，而是用 `.` 命令重复执行它，这就会删除后面的两个单词。

对于 `dw.` 的情形，按 `u` 或 `.` 的结果会有细微的差别。这里的修改是 `dw`，即删除一个单词。因此，如果想恢复这两个被删除的单词，必须撤销两次，按 `uu`（或者，如果你愿意，也可以按 `2u`）。按 `.` 则只删除后面的一个单词，而不是两个。

现在假设我们原本是想删除 3 个单词，而不是 2 个。由于判断出了点差错，我们执行了 `d2w` 而不是 `d3w`，那接下来怎么做？我们不能使用 `.` 命令，因为那会总共删除 4 个单词。因此，我们或是先撤销而后修正次数（`ud3w`），或是继续删除下一个单词（`dw`）。

现在考虑另一种方案，如果我们在第一处地方用的是 `dw.` 命令，那么只要再多重复一次 `.` 命令就行了。因为我们最初的修改只是简单的 `dw`，因此 `u` 命令和 `.` 命令都具有更细的粒度，每次只作用于一个单词。

现在假设我们想删除 7 个单词，我们可以运行 `d7w`，或是 `dw.....`（即 `dw` 后面跟 6 次 `.` 命令）。计算一下按键的次数，哪个命令胜出是很显而易见的。不过你真地确信自己数对了次数吗？

计算次数很是讨厌，因此我宁愿按 6 次 `.` 命令，也不愿意只为减少按键的次数，而浪费同样的时间去统计次数。如果我多按了一次 `.` 命令怎么办？没关系，只要按一次 `u` 键就可以回退回来。

还记得吗，我们的口诀是（参见技巧 4）：执行、重复、回退。这里就是在把它付诸行动。

只在必要时使用次数

假设我们想把文字"I have a couple of questions"改为"I have some more questions"，

可以用下面的方式做。

按键操作	缓冲区内容
{start}	I have `a` couple of questions.
c3wsome more<Esc>	I have some mor`e` questions.

在此场景中，使用 `.` 命令的意义不大，我们可以删除一个单词，然后再用 `.` 命令删除另一个，但随后我们还得切换到插入模式（例如，使用 `i` 或 `cw`）。对我来说这么做很不顺手，我反而更愿意用次数。

使用次数的另一个好处是：它保留了一个干净、连贯的撤销历史记录。完成这次修改后，按一下 `u` 键就可以撤销整个修改，这和技巧 8 中的讨论是一致的。

对于是用次数风格（`d5w`）还是用重复风格（`dw....`）也有同样的争论，因此我的偏好看起来似乎不太一致。对此，你要总结自己的观点，这取决于你怎么看保留干净撤销历史记录的价值，以及你是否觉得用次数令人生厌。

技巧 12 双剑合璧，天下无敌

Vim 的强大很大程度上源自操作符与动作命令相结合。在本节，我们将看到它是如何工作的，并考虑其寓意。

操作符 + 动作命令 = 操作

`d{motion}` 命令可以对一个字符（`dl`）、一个完整单词（`daw`）或一整个段落（`dap`）进行操作，它作用的范围由动作命令决定。`c{motion}`、`y{motion}` 以及其他一些命令也类似，它们被统称为操作符（operator）。可以用 `:h operator` ① 来查阅完整的列表，表 2-1 总结了一些比较常见的操作符。

`g~`、`gu` 和 `gU` 命令要用两次按键来调用，我们可以把上述命令中的 `g` 当作一个前缀字符，用以改变其后面的按键行为，进一步的讨论请参见本技巧最后的"**结识操作符待决模式**"部分。

操作符与动作命令的结合形成了一种语法。这种语法的第一条规则很简单，即一个操作由一个操作符，后面跟一个动作命令组成。学习新的动作命令及操作符，就像是在学习 Vim 的词汇一样。如果掌握了这一简单的语法规则，在词汇量增长时，就能表达更多的想法。

假如我们已经知道如何用 `daw` 删除一个单词，然后又学到 `gU` 命令（参见 `:h gU` ①）。它也是个操作符，所以可以用 `gUaw` 把当前单词转换成大写形式。如果我们的词汇进一步扩充，学会了作用于段落的 `ap` 动作命令，就会发现我们可以进行两个新的操作：用 `dap` 删除整个段落，或者用 `gUap` 把整段文字转换为大写。

Vim 的语法只有一条额外规则，即当一个操作符命令被连续调用两次时，它会作用于当前行。所以 `dd` 删除当前行，而 `>>` 缩进当前行。`gU` 命令是一种特殊情况，我们既可以用 `gUgU` ，也可以用简化版的 `gUU` 来使它作用于当前行。

表 2-1　Vim 的操作符命令

命令	用途
`c`	修改
`d`	删除
`y`	复制到寄存器
`g~`	反转大小写
`gu`	转换为小写
`gU`	转换为大写
`>`	增加缩进
`<`	减小缩进
`=`	自动缩进
`!`	使用外部程序过滤`{motion}`所跨越的行

扩展命令组合的威力

使用 Vim 缺省的操作符和动作命令，我们能够执行的操作的数目是巨大的，然而，我们还可以通过自定义动作命令及操作符来进一步扩充其数目。让我们想想这寓示着什么。

自定义操作符与已有动作命令协同工作

随同 Vim 发布的标准操作符集合相对比较少，但可以定义新的操作符。Tim Pope 的 commentary.vim 插件提供了一个很好的例子①，此插件为 Vim 支持的编程语言增添了注释及取消注释的命令。

注释命令以 `gc{motion}` 触发，它会切换指定行的注释状态。它是一个操作符命

---

① https://github.com/tpope/vim-commentary

令，因此可以把它和所有动作命令结合在一起。`gcap` 将切换当前段落的注释状态，`gcG` 会把从当前行到文件结尾间的所有内容注释掉，`gcc` 则注释当前行。

如果你对如何创建自定义操作符感到好奇，可以先阅读一下文档 `:h :map-operator` ⓘ。

自定义动作命令与已有操作符协同工作

Vim 缺省的动作命令集已经相当全面了，但是我们还是可以定义新的动作命令及文本对象来进一步增强它。

Kana Natsuno 的 textobj-entire 插件是一个很好的例子[①]，它为 Vim 增加了两种新的文本对象 `ie` 和 `ae`，它们作用于整个文件。

如果想用 `=` 命令自动缩进整个文件，可以执行 `gg=G` （就是说，先用 `gg` 跳到文件开头，然后用 `=G` 自动缩进从光标位置到文件结尾的所有内容）。但是如果安装了 textobj-entire 插件的话，简单地执行 `=ae` 就可以了。运行这条命令时光标在哪儿并不重要，因为它总是作用于整个文件。

> **注意**：如果同时安装了 commentary 和 textobj-entire 插件，就可以把它们放在一起使用。例如，执行 `gcae` 会切换整个文件的注释状态。

如果你对如何创建自定义动作命令感到好奇，可以由阅读 `:h omap-info` ⓘ开始。

结识操作符待决模式

普通、插入及可视模式很容易辨识，但是 Vim 还有另外一些很容易被忽视的模式，操作符待决模式（operator-pending mode）就是一个例子。每天我们无数次地使用它，但通常它只持续不到一秒时间。举个例子，在执行命令 `dw` 时，就会激活该模式。这一模式只在按 `d` 及 `w` 键之间的短暂时间间隔内存在，一眨眼工夫就不见了。

如果把 Vim 想象成有限状态机，那么操作符待决模式就是一个只接受动作命令的状态。这个状态在调用操作符时被激活，然后什么也不做，直到我们提供了一个动作命令，完成整个操作。当操作符待决模式被激活时，我们可以像平常一样按 `<Esc>` 中止该操作，返回到普通模式。

[①] https://github.com/kana/vim-textobj-entire

结识操作符待决模式（续）

很多命令都由两个或更多的按键来调用（查阅 :hg ❶、:hz ❶、:hctrl-w ❶，或者 :h [❶，可以看到一些例子），但在多数情况下，头一个按键只是第二个按键的前缀。这些命令不会激活操作符待决模式，相反，可以把它们当成命名空间（namespace），用来扩充可用命令的数目。只有操作符才会激活操作符待决模式。

你也许想知道，为什么要有一个完整的模式，专门用于操作符和动作命令之间的短暂瞬间，而命名空间命令则仅仅是普通模式的一个扩充？好问题！这是因为我们能够创建自定义映射项来激活或终结操作符待决模式。换句话说，它允许我们创建自定义的操作符及动作命令，从而让我们可以扩充 Vim 的词汇。

第 3 章

插入模式

大部分的 Vim 命令都在非插入模式中执行，不过有些功能在插入模式中会更好实现些，我们将在本章深入研究这些命令。尽管删除、复制以及粘贴命令都是在普通模式中执行的，不过我们将会看到一种方便快捷的方式，让我们无需离开插入模式就能粘贴寄存器中的文本。另外我们也会学习 Vim 提供的两种简单方式，用来插入键盘上不存在的非常用字符。

替换模式是插入模式的一种特例，它会替换文档中已有的字符。我们将学习如何使用它，并了解在哪些场景下它能够大显身手。我们也会结识插入-普通模式，它是一个子模式，可以让我们执行一个普通模式命令，之后马上又回到插入模式。

自动补全是插入模式中才能使用的高级功能，我们将在第 19 章对其进行深入的研究。

技巧 13　在插入模式中可即时更正错误

如果在插入模式下撰写文本时出了错，可以立刻对它进行更正，而无需切换模式。要迅速更正错误，除了用退格键外，还可以用插入模式中的其他一些命令。

盲打并不仅仅指输入时不看键盘，还意味着输入时要凭感觉。当盲打的人输入错误时，在眼睛看到屏幕上的错误之前，他们就已经察觉到了，他们可以用手指感知到次序颠倒这类的错误。

在输入错误时，可以用退格键删除错误的文本，然后再输入正确的内容。如果出错的地方靠近单词结尾，这或许是最快的修正方式。但是，如果出错的位置在单词开头呢？

专业打字员会建议先删除整个单词，然后再重新输入一遍。如果你能以每分钟超过 60 个单词的速度输入，那么重新输入一个词只需要 1 秒钟的时间。即便你打不了这么快，最好也采用这种方式。我以前总是输错某些特定的词，但自从采纳这一建议后，我就更清楚地意识到哪些词会让我犯错，因此现在犯的错也少了很多。

另外，也可以切换到普通模式，然后跳到这个词的开头并更正错误，再按 A 返回刚才的位置。不过完成这一套动作要花的时间可能不止 1 秒钟，并且它也无助于提高你的盲打技巧。虽然说我们可以切换模式，不过这并不意味着一定就得切换。

在插入模式下，退格键的作用如你所愿，它删除光标前的字符。另外，还可以用下面这些组合键。

按键操作	用途
`<C-h>`	删除前一个字符（同退格键）
`<C-w>`	删除前一个单词
`<C-u>`	删至行首

这些命令不是插入模式独有的，甚至也不是 Vim 独有的，在 Vim 的命令行模式中，以及在 bash shell 中，也可以使用它们。

技巧 14　返回普通模式

插入模式只专注于做一件事，那就是输入文字，而普通模式却是我们大部分时间所使用的模式（顾名思义），因此能快速在这两种模式间切换是很重要的。本节将介绍一些可以减少模式切换所带来的损耗的技巧。

切换回普通模式的经典方式是使用 `<Esc>` 键，但在许多键盘上这个键的距离似乎有点远。作为替代，也可以用 `<C-[>`，它的效果与 `<Esc>` 完全相同（参见 `:hi_CTRL-[` ❶）。

按键操作	用途
`<Esc>`	切换到普通模式
`<C-[>`	切换到普通模式
`<C-o>`	切换到插入–普通模式

Vim 新手经常会被不断地切换模式而搞得疲倦不堪，不过练习过一段时间以后，

就会渐渐感觉到得心应手了。不过，Vim 区分模式的特点在下面这种特定场景中却显得有点烦琐：处于插入模式时，想运行一个普通模式命令，然后马上回到原来的位置继续输入。Vim 为此提供了一种巧妙的方法，以减少模式切换所带来的不畅，这就是插入-普通模式。

结识插入-普通模式

插入-普通模式是普通模式的一个特例，它能让我们执行一次普通模式命令。在此模式中，可以执行一个普通模式命令，执行完后，马上又返回到插入模式。要从插入模式切换到插入-普通模式，可以按 `<C-o>`（参见 :h i_CTRL-O ⓘ）。

在当前行正好处于窗口顶部或底部时，有时我会滚动一下屏幕，以便看到更多的上下文。用 `zz` 命令可以重绘屏幕，并把当前行显示在窗口正中，这样就能够阅读当前行之上及之下的半屏内容。我常常会键入 `<C-o>zz`，在插入-普通模式中触发这条命令。此操作完成后就会直接回到插入模式，因此可以不受中断地继续打字。

技巧 15　不离开插入模式，粘贴寄存器中的文本

Vim 的复制和粘贴操作一般都在普通模式中执行，不过有时我们也许想不离开插入模式，就能往文档里粘贴文本。

下面是一段尚未完成的文本。

---

insert_mode/practical-vim.txt

```
Practical Vim, by Drew Neil
Read Drew Neil's
```

重新映射大小写转换键（Caps Lock）

对 Vim 用户而言，大小写转换键是一个威胁。如果大小写转换键处于大写模式，而你尝试用 k 或 j 去移动光标，那么你触发的将会是 K 和 J 命令。简单地讲，K 命令用于查看处于光标之下的那个单词的手册页（参见 :h K ⓘ），J 命令则用来把当前行和下一行连接在一起（参见 :h J ⓘ）。也就是说，如果你不小心切换到了大写模式，你将会惊讶地发现，缓冲区的内容怎么这么快就乱掉了！

很多 Vim 用户都会重新映射大小写转换键，把它当成另外一个键用，如 `<Esc>`

重新映射大小写转换键（Caps Lock）（续）

或 `<Ctrl>`。在现代键盘上，`<Esc>` 键很难够得到，而大小写转换键却很方便。把大
小写转换键映射成 `<Esc>` 键可以省很多力气，尤其是 Vim 对 `<Esc>` 键用得这么频
繁。不过我更喜欢把大小写转换键映射为 `<Ctrl>` 键。 `<C-[>` 的功用和 `<Esc>` 键
相同，如果 `<Ctrl>` 键触手可及，那么这一组合键输入起来也会很容易。另外，不
管是在 Vim 中还是在其他程序中，很多快捷键也都会用到 `<Ctrl>`。

要重新映射大小写转换键，最简单的方法是在操作系统级别进行映射。不过对
于 OS X、Linux 及 Windows 来说，其映射方法各不相同。因此，我不会在这儿重复每
种系统的映射方法，而是建议你用 Google 搜索一下。注意，这一定制不仅会影响 Vim，
还会作用于整个系统。不过，如果你照我的建议做，你将会永远忘掉大小写转换键，
我保证你不会怀念它。

我们想把本书的书名插到最后一行，以补全该行。由于书名在第一行的开头已经出
现过了，所以将把它复制到一个寄存器中，然后在插入模式中把它添加到第二行结尾。

按键操作	缓冲区内容
`yt,`	Practical Vim, by Drew Neil Read Drew Neil's
`jA`	Practical Vim, by Drew Neil Read Drew Neil's
`<C-r>0`	Practical Vim, by Drew Neil Read Drew Neil's Practical Vim
`.<Esc>`	Practical Vim, by Drew Neil Read Drew Neil's Practical Vim.

`yt,` 命令把 "Practical Vim" 复制到复制专用寄存器中（将在技巧 50 中结识
`t{char}` 动作命令），然后在插入模式中，按 `<C-r>0` 把刚才复制的文本粘贴到光标
所在位置（将在第 10 章以大量的篇幅介绍寄存器以及复制操作）。

这个命令的一般格式是 `<C-r>{register}`，其中 `{register}` 是想要插入的寄存
器的名字（参见 `:h i_CTRL-R` ①）。

对面向字符的寄存器使用 `<C-r>{register}` 命令

在插入模式中，可以用 `<C-r>{register}` 命令很方便地粘贴几个单词。可是如

果寄存器中包含了大量的文本，你也许会发现屏幕的更新有些轻微的延时。这是因为 Vim 在插入寄存器内的文本时，其插入方式就如同这些文本是由键盘上一个个输进来的。因此，如果 'textwidth' 或者 'autoindent' 选项被激活了的话，最终就可能会出现不必要的换行或额外的缩进。

`<C-r><C-p>{register}` 命令则会更智能一些，它会按原义插入寄存器内的文本，并修正任何不必要的缩进（参见 `:h i_CTRL-R_CTRL-P` ❶），不过这个命令有点不太好输入！因此，如果我想从一个寄存器里粘贴很多行文本的话，我更喜欢切换到普通模式，然后使用某个粘贴命令（参见技巧 63）。

技巧 16 随时随地做运算

表达式寄存器允许我们做一些运算，并把运算结果直接插入文档中。本节将看到一个运用此强大功能的实例。

大部分的 Vim 寄存器中保存的都是文本，要么是一个字符串，要么是若干行的文本。删除及复制命令允许我们把文本保存到寄存器中，粘贴命令则允许把寄存器中的内容插入文档里。

不过表达式寄存器则是个另类，它可以用来执行一段 Vim 脚本，并返回其结果。在本节，我们将把它当成计算器来用。传给它一个简单的算术表达式，如 1 + 1，它就会给出结果 2。对表达式寄存器所返回的文本，我们可以像用普通寄存器中的文本那样使用它。

可以用 = 符号指明使用表达式寄存器。在插入模式中，输入 `<C-r>=` 就可以访问这一寄存器。这条命令会在屏幕的下方显示一个提示符，可以在其后输入要执行的表达式。输入表达式后敲一下 `<CR>`，Vim 就会把执行的结果插入文档的当前位置了。

假设刚输入完下列内容。

insert_mode/back-of-envelope.txt

```
6 chairs, each costing $35, totals $
```

我们想算一下总价，不过没必要找个信封在背面做演算，Vim 可以帮我们做这件事，我们甚至连插入模式都不用退出。做法如下。

按键操作	缓冲区内容
`A`	`6 chairs, each costing $35, totals $`█
`<C-r>=6*35<CR>`	`6 chairs, each costing $35, totals $210`█

表达式寄存器远不止能做简单算术运算。我们将在技巧 71 中看到一些更高级的应用。

技巧 17　用字符编码插入非常用字符

Vim 可以用字符编码（Character Code）插入任意字符。使用此功能可以很方便地输入键盘上找不到的符号。

只要知道某个字符的编码，就可以让 Vim 插入该字符，我们可以用这种方式插入任意字符。要根据字符编码插入字符，只需在插入模式中输入 `<C-v>{code}` 即可，其中 `{code}` 是要插入字符的编码。

Vim 接受的字符编码共包含 3 位数字。例如，假设想插入大写字母"A"，它的字符编码是 65，因此需要输入 `<C-v>065`。

然而，如果想插入一个编码超过 3 位数的字符该怎么办？例如，Unicode 基本多文种平面（Unicode Basic Multilingual Plane）的地址空间最大会有 65 535 个字符。解决方法是用 4 位十六进制编码来输入这些字符，即输入 `<C-v>u{1234}` （注意数字前的 u ）。假设想插入字符编码为 00bf 的反转问号（"¿"），只需在插入模式中输入 `<C-v>u00bf` 即可。更多详细内容可参见 `:h i_CTRL-V_digit` ❶ 。

如果你想知道文档中任意字符的编码，只需把光标移到它上面并按 `ga` 命令，然后屏幕下方会显示出一条消息，分别以十进制和十六进制的形式显示出其字符编码（参见 `:h ga` ❶ ）。当然，如果你想知道文档中不存在的字符的编码，该命令就无能为力了。在这种情况下，你或许得去查一下 unicode 表。

另外，如果 `<C-v>` 命令后面跟一个非数字键，它会插入这个按键本身代表的字符。例如，如果启用了 'expandtab' 选项，那么按 `<Tab>` 键将会插入空格而不是制表符。然而，按 `<C-v><Tab>` 则会一直插入制表符，不管 'expandtab' 选项激活与否。

表 3-1 对输入非常用字符的命令进行了总结。

表 3-1　插入非常用字符

按键操作	用途
`<C-v>{123}`	以十进制字符编码插入字符
`<C-v>u{1234}`	以十六进制字符编码插入字符
`<C-v>{nondigit}`	按原义插入非数字字符
`<C-k>{char1}{char2}`	插入以二合字母 `{char1}{char2}` 表示的字符

技巧 18　用二合字母插入非常用字符

虽然 Vim 允许我们用数字编码插入任意字符，不过这既难记忆也难输入。我们也可以用二合字母（digraph）来插入非常用字符，成对的字符更容易记忆一些。

二合字母用起来很方便。在插入模式中，只需输入 `<C-k>{char1}{char2}` 即可。因此，如果想输入以二合字母 `?I` 表示的"¿"字符，可以简单地输入 `<C-k>?I`。

Vim 在选择组成二合字母的两个字符时，尽量使之具有描述性，这样就更容易记住它们，甚至也能猜出其含义。例如，左右书名号《和》分别以二合字母<<及>>表示，普通分数（或常用分数）½、¼和¾则分别以二合字母 12、14 和 34 来表示。Vim 的缺省二合字母集依从一定的惯例，`:h digraphs-default` ❶文档对此进行了总结。

用命令 `:digraphs` ❶可以查看可用的二合字母列表，不过该命令的输出不太好阅读。也可以用 `:h digraph-table` ❶查看另一个更为有用的列表。

技巧 19　用替换模式替换已有文本

在替换模式中输入会替换文档中的已有文本，除此之外，该模式与插入模式完全相同。

假设有如下一段文本。

insert_mode/replace.txt

```
Typing in Insert mode extends the line. But in Replace mode
the line length doesn't change.
```

我们想把这两个单独的句子合并成一句话，为此，需要把句号改成逗号，并将单词"But"中的"B"改为小写。下例展示了如何用替换模式完成这项工作。

按键操作	缓冲区内容
`{start}`	`▊yping in Insert mode extends the line. But in Replace mode the line length doesn't change.`
`f.`	`Typing in Insert mode extends the line▊ But in Replace mode the line length doesn't change.`
`R,␣b<Esc>`	`Typing in Insert mode extends the line, ▊ut in Replace mode the line length doesn't change.`

用 `R` 命令可以由普通模式进入替换模式，然后就如例中所示，输入"`,␣b`"替换原有的"`.␣B`"字符。完成替换后，可以按 `<Esc>` 键返回普通模式。如果你的键盘上有 `<Insert>` 键，那么也可以用该键在插入模式和替换模式间切换，不过并非所有的键盘都有这个键。

用虚拟替换模式替换制表符

某些字符会使替换模式变得复杂化。以制表符为例，在文件中它以单个字符表示，但在屏幕上它却会占据若干列的宽度，此宽度由 `'tabstop'` 设置决定（参见 `:h 'tabstop'` ❶）。如果把光标移到制表符上，然后进入替换模式，那么输入的下一个字符将会替换制表符。假设 `'tabstop'` 选项设置为 8（这是缺省值），那么该操作的结果就是把 8 个字符替换成了一个字符，这将大幅缩短当前行的长度。

不过 Vim 还有另外一种替换模式，称为虚拟替换模式（virtual replace mode）。该模式可由 `gR` 命令触发，它会把制表符当成一组空格进行处理。假设把光标移到一个占屏幕 8 列宽的制表符上，然后切换到虚拟替换模式，在输入前 7 个字符时，每个字符都会被插入制表符之前；最后，当输入第 8 个字符时，该字符将会替换制表符。

在虚拟替换模式中，我们是按屏幕上实际显示的宽度来替换字符的，而不是按文件中所保存的字符进行替换。这会减少意外情况的发生，因此建议在可能的情况下尽量使用虚拟替换模式。

Vim 也提供了单次版本的替换模式及虚拟替换模式。`r{char}` 和 `gr{char}` 命令允许覆盖一个字符，之后马上又回到普通模式（参见 `:h r` ❶）。

第 4 章

可视模式

Vim 的可视模式允许选中一块文本区域并在其上进行操作，从表面上看这应该很容易理解，因为大多数编辑软件都沿用此模式。然而，Vim 的可视模式和其他软件的做法却截然不同，所以在本章的一开始，我们先深入了解可视模式（参见技巧 20）。

Vim 具有 3 种不同的可视模式，分别用于操作字符文本、行文本和块文本。我们将会探讨在这几种模式间切换的方法，并介绍一些更改选区边界的有用技巧（参见技巧 21）。

也可以利用 . 命令来重复执行可视模式中的命令，然而只有在操作面向行的选区时，它才特别有用；而在操作面向字符的选区时，有时它无法达到我们的预期。我们将会看到，在这种情况下可能更适合用操作符命令。

列块可视模式非常特别，它允许在块状文本上进行操作。你会发现此功能有很多的用处，不过只着重介绍 3 个小技巧，展示其部分功能。

技巧 20　深入理解可视模式

可视模式允许选中一个文本区域并在其上操作。尽管这看起来似乎很熟悉，但对于选中的文本，Vim 的视角却有异于其他文本编辑器。

假设，我们暂时没有在 Vim 中工作，而是在网页里的文本框中输入了单词 "March"，但发现应该输入的是 "April"。因此，先用鼠标双击此单词，把它高亮选中后，按退格键删除它，然后再输入正确的月份。

可能你已经知道了，其实在本例中并没有必要按退格键。当单词"March"处于选中状态时，我们只需敲字母"A"，就会替换掉所选内容，清出地方来输入"April"的剩余部分。尽管节省的按键次数有限，但毕竟积少成多。

如果你期待 Vim 的可视模式也能以这种方式工作，那你就会觉得意外了。顾名思义，可视模式仅仅是另外一种模式，也就是说在此模式中，每个按键都完成一种不同的功能。

你已经熟识的很多普通模式命令，它们在可视模式中也能完成相同的功能。我们仍可以把 h、j、k 及 l 当成光标键使用；也可以用 f{char} 跳到当前行的某个字符上，然后用 ; 和 , 命令相应地正向或反向重复此跳转；甚至还可以用查找命令（以及 n / N 命令）跳转到匹配指定模式的地方。每次在可视模式中移动光标，都会改变高亮选区的边界。

某些可视模式命令执行的基本功能与普通模式相同，但操作上有些细微的变化。例如，在这两种模式中，c 命令的功能是一样的，都是删除指定的文本并切换到插入模式。不过，要指定其操作的范围，二者的方式却不甚相同。在普通模式中，先触发修改命令，然后使用动作命令指定其作用范围。如果你还记得技巧 12 中讲过的内容，就会知道这个命令被称为操作符命令。然而，在可视模式中，要先选中选区，然后再触发修改命令。这种次序颠倒的方式对所有的操作符命令都适用（参见表 2-1 Vim 的操作符命令）。对大多数人来说，可视模式的做法感觉起来更自然。

让我们回顾一下前面遇到的那个简单例子，即把单词"March"修改为"April"。这一次，假设我们不是在网页上的文本框里，而是回到了舒适的 Vim 中。我们先把光标移到单词"March"的某个位置，然后执行 viw 来高亮选择这个词。现在不能直接输入单词"April"，因为这会触发 A 命令并把文本"pril"添加到行尾。我们要换种做法，先用 c 命令修改所选内容，把这个单词删掉并进入插入模式，然后就可以输入完整的"April"了。这种做法和最初在网页中所用的方式类似，只不过用的是 c 键而不是退格键。

结识选择模式

在一个典型的文本编辑器环境中，当选中一段文本后，再输入任意可见字符时，这些选中的文本将会被删除。虽然 Vim 的可视模式未遵从此惯例，但是其选择模式（Select Mode）却按此方式工作。根据 Vim 的内置文档所述，选择模式"类似于 Microsoft Windows 的选择模式"（参见 :h Select-mode ①）。在此模式下，输入的可见字符会使选中的文本被删除，同时 Vim 会进入插入模式，并插入这个可见字符。

结识选择模式（续）

按 <C-g> 可以在可视模式及选择模式间切换。切换后看到的唯一不同是屏幕下方的提示信息会在 "-- 可视 --"（-- VISUAL --）及 "--选择--"（--SELECT--）间转换。但是，如果在选择模式中输入任意可见字符，此字符会替换所选内容并切换到插入模式。当然，如果是在可视模式中，仍可以像往常一样用 c 键来修改所选内容。

如果你乐于接受 Vim 区分模式的特性，那么你应该很少会用到选择模式。这一模式的存在，只是为了迎合那些想让 Vim 更像其他文本编辑器的用户。我只知道有一处地方会用到选择模式。有一个模拟 TextMate 的 snippet 功能的插件，它会用选择模式来高亮当前的占位符。

技巧 21　选择高亮选区

可视模式的 3 个子模式用于处理不同类型的文本。我们将在本节看到如何激活每种子模式，以及如何在它们之间切换。

Vim 有 3 种可视模式。在面向字符的可视模式中，我们能够选择任意的字符范围，不论它是单个字符，还是位于一行内，或是跨若干行的指定字符范围，都没问题。该模式适用于操作单词或短语。如果我们想对整行进行操作，可以改用面向行的可视模式。而面向列块的可视模式则允许对文档中的列块进行操作。列块可视模式非常特别，所以会在技巧 24、技巧 25 和技巧 26 中花大量篇幅对其进行介绍。

激活可视模式

v 键是通往可视模式的大门。在普通模式下，按 v 可激活面向字符的可视模式，按 V（v 和 Shift 键一起按）可激活面向行的可视模式，而按 <C-v>（v 和 Ctrl 键一起按）则可激活面向列块的可视模式，请参见下表中的汇总。

命令	用途
v	激活面向字符的可视模式
V	激活面向行的可视模式
<C-v>	激活面向列块的可视模式
gv	重选上次的高亮选区

　　gv 命令是个有用的快捷键，它用来重选上一次由可视模式选择的文本范围。不管上个选区是面向字符的、面向行的，还是面向列块的，gv 命令都能够正确地工作。不过如果上次的选区被删除了，它也许会工作得不太正常。

在可视模式间切换

　　可以在不同风格的可视模式间切换，方式与在普通模式下激活可视模式的方式相同。如果当前处于面向字符的可视模式，可以按 V 来切换到面向行的可视模式，或是用 <C-v> 来切换到面向列块的可视模式。然而，如果在面向字符的可视模式中再次按 v，就会回到普通模式。所以，可以把 v 键当成在普通模式及面向字符的可视模式间转换的开关，V 及 <C-v> 键也一样可以在普通模式及其对应的可视模式间切换。当然了，你总是可以按 <Esc> 或 <C-[> 回到普通模式（就像退出插入模式那样）。下表总结了在可视模式间切换的命令。

按键操作	用途
<Esc> / <C-[>	回到普通模式
v / V / <C-v>	切换到普通模式（在对应的面向字符可视模式、面向行的可视模式和面向列块的可视模式中使用时）
v	切换到面向字符的可视模式
V	切换到面向行的可视模式
<C-v>	切换到面向列块的可视模式
o	切换高亮选区的活动端

切换选区的活动端

　　高亮选区的范围由其两个端点界定。其中一端固定，另一端可以随光标自由移动，可以用 o 键来切换其活动的端点。在定义选区时，如果定义到一半，才发现选区开始的位置不对，此时用这个键会很方便，不用退出可视模式再从头开始，只需按一下 o，然后重新调整选区的边界即可。下面的操作对此功能进行了演示。

按键操作	缓冲区内容
{start}	Select from here to here.
vbb	Select from here to here.
o	Select from here to here.
e	Select from here to here.

技巧 22   重复执行面向行的可视命令

当使用 <kbd>.</kbd> 命令重复对高亮选区所做的修改时，此修改会重复作用于相同范围的文本。本节将修改一个面向行的高亮选区，然后使用 <kbd>.</kbd> 命令重复此修改。

在可视模式中执行完一条命令后，会返回到普通模式，并且在可视模式中选中的文本范围也不再高亮显示了。那么，如果想对相同范围的文本执行另外一条可视模式命令，该怎么办？

假设如下 Python 代码的缩进有些问题。

visual_mode/fibonacci-malformed.py

```
def fib(n):
    a, b = 0, 1
    while a < n:
print a,
a, b = b, a+b
fib(42)
```

这段代码的每级缩进使用 4 个空格，首先对 Vim 进行配置，使之符合此缩进风格。

准备工作

要想让 <kbd><</kbd> 和 <kbd>></kbd> 命令正常工作，需要把 'shiftwidth' 及 'softtabstop' 的值设为 4，并启用 'expandtab' 选项。如果想了解这些配置是如何协同工作的，请查阅 Vimcasts.org[①]上的 "Tabs and Spaces" 主题。下面一行命令会完成上述设置。

⇒ `:set shiftwidth=4 softtabstop=4 expandtab`

先缩进一次，然后重复

在这段缩进错误的 Python 代码中，while 关键字下面的两行应该多缩进两级。可以高亮选择这两行，然后用 <kbd>></kbd> 命令对它进行缩进，以修正其缩进错误。但此操作只增加一级缩进就返回普通模式了。

要解决此问题，一个办法是使用 <kbd>gv</kbd> 命令重选相同的文本，然后再次调用缩进

---

① http://vimcasts.org/e/2

命令。然而，如果你已经对 Vim 解决问题的方式有所领悟的话，脑海里应该会响起警钟。

当需要执行重复操作时，. 命令是最佳的解决方案。与其手动重选相同范围的文本并执行相同的命令，倒不如直接在普通模式里按 . 键。下面是具体的操作。

按键操作	缓冲区内容
| {start} | ```
def fib(n):
    a, b = 0, 1
    while a < n:
print a,
a, b = b, a+b
fib(42)
``` |
| Vj | ```
def fib(n):
    a, b = 0, 1
    while a < n:
print a,
a, b = b, a+b
fib(42)
``` |
| >. | ```
def fib(n):
    a, b = 0, 1
    while a < n:
        print a,
        a, b = b, a+b
fib(42)
``` |

如果你善于计算的话，也许更乐意在可视模式中执行 2> 以便一步到位。不过我更喜欢用 . 命令，因为它可以给我即时的视觉反馈。如果需要再次缩进的话，只需再按一次 . 键即可；或者如果按的次数太多，导致缩进过深，按 u 键就可以撤销多余的缩进。在技巧 11 中，已经用大量篇幅讨论过次数风格与重复风格之间的差异了。

在使用 . 命令重复一条可视模式命令时，它操作的文本数量和上次被高亮选中的文本数量相同。对于面向行的高亮选区来说，这种做法往往符合我们的需要。但对于面向字符的高亮选区来说，这却会产生令人意外的结果。接下来将通过一个例子来说明这一点。

技巧 23 只要可能，最好用操作符命令，而不是可视命令

可视模式可能比 Vim 的普通模式操作起来更自然一些，但是它有一个缺点：在这
```

个模式下， `.` 命令有时会有一些异常的表现。可以用普通模式下的操作符命令来规避此缺点。

假设想把下面列表中的链接文字转换为大写格式。

visual_mode/list-of-links.html

```
<a href="#">one</a>
<a href="#">two</a>
<a href="#">three</a>
```

可以用 `vit` 来选择标签里的内容。`vit` 可被解读为高亮选中标签内部的内容（visually select inside the tag），其中，`it` 命令是一种被称为文本对象（text object）的特殊动作命令。我们将在技巧 52 中对其进行详细讲解。

使用可视模式下的命令

在可视模式中，可以选定一个选区然后对其进行操作。本例中，可以使用 `U` 命令来把所选中的字符转换为大写（参见 `:h v_U` ❶），具体操作参见表 4-1。

在转换完第一行后，现在对接下来的两行进行同样的修改。用点范式试一下吧，怎么样？

表 4-1　用可视模式下的命令进行大写转换

按键操作	缓冲区内容

{start}	`<a href="#">one</a>`
	`<a href="#">two</a>`
	`<a href="#">three</a>`

`vit`	`<a href="#">one</a>`
	`<a href="#">two</a>`
	`<a href="#">three</a>`

`U`	`<a href="#">ONE</a>`
	`<a href="#">two</a>`
	`<a href="#">three</a>`

执行 `j.` 命令，把光标移到下一行并重复上次的修改。此命令在第二行工作得很好，但如果再执行一次，最终就会得到这个看起来有点古怪的结果。

```
<a href="#">ONE</a>
<a href="#">TWO</a>
<a href="#">THRee</a>
```

你看到发生什么了吗？当一条可视模式命令重复执行时，它会影响相同数量的文本（参见 :h visual-repeat ❶）。在本例中，最初的命令影响了一个由 3 个字母组成的单词。在第二行它依旧工作得很好，因为该行恰好也包含一个由 3 个字母组成的单词。但是，当我们想对一个由 5 个字母组成的单词重复此命令时，它只成功转换了其中的前 3 个字母，留下 2 个字母未被转换。

使用普通模式下的操作符命令

可视模式下的 `U` 命令有一个等效的普通模式命令：`gU{motion}`（参见 `:h gU` ❶）。如果用此命令做第一处修改，就可以用点范式完成后续的修改，如表 4-2 所示。

表 4-2　用普通模式下的操作符命令进行大写转换

按键操作	缓冲区内容
`{start}`	`<a href="#">one</a>`
	`<a href="#">two</a>`
	`<a href="#">three</a>`
`gUit`	`<a href="#">ONE</a>`
	`<a href="#">two</a>`
	`<a href="#">three</a>`
`j.`	`<a href="#">ONE</a>`
	`<a href="#">TWO</a>`
	`<a href="#">three</a>`
`j.`	`<a href="#">ONE</a>`
	`<a href="#">TWO</a>`
	`<a href="#">THREE</a>`

结论

这两种方式都只需要 4 次按键操作：`vitU` 及 `gUit`，但其背后的含义却大相径庭。在可视模式采用的方式中，这 4 次按键可以被当作两个独立的命令。`vit` 用来选中选区，而 `U` 用来对选区进行转换。与之相反的是，`gUit` 命令可以被当成一个单独的命令，它由一个操作符（`gU`）和一个动作命令（`it`）组成。

如果想使点命令能够重复某些有用的工作，那么最好要远离可视模式。作为一般的原则，在做一系列可重复的修改时，最好首选操作符命令，而不是其对应的可视模式命令。

这并不是说可视模式出局了，它仍然占有一席之地。因为并非每个编辑任务都需要重复执行，对一次性的修改任务来说，可视模式完全够用，并且尽管 Vim 的动作命令允许进行精确的移动，但有时要修改的文本范围的结构很难用动作命令表达出来，而处理这种情形恰恰是可视模式擅长的。

技巧 24 用面向列块的可视模式编辑表格数据

在任何编辑器中，我们都能够操作以行为单位的文本，但以列为单位进行文本操作就需要更为专业的工具了。Vim 面向列块的可视模式就提供了这种能力，可以用它来对纯文本表格进行转换。

假设有如下一个纯文本表格。

visual_mode/chapter-table.txt

```
Chapter           Page
Normal mode        15
Insert mode        31
Visual mode        44
```

我们想用管道符画一条竖线来隔开这两列文本，使之看起来更像一个表格。但是在此之前，要先减少两列之间的间隔，使它们不要分得这么开。用面向列块的可视模式可以完成这两处修改，具体做法请参见表 4-3。

表 4-3 在列间增加分隔竖线

按键操作	缓冲区内容

{start}	```Chapter ▮ Page```
	 ```Normal mode 15```
	 ```Insert mode 31```
	 ```Visual mode 44```

`<C-v>3j`	```Chapter ▮ Page```
	 ```Normal mode ▮ 15```
	 ```Insert mode ▮ 31```
	 ```Visual mode ▮ 44```

`x...`	```Chapter ▮ Page```
	 ```Normal mode 15```
	 ```Insert mode 31```
	 ```Visual mode 44```

`gv`	```Chapter ▮ Page```
	 ```Normal mode 15```
	 ```Insert mode 31```
	 ```Visual mode 44```

`r|`	```Chapter ▊ Page```
	 ```Normal mode │ 15```
	 ```Insert mode │ 31```
	 ```Visual mode │ 44```

续表

按键操作	缓冲区内容	
yyp	Chapter	Page
	Chapter	Page
	Normal mode	15
	Insert mode	31
	Visual mode	44
Vr-	Chapter	Page

	Normal mode	15
	Insert mode	31
	Visual mode	44

使用 `<C-v>` 进入列块可视模式，然后向下移动几行光标，选中一列文本。接下来，按 `x` 键删除此列，并用 `.` 命令重复删除相同范围的文本。此操作多重复几次直到距右边差不多有两列的距离。

也可以不用 `.` 命令，而是把光标向右移动两三次，把列选区扩展为块选区，而后只需删除一次即可。不过，我更喜欢在删除时看到即时的视觉反馈，然后再多次重复此操作。

现在，我们已经把所需的两列文本排列到了合适的位置，接下来就可以在这两列文本间画一条竖线了。先用 `gv` 命令重选上次的高亮选区，然后输入 `r|`，用管道符替换此选区内的字符。

到了这一步，我们或许也想画一条横线来分隔表头及其下的内容。先快速复制顶行并粘贴一份副本（`yyp`），然后用连字符替换该行内的所有字符（`Vr-`）。

技巧 25　修改列文本

用列块可视模式可以同时往若干行中插入文本。列块可视模式不仅仅对表格数据有用，在编程时我们也时常受惠于此功能。

例如，对于以下 CSS 片段。

visual_mode/sprite.css

```
li.one   a{ background-image: url('/images/sprite.png'); }
li.two   a{ background-image: url('/images/sprite.png'); }
li.three a{ background-image: url('/images/sprite.png'); }
```

假设已经把文件 sprite.png 从 images/ 目录移到了 components/ 目录，就需要修改每一行的内容，使其指向该文件的新位置。可以使用列块可视模式完成此工作，如表 4-4 所示。

表 4-4　向多行插入文本

按键操作	缓冲区内容
{start}	li.one　　a{ background-image: url('/**i**mages/sprite.png'); }
	li.two　　a{ background-image: url('/images/sprite.png'); }
Normal mode	li.three　a{ background-image: url('/images/sprite.png'); }
`<C-v>jje`	li.one　　a{ background-image: url('/images/sprite.png'); }
	li.two　　a{ background-image: url('/images/sprite.png'); }
Visual mode	li.three　a{ background-image: url('/image**s**/sprite.png'); }
`c`	li.one　　a{ background-image: url('/**/**sprite.png'); }
	li.two　　a{ background-image: url('//sprite.png'); }
Insert mode	li.three　a{ background-image: url('//sprite.png'); }
components	li.one　　a{ background-image: url('/components**/**sprite.png'); }
	li.two　　a{ background-image: url('//sprite.png'); }
Insert mode	li.three　a{ background-image: url('//sprite.png'); }
`<Esc>`	li.one　　a{ background-image: url('/component**s**/sprite.png'); }
	li.two　　a{ background-image: url('/components/sprite.png'); }
Normal mode	li.three　a{ background-image: url('/components/sprite.png'); }

整个过程看起来非常熟悉。先指定想要操作的选区，本例中的高亮选区恰好为方形。按 `c` 键时，所有被选中的文本都消失了，同时进入插入模式。

在插入模式中输入单词 "components" 时，此单词只出现在顶行，下面的两行没什么变化。只有在按 `<Esc>` 返回到普通模式后，才看到刚才输入的文本出现在下面这两行里。

在 Vim 列块可视模式中，修改命令的表现或许有点怪，它看上去有点不一致。删除操作会同时影响所有被选中的行，但插入操作只影响顶行（至少在处于插入模式的期间）。其他文本编辑器也提供了类似的功能，但是它们会同时更新所有被选中的行，如果你已经习惯了这样的表现（就像我以前一样），那么你会发现 Vim 的实现不太完美。

不过在实践中，最终的结果没什么区别。因为处于插入模式的时间很短，所以没必要太过惊讶。

技巧 26　在长短不一的高亮块后添加文本

列块可视模式在操作由行列组成的方形代码块时表现得很好，然而，它并不仅限于操作方形的文本区域。

我们已经见过以下的 JavaScript 代码片段。

the_vim_way/2_foo_bar.js

```
var foo = 1
var bar = 'a'
var foobar = foo + bar
```

这段代码有连续 3 行，每行的长度各不相同，而我们想在每行结尾添加一个分号。在技巧 2 中，使用 . 命令解决了此问题，不过，用列块可视模式也可以完成该任务，具体操作参见表 4-5。

在进入列块可视模式后，按 $ 键把选区扩大到每行的行尾。乍一看，人们也许会觉得这很难，因为每一行的长度都是不同的。然而在这个场景中，Vim 知道我们是想把选区扩大到选中的这些行的结尾，它会让我们打破方形的限制，创建出一个右边界长短不一的文本选区。

确定好选区后，用 A 命令就可以在每行的结尾添加内容（参见 **Vim 对"i"及"a"键的约定**）。此命令让我们进入插入模式，且使光标停留在顶行。处于插入模式期间，任何输入的内容只出现在顶行，然而一旦返回到普通模式，这些修改就会被扩散到其余选中的行上。

表 4-5　在列块可视模式中为多行添加分号

按键操作	缓冲区内容
{start}	var foo = 1
	var bar = 'a'
Normal mode	var foobar = foo + bar
`<C-v>jj$`	var foo = 1
	var bar = 'a'
Visual-Block	var foobar = foo + bar
A;	var foo = 1;
	var bar = 'a'
Insert mode	var foobar = foo + bar
`<Esc>`	var foo = 1;
	var bar = 'a';
Normal mode	var foobar = foo + bar;

Vim 对 "i" 及 "a" 键的约定

Vim 对于从普通模式切换到插入模式的命令有几个约定，i 命令和 a 命令都完成此切换，并分别把光标置于当前字符之前或之后，I 命令和 A 命令的表现类似，只是它们分别把光标置于当前行的开头和结尾。

Vim 对于从列块可视模式切换到插入模式的命令也遵从类似的约定。I 命令和 A 命令都完成此切换，并分别把光标置于选区的开头和结尾。那 i 和 a 命令呢，它们在可视模式里干什么？

在可视模式及操作符待决模式中，i 和 a 键沿用一个不同的约定。它们会被当作一个文本对象的组成部分，我们将在技巧 52 中深入探讨文本对象。如果你在列块可视模式里选中了一块区域，并且很奇怪为什么按 i 键没进入插入模式，那么换用 I 键试一下。

第 5 章

命令行模式

初时，先有 ed，ed 为 ex
之父，ex 为 vi 之父，而
vi 为 Vim 之父。

➤ The Old Testament of Unix

Vim 的先祖是 vi，正是 vi 开创了区分模式编辑的范例。相应的，vi 奉一个名为 ex 的行编辑器为先祖，这就是为什么会有 Ex 命令。这些早期 UNIX 文本编辑器的血脉依旧流淌在现代 Vim 中，对某些基于行的编辑任务来说，Ex 命令仍然是最佳工具。在本章中，我们将学习如何使用命令行模式，这将为我们揭示 ex 编辑器的余风遗韵。

技巧 27 认识 Vim 的命令行模式

命令行模式会提示我们输入一条 Ex 命令、一个查找模式，或一个表达式。在本节，我们将结识一些操作缓冲区中的文本的 Ex 命令，并学习一些可在此模式中使用的特殊按键映射项。

在按下 : 键时，Vim 会切换到命令行模式。这个模式和 shell 下的命令行有些类似，可以输入一条命令，然后按 <CR> 执行它。在任意时刻，都可以按 <Esc> 键从命令行模式切换回普通模式。

出于历史原因，在命令行模式中执行的命令又被称为 Ex 命令，参见 **Vim（及其家族）的词源**。在按 / 调出查找提示符或用 <C-r>= 访问表达式寄存器（参见技巧 16）时，命令行模式也会被激活。本节介绍的一些技巧在这些不同的提示符下都适用，不过本节内容主要侧重于 Ex 命令。

可以用 Ex 命令读写文件（:edit 和 :write）、创建新标签页（:tabnew）、分割窗口（:split）、操作参数列表（:prev/:next）及缓冲区列表（:bprev/:bnext）。事实上，Vim 为几乎所有功能都提供了相应的 Ex 命令（参见 :h ex-cmd-index ⓘ可获得完整列表）。

本节主要关注那些用来编辑文本的 Ex 命令，表 5-1 列出了其中最有用的一些命令。

在这些命令中，绝大部分都可指定操作的范围，将在技巧 28 中了解这意味着什么。:copy 命令对快速复制一行非常好用，这将在 **用 ': t' 命令复制行**中介绍。:normal 命令提供了一种便捷的方式来对指定范围内的行做相同的修改，这将在技巧 30 中介绍。

我们将在第 10 章学到更多关于 :delete、:yank 及 :put 命令的知识。:substitute 命令和 :global 命令非常强大，所以每个命令都用单独的一章来介绍，详细内容请看第 14 章和第 15 章。

表 5-1　操作缓冲区文本的 Ex 命令

命令	用途
:[range]delete [x]	删除指定范围内的行[到寄存器 x 中]
:[range]yank [x]	复制指定范围的行[到寄存器 x 中]
:[line]put [x]	在指定行后粘贴寄存器 x 中的内容
:[range]copy {address}	把指定范围内的行拷贝到 {address} 指定的行之下
:[range]move {address}	把指定范围内的行移动到 {address} 指定的行之下
:[range]join	连接指定范围内的行
:[range]normal {commands}	对指定范围内的每一行执行普通模式命令 {commands}
:[range]substitute/{pattern}/{string}/[flags]	把指定范围内出现{pattern}的地方替换为{string}
:[range]global/{pattern}/[cmd]	对指定范围内匹配{pattern}的所有行执行 Ex 命令 {cmd}

Vim 命令行模式中的特殊按键

在命令行模式中，键盘上的大部分按键都只是简单输入一个字符，这点与插入模式类似。只不过在插入模式中，文本被输入缓冲区里，而在命令行模式中，文本出现在命令行上。另外，在这两种模式中都可以用组合键触发命令。

有些命令在插入模式和命令行模式中可以通用。例如，可以用 <C-w> 和 <C-u> 分别删除至上个单词的开头及行首，也可以用 <C-v> 或 <C-k> 来插入键盘上找不到的字符，还可以用 <C-r>{register} 命令把任意寄存器的内容插入命令行，就像在技巧 15 中见过的那样。然而，有些命令行模式中的组合键在插入模式中不存在，我们将在技巧 33 中结识几个这样的命令。

在命令行提示符下，可以使用的动作命令数量很有限。<left> 和 <right> 光标键可以一次把光标向左或右移动一个字符，与我们已经习以为常的普通模式下的大量动作命令相比，这让人感觉极度受限。然而，正如我们即将在技巧 34 中看到的那样，Vim 的命令行窗口提供了构造复杂命令所需的完整编辑能力。

Ex 命令影响范围广且距离远

有时使用 Ex 命令，能比用普通模式命令更快地完成同样的工作。举个例子，普通模式命令一般操作当前字符或当前行，而 Ex 命令却可以在任意位置执行，这意味着无需移动光标就可以使用 Ex 命令做出修改。但使 Ex 命令脱颖而出的最让人赞叹的功能，是它们拥有能够在多行上同时执行的能力。

一般地说，Ex 命令操作范围更大，并且能够在一次执行中修改多行。或者可以概括为，Ex 命令影响的范围较广并且距离较远。

> ### Vim（及其家族）的词源
>
> ed 是最初的 UNIX 文本编辑器，它编写于图形显示器很稀有的年代，那时源代码通常是打印在纸带上，并在电传终端机[1]上编辑。在终端上输入的命令被送到大型机上进行处理，每条命令的输出会被打印出来。在那个年代，从终端到大型机之间的连接很慢，以至于一个快速打字员比网络还快，他们输入命令的速度要比命令被发出去处理更快。在这种情况下，ed 能够提供一个简洁的语法变得异常重要。p 被用来打印当前行，而 %p 被用来打印整个文件，皆缘于此。
>
> ed 历经了几代的改进，包括 em（意为 "editor for mortals"，即 "人类的编辑器"）、en，最终到 ex[2]。此时图形显示器已经比较普及了，ex 增加了一个把终端屏幕设置成交

---

[1] http://en.wikipedia.org/wiki/Teleprinter
[2] http://www.theregiscer.co.uk/2003/09111/biu-joys.greatert_gifo/

Vim（及其家族）的词源（续）

互窗口的功能，并在窗口内显示文件的内容。这样，在做修改时实时看到变化成为了可能。此屏幕编辑模式由 `:visual` 命令激活，其简写为 `:vi`，这即是 vi 这个名字的由来。

Vim 代表改进版的 vi（vi improved），然而这只是一种谦虚的说法，我实在无法忍受使用标准的 vi。通过查阅 `:h vi-differences` ①，我们可以看到 Vim 支持而 vi 不支持的功能列表。Vim 对功能的增强是必要的，但另一方面它却仍继承了大量的遗产。这些指导 Vim 先祖们设计的约束，提供了一个非常高效的命令集，这在今天依然很有价值。

技巧 28　在一行或多个连续行上执行命令

很多 Ex 命令可以用 [range] 指定要操作的范围。可以用行号、位置标记或是查找模式来指定范围的开始位置及结束位置。

Ex 命令的优点之一是它可以在某一范围内的所有行上执行。以下面这个简短的 HTML 文本作为示例。

cmdline_mode/practical-vim.html

```
Line 1  <!DOCTYPE html>
     2  <html>
     3    <head><title>Practical Vim</title></head>
     4    <body><h1>Practical Vim</h1></body>
     5  </html>
```

我们将使用 `:print` 命令作为演示。这条命令只是简单地在 Vim 命令行下方回显指定行的内容，它不产生什么实际影响，不过可以用它来说明一个范围由哪些行构成。当然，可以试着把以下示例中的 `:print` 换成诸如 `:delete`、`:join`、`:substitute` 或 `:normal` 这样的命令，这样就能真切地感受到 Ex 命令是多么有用。

用行号作为地址

如果输入一条只包含数字的 Ex 命令，那么 Vim 会把这个数字解析成一个地址，并把光标移动到该数字指定的行上。例如，运行下面的命令将跳到文件的首行。

⇒ `:1`

⇒ `:print`

❰ 1 `<!DOCTYPE html>`

此文件只包含 5 行内容，如果要跳到文件的末尾，既可以输入 `:5`，也可以用特殊符号 `$`

⇒ `:$`

⇒ `:p`

❰ 5 `</html>`

我们在这里使用的是 `:p`，它是 `:print` 命令的简写。实际上，用不着分开执行这两条命令，可以像下面这样把这两条命令合成一条。

⇒ `:3p`

❰ 3 `<head><title>Practical Vim</title></head>`

此命令会把光标移到第 3 行，然后显示该行的内容。记住，这里用 `:p` 命令的目的只是进行讲解。如果执行的是 `:3d` 命令，只需一条命令就可以跳到第 3 行并删除此行；而与之等效的普通模式命令，则要先执行 `3G`，再跟着执行 `dd`。因此，从这个例子可以看出，Ex 命令执行得要比普通模式命令更快。

用地址指定一个范围

迄今为止，地址只是被当成一个单独的行号，不过也可以用它来指定一个范围，如下例所示。

⇒ `:2,5p`

❰ 2 `<html>`
  3 `<head><title>Practical Vim</title></head>`
  4 `<body><h1>Practical Vim</h1></body>`
  5 `</html>`

此例会打印第 2 行到第 5 行之间的每一行的内容（含第 2 行及第 5 行）。注意，运行完这条命令后，光标将停留在第 5 行。通常，一个范围具有如下的形式。

`:{start},{end}`

需注意的是 `{start}` 和 `{end}` 都是地址。到目前为止，我们已经看到过用行号作为地址，然而很快就会看到也能用查找模式或是位置标记作为地址。

符号 . 代表当前行的地址。因此，可以很容易地写出一个范围，用以代表从当前位置到文件末尾间的所有行。

⇒ :2

⇒ :.,$p

❰ 2 `<html>`
3   `<head><title>Practical Vim</title></head>`
4   `<body><h1>Practical Vim</h1></body>`
5 `</html>`

符号 % 也有特殊含义，它代表当前文件中的所有行。

⇒ :%p

❰ 1 `<!DOCTYPE html>`
2 `<html>`
3   `<head><title>Practical Vim</title></head>`
4   `<body><h1>Practical Vim</h1></body>`
5 `</html>`

这和运行 :1,$p 是等效的。这种简写形式在和 :substitute 命令一起使用时非常普遍。

⇒ :%s/Practical/Pragmatic/

上述命令让 Vim 把每行内的第一个"Practical"替换为"Pragmatic"，我们将在第 14 章学习关于此命令的更多内容。

用高亮选区指定范围

也可以用高亮选区选定一个范围，而不是用数字指定。如果先执行 2G，再跟着执行 VG，就会选中如下一个高亮选区。

`<!DOCTYPE html>`
`<html>`
  `<head><title>Practical Vim</title></head>`
  `<body><h1>Practical Vim</h1></body>`
`</html>`

如果现在按下 : 键，命令行上会预先填充一个范围 :'<,'>。这个范围看起来有点晦涩难懂，不过可以简单地把它理解为一个代表高亮选区的范围。接下来可以输入一条 Ex 命令，使它在每个被选中的行上执行。

⇒ `:'<,'>p`

❰　2 `<html>`
　3　`<head><title>Practical Vim</title></head>`
　4　`<body><h1>Practical Vim</h1></body>`
　5　`</html>`

如果只是想对文件的部分内容执行 `:substitute` 命令，用这种方式定义范围会很方便。

符号 `'<` 是代表高亮选区首行的位置标记，`'>` 则代表高亮选区的最后一行（更多关于位置标记的内容，请参见技巧 54），这些位置标记即使在退出可视模式后仍然存在。如果尝试在普通模式下直接运行 `:'<,'>p`，它会始终回显上一次高亮选区选中的内容。

用模式指定范围

Vim 也接受以模式作为一条 Ex 命令的地址，如下所示。

⇒ `:/<html>/,/<\/html>/p`

❰　2 `<html>`
　3　`<head><title>Practical Vim</title></head>`
　4　`<body><h1>Practical Vim</h1></body>`
　5　`</html>`

这个范围看起来比较复杂，但实际上它符合范围的一般形式 `:{start},{end}`。在本例中，`{start}` 地址是模式 `/<html>/`，而 `{end}` 地址是 `/<\/html>/`。换句话说，这个范围由 `<html>` 开标签所在的行开始，到对应闭标签所在的行结束。

在此例中，用地址 `:2,5` 也可以获得同样的结果，并且这种表示方式更简洁，不过它也更不可靠。用模式指定范围的话，命令总是对整个 `<html></html>` 范围进行操作，无论这个范围包含多少行都没问题。

用偏移对地址进行修正

假设想对位于 `<html></html>` 之间的每一行都运行一条 Ex 命令，但是不想包括 `<html>` 及 `</html>` 标签所在的行，那么可以为之加上偏移。

⇒ `:/<html>/+1,/<\/html>/-1p`

❰　3 `<head><title>Practical Vim</title></head>`
　4　`<body><h1>Practical Vim</h1></body>`

偏移的一般形式如下。

`:{address}+n`

如果 n 被省略，那么缺省偏移量为 1。{address} 可以是一个行号、一个位置标记，或是一个查找模式。

假设想对由当前行开始的特定几行执行一条命令，那么可以使用相对于当前行的偏移。

⇒ :2

⇒ :.,.+3p

符号 . 代表当前行，所以上例中的 :.,.+3 相当于 :2,5。

结论

定义范围的语法非常灵活，既可以混合搭配行号、位置标记以及查找模式，也可以对它们加以偏移。下表对用来构建 Ex 命令的地址及范围的符号进行了总结。

符号	地址
1	文件的第一行
$	文件的最后一行
0	虚拟行，位于文件第一行上方
.	光标所在行
'm	包含位置标记 m 的行
'<	高亮选区的起始行
'>	高亮选区的结束行
%	整个文件（:1,$ 的简写形式）

第 0 行在文件中并不真实存在，但它作为一个地址，在某些特定场景下会很有用处。特别是在把指定范围内的行复制或移动到文件开头时，可以用它做 :copy {address} 及 :move {address} 命令的最后一个参数。将在接下来的两个技巧中看到这两条命令的应用实例。

在定义一个 [range] 时，它总是代表一系列连续行，不过 :global 命令也可以在一系列非连续上执行 Ex 命令，我们将在第 15 章学习这方面的更多知识。

技巧 29 使用 ':t' 和 ':m' 命令复制和移动行

:copy 命令（及其简写形式 :t）让我们可以把一行或多行从文档的一部分复制

到另一部分，:move 命令则可以让我们把一行或多行移到文档的其他地方。

　　使用如下购物清单作为演示。

cmdline_mode/shopping-list.todo

```
Line 1 Shopping list
     2      Hardware Store
     3          Buy new hammer
     4      Beauty Parlor
     5          Buy nail polish remover
     6          Buy nails
```

用 ':t' 命令复制行

　　这个购物清单还没完成，我们也要在五金商店（hardware store）买些钉子（nails）。为完成这个清单，将重用文件的最后一行，即在"Hardware Store"下面为之创建一份副本。可以用 Ex 命令 :copy 轻松地完成这项工作。

按键操作	缓冲区内容
{start}	Shopping list 　　Hardware Store 　　　　Buy new hammer 　　Beauty Parlor 　　　　Buy nail polish remover 　　　　Buy nails
:6copy.	Shopping list 　　Hardware Store 　　　　Buy nails 　　　　Buy new hammer 　　Beauty Parlor 　　　　Buy nail polish remover 　　　　Buy nails

　　copy 命令的格式如下（参见 :h :copy ⓘ）。

`:[range]copy {address}`

　　在此例中，[range] 是第 6 行，而 {address} 用的是符号 .，它代表当前行。因此，可以把 :6copy. 命令解读为"为第 6 行创建一份副本，并放到当前行下方"。

　　:copy 命令可以简写为两个字母 :co，也可以用更加简练的:t 命令，它为了更好地记忆，可以把该命令想成"复制**到**（copy TO）"。下表展示了 `:t` 命令的一些应用实例。

命令	用途
`:6t.`	把第 6 行复制到当前行下方
`:t6`	把当前行复制到第 6 行下方
`:t.`	为当前行创建一个副本（类似于普通模式下的 `yyp`）
`:t$`	把当前行复制到文本结尾
`:'<,'>t0`	把高亮选中的行复制到文件开头

`:t.` 命令会创建一个当前行副本，另外一种做法则是用普通模式的复制和粘贴命令（`yyp`）来达到同样的效果。这两种复制当前行的技术有个需要关注的差别：`yyp` 会使用寄存器，`:t.` 则不会。因此，当我不想覆盖默认寄存器中的当前内容时，有时会使用 `:t.` 来复制行。

在上表中，也可以将 `yyp` 变化一下来复制想要的行，但不管怎样，这都需要一些额外的移动动作。先跳到想复制的行上（`6G`），复制该行（`yy`），快速跳回原先的位置（`<C-o>`），然后再用粘贴命令（`p`）创建一个副本。由此可见，在复制距离较远的行时，`:t` 命令通常更加高效。

在 **Ex 命令影响范围广且距离远** 中，我们已经了解了这个一般规律，即普通模式命令适合在本地进行操作，Ex 命令则可以远距离操作。本节以实例印证了这一规律。

用 ':m' 命令移动行

`:move` 命令看上去和 `:copy` 命令很相似（参见 `:h :move` ⓘ）。

`:[range]move {address}`

可以把它简写为一个字母 `:m`。假设想把 Hardware Store 一节移到 Beauty Parlor 一节的下方，用 `:move` 就可以实现这一点，如表 5-2 所示。

在选中高亮选区后，只需简单地执行命令 `:'<,'>m$` 即可。另外还有种做法，可以执行 `dGp`，此命令可以分解为：`d` 删除高亮选区，`G` 跳转到文件结尾，`p` 则粘贴刚刚删除的文本。

表 5-2 用 ':m' 命令对一组进行移动

按键操作	缓冲区内容

{start}	Shopping list
	    Hardware Store
	        Buy nails
	        Buy new hammer
	    Beauty Parlor
	        Buy nail polish remover
	        Buy nails

Vjj	Shopping list
	    Hardware Store
	        Buy nails
	        Buy new hammer
	    Beauty Parlor
	        Buy nail polish remover
	        Buy nails

:'<,'>m$	Shopping list
	    Beauty Parlor
	        Buy nail polish remover
	        Buy nails
	    Hardware Store
	        Buy nails
	        Buy new hammer

记住，'<,'> 代表了高亮选区。因此可以很容易地选中另外一个高亮选区，然后重复执行 :'<,'>m$ 命令把选中的文本移到文件结尾。重复上次的 Ex 命令非常简单，只需按 @: 即可（技巧 31 给出了另一个例子），所以这里采取的方式与使用普通模式命令相比，在重复执行时会更方便。

技巧 30　在指定范围上执行普通模式命令

如果想在一系列连续行上执行一条普通模式命令，可以用 :normal 命令。此命令在与 . 命令或宏结合使用时，只需花费很少的努力就能完成大量重复性任务。

想一下在技巧 2 中遇到过的例子，我们想在一系列行后添加一个分号。使用点范式让我们迅速完成了这项工作。但是在那个例子里，只需对连续的 3 行做此修改。如果不得不做 50 次同样的修改会怎么样呢？如果还用点范式的话，得按 50 次 j.，总共得 100 次按键动作！

这里有一种更好的方法。将在下面文件的每行后都添加一个分号，以此作为演示。

为节省空间，此处只列出了 5 行内容，然而你可以想象这里有 50 行，那么这种方法看起来就颇具诱惑了。

cmdline_mode/foobar.js

```
var foo = 1
var bar = 'a'
var baz = 'z'
var foobar = foo + bar
var foobarbaz = foo + bar + baz
```

我们像之前做的那样，首先修改第一行。

按键操作	缓冲区内容
{start}	var foo = 1 var bar = 'a' var baz = 'z' var foobar = foo + bar var foobarbaz = foo + bar + baz
A;<Esc>	var foo = 1; var bar = 'a' var baz = 'z' var foobar = foo + bar var foobarbaz = foo + bar + baz

接下来，不用一行一行地执行 . 命令，而是使用 Ex 命令 :normal 对整个范围内的所有行同时执行 . 命令。

按键操作	缓冲区内容
jVG	var foo = 1; var bar = 'a' var baz = 'z' var foobar = foo + bar var foobarbaz = foo + bar + baz

:'<,'>normal .	var foo = 1;
	var bar = 'a';
	var baz = 'z';
	var foobar = foo + bar;
	var foobarbaz = foo + bar + baz;

:'<,'>normal . 命令可以解读为"对高亮选区中的每一行，对其执行普通模式下的 . 命令"。无论是操作 5 行还是 50 行文本，这种方法都能出色地完成任务，更棒的是我们甚至都不需要计算行数，在可视模式中选中这些行使我们摆脱了计数的负担。

这个例子使用 :normal 执行 `.` 命令，但是也可以用这种方式执行任意其他的普通模式命令。例如，可以用如下命令解决上面的问题。

⇒ :%normal A;

符号 % 代表整个文件范围，因此 :%normal A; 告诉 Vim 在文件每行的结尾都添加一个分号。在做此修改时会切换到插入模式，但是在修改完后，Vim 会自动返回到普通模式。

在执行指定的普通模式命令之前，Vim 会先把光标移到该行的起始处。因此在执行时，用不着担心光标的位置。例如，下面这条命令可以把整个 JavaScript 文件注释掉。

⇒ :%normal i//

虽然用 :normal 命令可以执行任意的普通模式命令，但是我发现当它和 Vim 的重复命令结合在一起时，最为强大，既可以用 :normal . 应对简单的重复性工作，也可以用 :normal @q 应对较复杂的任务。具体的实例参见技巧 68 和技巧 70。

在 **Ex 命令影响范围广且距离远** 中，我们说过 Ex 命令可以一次修改若干行。 :normal 命令则让我们可以把具有强大表现力的 Vim 普通模式命令与具有大范围影响力的 Ex 命令结合在一起，这种结合真的是珠联璧合！

对本节所涉及问题的另外一种解决方案，请参见技巧 26。

技巧 31　重复上次的 Ex 命令

`.` 命令可以重复上次的普通模式命令。然而，如果想重复上次的 Ex 命令，得使用 `@:` 才行。知道如何回退上次的命令永远是有价值的，因此本节也会讨论这一点。

在第 1 章中，我们见识过如何用 `.` 命令重复上次的修改。但是，`.` 命令不会重复由 Vim 命令行中做出的修改。作为替代，可以用 `@:` 来重复上次的 Ex 命令（参见 :h @: ①）。

例如，下面两条命令在遍历缓冲区列表的条目时非常有用，用 :bn[ext] 可以在列表中逐项正向移动，而 :bp[revious] 命令进行反向移动（技巧 37 详细讨论了缓冲区列表）。假设缓冲区列表中有大约十几个条目，而我们打算逐个查看每个缓冲区，因此可以输入一次下面的命令。

⇒ `:bnext`

然后再用 `@:` 重复执行此命令。留意一下这和运行宏的相似之处（参见**通过执行宏来回放命令序列**），另外也需注意，`:` 寄存器总是保存着最后执行的命令行命令（参见 `:h quote_:` ❶）。在运行过一次 `@:` 后，后面就可以用 `@@` 命令来重复它。

假设我们按得忘乎所以，执行了太多次 `@:` 命令以致于错过了目标。那要怎样才能改变方向往回跳呢？当然，可以执行 `:bprevious` 命令，但是想想如果以后再次执行 `@:` 命令会发生什么？没错，它会反向遍历缓冲区列表，恰恰与最初的方向相反。这会把人搞糊涂的。

在这种情况下，更好的选择是使用 `<C-o>` 命令（参见技巧 56）。每次运行 `:bnext` 命令（或用 `@:` 命令重复执行它）时，它都会在跳转列表中添加一条记录，而 `<C-o>` 命令会回到跳转列表的上条记录。

可以执行一次 `:bnext`，然后用 `@:` 重复任意多次；如果想往回跳，就用 `<C-o>` 命令。这样一来，如果接下来还想继续正向遍历缓冲区列表，就可以继续用 `@:` 命令。请牢记技巧 4 中提到的口诀：执行、重复、回退。

Vim 为几乎所有功能都提供了相应的 Ex 命令。虽然用 `@:` 总是可以重复上一条 Ex 命令，但如果想回退其影响，却没有这种直截了当的方式。用本节提到的 `<C-o>` 命令，也能够回退 `:next`、`:cnext`、`:tnext` 等命令的执行结果；然而对于表 5-1 中列出的 Ex 命令，则要用 `u` 键才能撤销其影响。

技巧 32　自动补全 Ex 命令

如同在 shell 中一样，在命令行上也可以用 `<Tab>` 键自动补全命令。

Vim 在选取 Tab 补全的补全项时非常智能，它会检查命令行上已经输入的上下文，然后再构建合适的补全列表。例如，可以这样输入：

⇒ `:col<C-d>`

❮ `colder    colorscheme`

`<C-d>` 命令会让 Vim 显示可用的补全列表（参见 `:h c_CTRL-D` ❶）。另外，如果多次按 `<Tab>` 键，命令行上会依次显示 `colder`、`colorscheme`，然后再回到最初的 `col`，如此循环往复。要想反向遍历补全列表，可以按 `<S-Tab>`。

假设想改配色方案，但是不太记得要用的配色方案的名称，可以用 `<C-d>` 命令列出所有的可用选项。

⇒ `:colorscheme <C-d>`

```
blackboard      desert          morning         shine
blue            elflord         murphy          slate
darkblue        evening         pablo           solarized
default         koehler         peachpuff       torte
delek           mac_classic     ron             zellner
```

这一次，`<C-d>` 基于可用的配色方案显示一个补全列表。如果想激活 solarized 方案，只需输入字母"so"，然后按 Tab 键即可补全此命令。

在很多场景中，Vim 的 Tab 补全都能做出正确的选择。如果输入了一个以文件路径作为参数的命令（如 `:edit` 或 `:write`），那么 `<Tab>` 会用当前工作目录中的目录或文件名补全。在 `:tag` 命令中，它会自动补全标签名；而在 `:set` 及 `:help` 命令中，它可以补全 Vim 的每一个设置选项。

甚至在创建自定义 Ex 命令时，也能够定义该命令的 Tab 键补全行为。要想了解更多，请查阅 `:h :command-complete` ⓘ。

在多个补全项间选择

当 Vim 只找到一个 Tab 补全项时，它会直接使用整个补全项。但是如果 Vim 找到了多个补全项，那么会有几种做法。缺省情况下，首次按下 Tab 键时，Vim 会用第一个补全项补全，以后每按一下 Tab 键，就会依次遍历剩余的补全项。

调整 'wildmode' 选项可以自定义补全行为（参见 `:h 'wildmode'` ⓘ）。如果习惯用 bash shell 的方式工作，那么下面的设置会满足你的需要。

set wildmode=longest,**list**

如果习惯于 zsh 提供的自动补全菜单，或许会想试试这个。

set wildmenu
set wildmode=full

当 'wildmenu' 选项被启用时，Vim 会提供一个补全导航列表。可以按 `<Tab>`、`<C-n>` 或 `<Right>` 正向遍历其列表项，也可以用 `<S-Tab>`、`<C-p>` 或 `<Left>` 对其进行反向遍历。

技巧 33　把当前单词插入命令行

即使是在命令行模式下，Vim 也始终知道光标位于何处以及哪个分割窗口处于活动状态。为节省时间，可以把活动窗口中的当前单词（或字串）插入命令行中。

在 Vim 的命令行下，`<C-r><C-w>` 映射项会复制光标下的单词并把它插入命令行中。可以利用这一功能减少击键的次数。

假设想把下面这段代码中的变量 tally 重命名为 counter。

cmdline_mode/loop.js

```
var tally;
for (tally=1; tally <= 10; tally++) {
 // do something with tally
};
```

把光标移到单词 tally 上后，用 `*` 命令可以查找它出现的每处地方（`*` 命令等效于输入 `/\<<C-r><C-w>\><CR>` 序列，关于 `\<` 和 `\>`在模式中的作用，请参见技巧 77 的讨论）。

按键操作	缓冲区内容

{start}	var **t**ally;
	for (tally=1; tally <= 10; tally++) {
	　// do something with tally
	};

`*`	var tally;
	for (**t**ally=1; tally <= 10; tally++) {
	　// do something with tally
	};

`cwcounter<Esc>`	var tally;
	for (counte**r**=1; tally <= 10; tally++) {
	　// do something with tally
	};

当按下 `*` 键时，光标会正向跳到下一处匹配项，不过光标始终停留在相同的单词上。接下来，可以输入 `cwcounter<Esc>` 对其进行修改。

然后用 `:substitute` 命令完成其余的修改。由于光标已经在单词"counter"上了，因此无需再次输入它，而是直接用 `<C-r><C-w>` 映射项把它插入替换域。

⇒ `:%s//<C-r><C-w>/g`

这条命令看起来没省多少事，但是用两次按键就能插入一个单词不算太糟。此处也用不着输入查找模式，而这要感谢 `*` 命令。要知道为什么可以像上面这样将查找域留空，请参考技巧 91。

`<C-r><C-w>` 用于插入光标下的单词，而如果想插入光标下的字串（参见技巧 49 的说明），可以用 `<C-r><C-a>`，更多细节请参见 `:h c_CTRL-R_CTRL-W` ⓘ。虽然本例是以 `:substitute` 命令作为示例的，但实际上这些映射项可用于任意 Ex 命令。

这里介绍另一种应用场景。试着打开你的 `vimrc` 文件，把光标移到其中的一项设置上，然后输入 `:help <C-r><C-w>` ⓘ，就可以查阅该设置的文档了。

技巧 34　回溯历史命令

Vim 会记录命令行模式中执行过的命令，并提供了两种方式回溯这些命令，用光标键回滚之前的命令或调出命令行窗口查看先前的命令。

Vim 会记录命令行模式下的命令历史，并且可以很容易地回溯之前的命令，因此对于比较长的 Ex 命令来说，不用在命令行中多次输入它。

先按 `:` 键切换到命令行模式，在保持提示符为空的情况下按 `<Up>` 键，此时最后执行的那条 Ex 命令就会被填充到命令行上。再接着按 `<Up>` 键，就可以回到更早的 Ex 历史命令；按 `<Down>` 键，则会沿相反方向滚动。

现在，尝试先输入 `:help` ⓘ，然后按 `<Up>` 键遍历之前的 Ex 命令。这一次，Vim 不会显示所有的历史命令，而是会对列表进行过滤，只有以单词"help"开头的 Ex 命令才会被包含在列表中。

Vim 缺省会记录最后 20 条命令，对内存越发便宜的现代计算机来说，保存更多历史命令只是小菜一碟，因此可以修改 'history' 选项，以提高其保存的上限。可以试着把下面这行内容加入 `vimrc` 文件。

```
set history=200
```

> 注意：命令历史不仅是为当前编辑会话记录的，这些历史即使在退出 Vim 再重启之后仍然存在（参见 `:h viminfo` ⓘ），因此提高历史记录的数目非常有价值。

Vim 不仅会记录 Ex 命令的历史，还会为查找命令单独保存一份历史记录。在按 `/`

调出查找提示符后，用 `<Up>` 和 `<Down>` 键可以正向或反向遍历之前的查找记录。从本质上讲，查找提示符只是命令行模式的另一种形式。

结识命令行窗口

像插入模式一样，命令行模式适合从头开始构建命令，但它却不是一个编辑文本的好地方。

假设我们正在写一个简单的 Ruby 脚本，然后发现每做出一个修改时，都会执行下面两条命令。

⇒ `:write`

⇒ `:!ruby %`

在接连执行了几次这两条命令后，我们意识到可以简化工作过程，把这两条命令合为一条。这样，以后就可以从历史中选择该完整命令并再次执行。

⇒ `:write | !ruby %`

这些命令都已经在历史中了，所以不必从头输入整条命令。但要怎样才能把历史中的两条记录合并成一条呢？请输入 `q:`，先结识一下命令行窗口（参见 `:h cmdwin` ①）。

命令行窗口就像是一个常规的 Vim 缓冲区，只不过它的每行内容都对应着命令历史中的一个条目。可以用 `k` 及 `j` 键在历史中向前或向后移动，也可以用 Vim 的查找功能查找某一行。在按下 `<CR>` 键时，会把当前行的内容当成 Ex 命令加以执行。

命令行窗口的好处在于它允许使用 Vim 完整的、区分模式的编辑能力来修改历史命令。可以用任何习以为常的动作命令进行移动，也可以在高亮选区上操作，或是切换到插入模式中，甚至还能对命令行窗口中的内容执行 Ex 命令。

在按 `q:` 调出命令行窗口后，可以像下面这样解决问题。

按键操作	缓冲区内容
{start}	write !ruby %
A␣|<Esc>	write | !ruby %
J	write | !ruby %
:s/write/update	update | !ruby %

修改完后，按 `<CR>` 就会执行 `:update | !ruby%` 命令，就好像在命令行输入了这条命令一样。

当命令行窗口处于打开状态时，它会始终拥有焦点。这意味着，除非关闭命令行窗口，否则无法切换到其他窗口。要想关闭命令行窗口，可以执行 `:q` 命令（就像关闭普通 Vim 窗口那样），或是按 `<CR>`。

> **注意**：在命令行窗口内按 `<CR>` 时，该命令在活动窗口的上下文中执行。活动窗口是指在调出命令窗口前，处于活动状态的那个窗口。当命令行窗口处于打开状态时，Vim 并不会提示哪个窗口是活动窗口，因此如果使用了分割窗口，就需要特别留意。

假设正在命令行上构建一条 Ex 命令，做到一半时，才意识到需要更强大的编辑能力，这时该怎么办呢？当处于命令行模式下时，可以用 `<C-f>` 映射项切换到命令行窗口中，此前已经输入命令行上的内容仍然会得以保留。下表总结了打开命令行窗口的几种方式。

命令	动作
`q/`	打开查找命令历史的命令行窗口
`q:`	打开 Ex 命令历史的命令行窗口
`<Ctrl-f>`	从命令行模式切换到命令行窗口

`q:` 命令和 `:q` 命令很容易混淆。我敢肯定我们都曾经不小心打开过命令行窗口，而实际上我们只是想退出 Vim。这的确让人羞报，因为这个功能是如此的有用，但是很多人在他们第一次（意外）遭遇它时却感觉很沮丧。要看命令行窗口的另一个应用实例，请跳到技巧 85。

技巧 35　运行 Shell 命令

不用离开 Vim 就能方便地调用外部程序。更棒的是，还可以把缓冲区的内容作为标准输入发送给一个外部命令，或是把外部命令的标准输出导入缓冲区里。

本节讨论的命令在终端 Vim 中工作得最好。如果在运行 GVim（或 MacVim），那么命令运行得也许没那么顺畅。这没什么好奇怪的，如果 Vim 自身在 shell 里运行，那把工作委派给 shell 也会容易得多。GVim 在某些其他方面做得更好一些，但是终端 Vim 在这件事上则更有优势。

执行 Shell 中的程序

在 Vim 的命令行模式中，给命令加一个叹号前缀（参见 :h :! ⓘ）就可以调用外部程序。例如，如果想查看当前目录的内容，可以运行下面的命令。

⇒ :!ls

❴ duplicate.todo   loop.js
  emails.csv   practical-vim.html
  foobar.js   shopping-list.todo
  history-scrollers.vim

Press ENTER or type command to continue

注意区分 :!ls 和 :ls 的不同之处。前者调用的是 shell 中的 ls 命令，而 :ls 调用的是 Vim 的内置命令，用来显示缓冲区列表的内容。

在 Vim 的命令行中，符号 % 代表当前文件名（参见 :h cmdline-special ⓘ）。在运行那些操作当前文件的外部命令时，可以使用它。例如，如果正在编辑某个 Ruby 文件，那么可以用下面的方式执行此文件。

⇒ :!ruby %

Vim 也提供了一组文件名修饰符，让我们可以从当前文件名中提取出诸如文件路径或扩展名之类的信息（参见 :h filename-modifiers ⓘ），技巧 45 中有一个使用这些修饰符的例子。

:!{cmd} 这种语法适用于执行一次性命令，但是如果想在 shell 中执行几条命令要怎么做？对于这种情况，可以执行 Vim 的 :shell 命令来启动一个交互的 shell 会话（参见 :h :shell ⓘ）。

⇒ :shell

⇒ $ pwd

❴ /Users/drew/books/PracticalVim/code/cmdline_mode

⇒ $ ls

❴ duplicate.todo   loop.js
  emails.csv   practical-vim.html
  foobar.js   shopping-list.todo
  history-scrollers.vim

⇒ $ exit

用 exit 命令可以退出此 shell 并返回 Vim。

把 Vim 置于后台

　　:shell 命令是 Vim 提供的一个功能，它可以切换到一个交互 shell 中。但是，如果 Vim 自身是在终端中运行的，那么也能直接访问终端内置的 shell 命令。例如，bash shell 支持作业控制，让我们可以暂停一个作业，把它放到后台，然后在稍后某个时间再把它调回前台继续运行。

　　假设正在 bash shell 中运行 Vim，然后需要执行一些 shell 命令。可以先按 Ctrl-z 挂起 Vim 所属的进程，并把控制权交还给 bash。此时 Vim 进程在后台处于挂起状态，让我们可以像往常一样与 bash 会话进行交互。运行下面这条命令可以查看当前的作业列表。

➾ $ jobs

❮ [1]+ Stopped   vim

　　在 bash 中，可以用 fg 命令唤醒一个被挂起的作业，把它移到前台。这会让 Vim 恢复成挂起前的状态。Ctrl-z 和 fg 命令比 Vim 提供的 :shell 和 exit 命令更加方便快捷。要想了解更多信息，请运行 man bash，然后阅读作业控制（job control）一节。

把缓冲区内容作为标准输入或输出

　　在用 :!{cmd} 时，Vim 会回显 {cmd} 命令的输出。如果命令的输出很少或没有输出，这工作得很好；但如果命令会产生大量输出，这样回显用处不大。另外一种做法是可以用 :read !{cmd} 命令，把 {cmd} 命令的输出读入当前缓冲区中（参见 :h :read! ➊）。

　　:read !{cmd} 命令让我们把命令的标准输出重定向到缓冲区。正如你所期望的一样，:write !{cmd} 做相反的事。它把缓冲区内容作为指定 {cmd} 的标准输入（参见 :h :write_c ➊），跳到技巧 46 可以看到此功能的一个应用实例。

　　根据叹号在命令行上的位置不同，它的含义也不大相同。比较以下命令。

➾ :write !sh

⟹ :write ! sh

⟹ :write! sh

前两个命令都会把缓冲区的内容传给外部的 sh 命令作为标准输入，而最后一条命令调用 :write! 命令把缓冲区内容写到一个名为 sh 的文件，这里的叹号会让 Vim 覆盖任何已存的 sh 文件。正如你看到的那样，叹号放的位置不同，命令的作用也大相径庭。因此，在构建这类命令时要多加小心。

:write !sh 命令的作用是在 shell 中执行当前缓冲区中的每行内容，查阅 :h rename-files ❶ 可看到该命令的一个绝佳示例。

使用外部命令过滤缓冲区内容

当给定一个范围时，:!{cmd} 命令就具有了不同的含义。由 [range] 指定的行会传给 {cmd} 作为标准输入，然后又会用 {cmd} 的输出覆盖 [range] 内原本的内容。换一种说法就是 [range] 内的文本会被指定的 {cmd} 过滤（参见 :h :range! ❶）。Vim 把过滤器定义为"一个由标准输入读取文本，并对其进行某种形式的修改后输出到标准输出的程序"。

作为演示，将用外部的 sort 命令对下列 CSV 文件中的记录进行排序。

cmdline_mode/emails.csv

```
first name,last name,email
john,smith,john@example.com
drew,neil,drew@vimcasts.org
jane,doe,jane@example.com
```

我们想基于第二个字段"姓氏"来重排这些记录。可以用 -t',' 参数告诉 sort 命令，这些记录以逗号分隔，然后再用 -k2 参数指定按第二个字段进行排序。

因为文件的第一行是标题信息，我们想把它们保留在文件顶部，因此需要用范围 :2,$ 把它排除在排序范围之外。下列命令将完成我们想要的功能。

⟹ :2,$!sort -t',' -k2

现在 CSV 文件中的内容就是按姓氏排序的了。

```
first name,last name,email
jane,doe,jane@example.com
drew,neil,drew@vimcasts.org
john,smith,john@example.com
```

Vim 提供了一种方便的快捷方式来设置 `:[range]!{filter}` 命令中的范围。可以用 `!{motion}` 操作符切换到命令行模式，并把指定 `{motion}` 涵盖的范围预置在命令行上（参见 `:h ! ①`）。例如，如果把光标移到第 2 行，然后执行 `!G`，Vim 就会打开命令行并把范围 `:.,$!` 预置在命令行上。虽然此后仍需输入剩下的 `{filter}` 命令，但这毕竟节省了部分工作。

结论

在 Vim 中操作时，可以很方便地调用 shell 命令。下表选取了最有用的一些调用外部命令的方式。

命令	用途
`:shell`	启动一个 shell（输入 exit 返回 Vim）
`:!{cmd}`	在 shell 中执行 `{cmd}`
`:read !{cmd}`	在 shell 中执行 `{cmd}`，并把其标准输出插入光标下方
`:[range]write !{cmd}`	在 shell 中执行 `{cmd}`，以 `[range]` 作为其标准输入
`:[range]!{filter}`	使用外部程序 `{filter}` 过滤指定的 `[range]`

Vim 对某些外部命令会另眼相待。例如，`make` 及 `grep` 在 Vim 中都有包装命令，这些命令不仅执行起来更方便，而且 Vim 会将它们的输出解析、导入 `quickfix` 列表中。将在第 17 章和第 18 章用很大篇幅介绍这两条命令。

技巧 36　批处理运行 Ex 命令

如果要执行一连串 Ex 命令，可以把它们置于脚本之中，从而节省工作量。当再想执行那一组命令时，只需加载脚本文件即可，而无需逐条输入这些命令。

以下内容来源于 Vimcasts.org 归档网页中前两部主题的链接。

cmdline_mode/vimcasts/episodes-1.html

```
<ol>
  <li>
    <a href="/episodes/show-invisibles/">
      Show invisibles
    </a>
  <li>

  <li>
```

```
<a href="/episodes/tabs-and-spaces/">
  Tabs and Spaces
</a>
</li>
</ol>
```

我们想把其内容转成纯文本格式，标题在前，URL 在后。

cmdline_mode/vimcasts-episodes-1.txt

```
Show invisibles: http://vimcasts.org/episodes/show-invisibles/
Tabs and Spaces: http://vimcasts.org/episodes/tabs-and-spaces/
```

假设需要对一组格式相似的文件进行这种转换，来看一下几种不同的操作方法。

逐条执行 Ex 命令

其实用一条 :substitue 命令就可以实现这种格式转换，不过我更倾向于用几条小命令来完成。以下 Ex 命令序列就是一种可行的方案。

⇒ **:g/href/j**
⇒ **:v/href/d**
❰ 8 fewer lines
⇒ **:%norm A: http://vimcasts.org**
⇒ **:%norm yi"$p**
⇒ **:%s/\v^[^\>]+\>\s//g**

不理解这些命令也没关系，这不会影响你对本技巧的学习。不过如果你感兴趣的话，下面是对这些命令的简要介绍。:global 命令和 :vglobal 命令结合在一起使用，用于把此文件缩减成两行，其中包含了我们所需要的内容，只不过前后次序是颠倒的（技巧 99）；而 :normal 命令会在行尾加上 Vimcast 网站的根链接（技巧 30）；最后的 :substitute 命令会删除 <a href="">标签。就像我常说的那样，理解命令的最佳途径就是自己实践一下。

把 Ex 命令存成脚本并加载

除了可以逐条执行命令，还可以把它们存成一个文件，比如存为 batch.vim（使用扩展名 .vim 可以使 Vim 显示正确的语法高亮）。文件中的每一行都对应前文中的一条 Ex 命令。在这种情况下，不必为每一行加上前缀字符 :。在把 Ex 命令保存到文件时，我个人更倾向于使用命令的全名，因为此时更关注脚本的易读性，而不是节省按键次数。

---

cmdline_mode/batch.vim

```
global/href/join
vglobal/href/delete
%normal A: http://vimcasts.org
%normal yi"$p
%substitute/\v^[^\>]+\>\s//g
```

可以用 :source 来执行 batch.vim 脚本（参见 :h source）。脚本中的每一行都会被当成一条 Ex 命令执行，就像在 Vim 的命令行中输入这些命令一样。在之前的场景中，你也许已经见识过 :source 命令了：它常用于在运行时加载 vimrc 文件（更多信息，请参见**将配置信息存至 vimrc 文件**）。

我建议你亲自试一下。这些代码可以从位于 Pragmatic Bookshelf 网站的 Practical Vim 主页下载。进入 cmdline_mode 目录，就可以看到 batch.vim 以及 episodes-1.html，然后再打开 Vim。

⇒ **$ pwd**

❮ ~/dnvim2/code/cmdline_mode

⇒ **$ ls *.vim**

❮ batch.vim　　　　history-scrollers.vim

⇒ **$ vim vimcasts/episodes-1.html**

现在就可以执行此脚本了：

⇒ **:source batch.vim**

仅用这一条命令，就可以执行 batch.vim 中的所有 Ex 命令了。如果你改变了主意，只需按下 u 键即可让文档完好如初。

用此脚本修改多个文件

如果脚本只执行一次，那么把 Ex 命令存成文件没有多大意义。只有想多次运行一组 Ex 命令，这一技巧才彰显其价值。

随书提供的代码例库包含了一些格式与 episodes-1.html 相同的文件。请确保在启动 Vim 之前切换到 cmdline_mode 目录。

⇒ **$ pwd**

❮ ~/dnvim2/code/cmdline_mode

⇒ **$ ls vimcasts**

❰ episodes-1.html episodes-2.html episodes-3.html

⇒ **$ vim vimcasts/*.html**

　　使用通配符启动 Vim 时，匹配该通配符的所有文件会被加入 Vim 的参数列表里。可以一个个地遍历这些文件，逐一执行 batch.vim。

⇒ **:args**

❰ [vimcasts/episodes-1.html] vimcasts/episodes-2.html vimcasts/episodes-3.html

⇒ **:first**

⇒ **:source batch.vim**

⇒ **:next**

⇒ **:source batch.vim**

❰ etc.

　　不过更棒的方法是使用 :argdo 命令。

⇒ **:argdo source batch.vim**

　　只需这一条命令，就可以对参数列表里的每个文件执行 batch.vim 中的 Ex 命令了。

　　我之所以用几种不同的 Ex 命令来展示这一技术，只是为了说明这一技巧适用的可能性。在实践中，如果发现要一遍又一遍地执行某几条 :substitute 命令时，我常常会用脚本完成。在执行完 batch.vim 后，我通常会把它删掉；但如果我认为将来可能会再用到的话，也会将其纳入版本控制。

第二部分　文件

在本书的这一部分，我们将学习如何使用文件及缓冲区。Vim 允许在一个编辑会话中编辑多个文件，既可以每次显示一个文件，也可以把工作区分成若干分割窗口或标签页，每个窗口或标签页包含一个独立的缓冲区。另外，还会看到在 Vim 中打开文件的几种不同方式，并掌握一些方法来解决无法把缓冲区保存到文件的问题。

第 6 章

管理多个文件

Vim 允许同时在多个文件上工作。缓冲区列表记录了一次编辑会话中打开的所有文件。在技巧 37 中将学习如何操作此列表，并了解文件与缓冲区的区别。

参数列表是缓冲区列表的强力补充。在技巧 38 中，将看到如何使用 :args 命令把缓冲区列表中的文件分组，此后，就可以遍历这个参数列表，或是用 :argdo 命令在列表中的每个文件上执行 Ex 命令。

Vim 允许把工作区划分成窗口，技巧 40 介绍了具体的做法。在接下来的技巧 41 中，还将看到如何利用 Vim 的标签页来把分割窗口组织到一起。

技巧 37   用缓冲区列表管理打开的文件

在一次编辑会话中，可以打开多个文件。用 Vim 的缓冲区列表可以对这些文件进行管理。

了解文件与缓冲区的区别

就像其他任一文本编辑器一样，Vim 允许读取、编辑文件，并保存修改。在工作过程中，我们通常会说"我们正在编辑一个文件"，但真实情况并不是这样，我们编辑的只是文件在内存中的映像，也就是 Vim 术语中的"缓冲区"。

文件是存储在磁盘上的，而缓冲区存在于内存中。当 Vim 打开一个文件时，该文件的内容被读入一个具有相同名字的缓冲区。刚开始，缓冲区的内容和文件的内容完全相同，但当对缓冲区做出修改时，二者的内容就会出现差别。如果决定保留这些修改，就可以再把缓冲区的内容写回到文件里。绝大多数 Vim 命令都用来操作缓冲区，不过也有一些命令针对文件进行操作，这当中包括 :write、:update 及 :saveas 命令。

结识缓冲区列表

Vim 允许同时在多个缓冲区上工作。先在 shell 里用下面的命令打开几个文件。

⇒ `$ cd code/files`

⇒ `$ vim *.txt`

❰ `2 files to edit`

*.txt 通配符会匹配当前目录下的两个文件 a.txt 和 b.txt，因此上面的命令会让 Vim 打开这两个文件。当 Vim 启动时，它会显示一个窗口，窗口内的缓冲区对应第一个文件。虽然另一个文件当前不可见，但其内容已经被载入一个后台的缓冲区了，通过下面的命令可以看到这一点。

⇒ `:ls`

❰
```
1 %a    "a.txt"       line 1
2       "b.txt"       line 0
```

:ls 命令会列出所有被载入内存中的缓冲区的列表（参见 :h :ls ❶）。用 :bnext 命令可以切换到列表中的下一个缓冲区。

⇒ `:bnext`

⇒ `:ls`

❰
```
1 #     "a.txt"       line 1
2 %a    "b.txt"       line 1
```

% 符号指明哪个缓冲区在当前窗口中可见，# 符号则代表轮换文件。按 `<C-^>` 可以在当前文件和轮换文件间快速切换，在本例中，按一次会切换到 a.txt，再按一次，就又回到 b.txt 了。

使用缓冲区列表

可以用 4 条命令来遍历缓冲区列表。 :bprev 和 :bnext 在列表中反向或正向移动，每次移动一项；:bfirst 和 :blast 则分别跳到列表的开头和结尾。

　　我使用了 Tim Pope 在 unimpaired.vim 插件[①]中定义的下列按键映射。

```
nnoremap <silent> [b :bprevious<CR>
nnoremap <silent> ]b :bnext<CR>
nnoremap <silent> [B :bfirst<CR>
nnoremap <silent> ]B :blast<CR>
```

　　Vim 已经使用 [和] 键作为一系列相关命令的前缀了（参见 :h [①），因此上面这些按键映射的风格与其一致。除了上面这些外，unimpaired.vim 还定义了其他一些类似的映射项，分别用来遍历参数列表（[a 和]a）、quickfix 列表（[q 和]q）、位置列表（[l 和]l）以及标签列表（[t 和]t）。你自己去看看吧。

　　:ls 列表的开头有一个数字，它是在缓冲区创建时由 Vim 自动分配的编号。可以用 :buffer N 命令直接凭编号跳转到一个缓冲区（参见 :h :b ①），或是用更直观的 :buffer {bufname} 格式实现同样的功能。{bufname} 只需包含文件路径中足以唯一标识此缓冲区的字符即可。如果输入的字符串匹配了不止一个缓冲区列表中的条目，就可以用 Tab 补全的方式在这些条目中选择（参见技巧 32）。

　　:bufdo 命令允许在 :ls 列出的所有缓冲区上执行 Ex 命令（参见 :h :bufdo ①）。不过在实际应用中，我发现 :argdo 更加实用，将在技巧 38 中结识这条命令。

删除缓冲区

　　每次打开一个文件时，Vim 就会创建一个新的缓冲区。在第 7 章中，将学到一些打开文件的方法。如果想删除缓冲区，可以用 :bdelete 命令，命令格式如下。

```
:bdelete N1 N2 N3
:N,M bdelete
```

> **注意**：删除一个缓冲区并不会影响缓冲区关联的文件，而只是简单地把该文件在内存中的映像删掉。如果想删除编号 5~10（包含 5 和 10）的缓冲区，可以执行 :5,10bd；然而，如果想要保留编号为 8 的缓冲区，就只能用 :bd 5 6 7 9 10 了。

　　缓冲区的编号由 Vim 自动分配，没有办法手动改变此编号。因此，如果想删除一个或多个缓冲区，先得进行一番查找以便找出它们的编号，而这一过程会比较耗时。因此，除非有充足的理由要删除某个缓冲区，否则我才不会自找麻烦。这样一来，:ls 列表中的文件就是我在此编辑会话中打开的所有文件。

---

① https://github.com/tpope/vim-unimpaired

Vim 内置的缓冲区管理功能缺乏灵活性。如果想对缓冲区进行组织，使其满足工作过程的需要，使用缓冲区列表并不是最佳选择。相反，最好是把工作区划分成多个分割窗口、标签页，或是使用参数列表。接下来的几个技巧将会介绍这些内容。

技巧 38　用参数列表将缓冲区分组

参数列表易于管理，适用于对一批文件进行分组，使其更容易访问。用 :argdo 命令可以在参数列表中的每个文件上执行一条 Ex 命令。

首先用 Vim 打开一些文件：

⇒ $ cd code/files/letters

⇒ $ vim *.txt

❮ 5 files to edit

在技巧 37 中，我们已经看到过 :ls 命令会列出缓冲区列表。

现在，再让我们看看参数列表。

⇒ :args

❮ [a.txt] b.txt c.txt. d.txt e.txt

参数列表记录了在启动时作为参数传递给 Vim 的文件列表。在本例中，只用了一个参数 *.txt。然而，shell 会对 * 通配符进行扩展，使其匹配 5 个文件，这 5 个文件已经在参数列表中看到了。输出中的"[ ]"字符则指明了参数列表中的哪个文件是活动文件。

与 :ls 命令显示的列表相比，:args 命令的输出比较简陋。如果你知道参数列表是 vi 的一个功能，而缓冲区列表是 Vim 引入的增强功能，就不会觉得奇怪了。但是，请给参数列表一个表现的机会，你会发现它是缓冲区列表的一个强力补充。

就像其他许多功能一样，Vim 的参数列表功能也被增强了，只是名字还沿用原来的而已。实际上，可以在任意时刻改变参数列表的内容，就是说 :args 列表并不一定反映启动 Vim 时所传的参数。千万别被表面的名字给唬住了！（同样的情况请见**":compiler'与':make'不仅限于编译型语言"**。）

填充参数列表

当不带参数运行 :args 命令时，它会打印当前参数列表的内容。另外，也可以用下列格式来设置参数列表的内容（参见 :h :args_f ❶）。

:args {arglist}

{arglist} 可以包括文件名、通配符，甚至是一条 shell 命令的输出结果。我们将使用 files/mvc 目录作为演示，可以在随本书发布的源文件中找到此目录。如果你打算照着做的话，请先切换到此目录，然后再启动 Vim。

⇒ $ cd code/files/mvc

⇒ $ vim

要了解此目录树的结构，请参见技巧 42。

用文件名指定文件

填充参数列表最简单的方式是逐一指定文件的名字。

⇒ :args index.html app.js

⇒ :args

❰ [index.html] app.js

如果只是想在列表里增加几个文件，用这种方式就行了。它的好处是可以指定文件的次序，但它也有一个缺点，那就是手动增加文件的工作量比较大。如果想往参数列表中加入大量文件，那么使用通配符会快得多。

用 Glob 模式指定文件

通配符是一个占位标记，它代表了可用于文件或目录名称的字符。* 符号用于匹配 0 个或多个字符，但它的范围仅局限于指定的目录，而不会递归其子目录（参见 :h wildcard ❶）；** 通配符也匹配 0 个或多个字符，但它可以递归进入指定目录的子目录（参见 :h starstar-wildcard ❶）。

可以把这两种通配符结合起来用，并加上部分文件名或目录名，以此构造一个模式（即所谓的 glob 模式），然后用它来匹配我们感兴趣的文件集合。下表总结了在 files/mvc 目录中满足指定 glob 模式的一些有代表性的文件（并未列出全部）。

Glob 模式	所匹配的文件
:args *.*	index.html app.js
:args **/*.js	app.js lib/framework.js app/controllers/Mailer.js ...etc
:args **/*.*	app.js index.html lib/framework.js lib/theme.css app/controllers/Mailer.js ...etc

就像可在 {arglist} 中使用多个文件名一样，也可以使用不止一个 glob 模式。如果想构造一个只包含 .js 和 .css 文件，但不包含其他文件类型的参数列表，可以采用以下 glob 模式。

⇒ :args **/*.js **/*.css

用反引号结构指定文件

在写这本书时，有时我想按照目录顺序把每一章的文件名加入参数列表中。为达到这一目的，我维护了一个文本文件，每行保存一个文件名。下面的内容就节选自此文本文件。

> files/.chapters

```
the_vim_way.pml
normal_mode.pml
insert_mode.pml
visual_mode.pml
```

然后，就可以执行下面的命令，用该文件的内容填充参数列表。

⇒ :args `cat .chapters`

Vim 会在 shell 中执行反撇号（`）括起来的命令，然后把 cat 命令的输出作为 :args 命令的参数。虽然本例是用 cat 命令获取 .chapters 文件的内容，但实际上可以用这种方式执行任意可用的 shell 命令。然而，此功能并不是所有系统都可用，更多细节请查阅 :h backtick-expansion①。

使用参数列表

参数列表比缓冲区列表更容易管理，这使其成为对缓冲区进行分组的理想方式。

使用 :args {arglist} 命令，一下就可清空并重新设置参数列表，接着可以用 :next
及 :prev 命令遍历参数列表中的文件，或是用 :argdo 命令在列表中的每个缓冲区
上执行同一条命令。

我的感觉是：缓冲区列表就像是我的计算机桌面（desktop），它永远是乱七八糟
的；参数列表则像一个整洁的独立工作区（workspace），只有在需要扩展空间时才会
用到它。我们将会看到其他一些使用参数列表的例子，请参见技巧 36 和技巧 70。

技巧 39　管理隐藏缓冲区

Vim 对被修改过的缓冲区会给予特殊对待，以防未加保存就意外退出。本节将介
绍如何隐藏一个被修改过的缓冲区，以及如何在退出 Vim 时处理隐藏缓冲区。

在 shell 中，运行如下命令启动 Vim。

⇒ `$ cd code/files`

⇒ `$ ls`

❮ `a.txt     b.txt`

⇒ `$ vim *.txt`

❮ `2 files to edit`

首先，对 a.txt 做些修改，按 `Go` 在缓冲区的结尾增加一个空行。先不要保存
修改，查看当前的缓冲区列表。

⇒ `:ls`

❮ ```
1 %a + "a.txt"   line 1
2   "b.txt"   line 0
```

缓冲区 a.txt 前有一个 + 号，表示这个缓冲区被修改过了。如果现在保存文件，
缓冲区的内容会被写入磁盘里，而 + 号也会消失了。但是我们先不急着保存，而是试
着切换一下缓冲区。

⇒ `:bnext`

❮ `E37: No write since last change (add ! to override)`

此时，Vim 会弹出一条错误信息，说当前缓冲区中有未保存的改动。让我们试一
下括号中的建议，在上述命令的结尾加一个叹号：
```

⇒ `:bnext!`

⇒ `:ls`

❰ ```
  1 #h + "a.txt"   line 1
  2 %a   "b.txt"   line 1
```

　　叹号会强制 Vim 切换缓冲区，即使当前缓冲区中有未保存的修改，也会继续切换。如果现在再运行 `:ls` 命令，就会发现 b.txt 被标记为 a，表示它当前是**活动缓冲区**（active），a.txt 则被标记为 h，表示它是一个**隐藏缓冲区**（hidden）。

### 在退出时处理隐藏缓冲区

　　当一个缓冲区被隐藏后，Vim 允许我们像往常一样工作。可以打开其他缓冲区，对其进行修改、保存等，没有任何不同。也就是说，一直到尝试退出编辑会话前，一切如常。然而，当想关闭编辑会话时，Vim 就会提醒某个缓冲区中有未保存的修改。

⇒ `:quit`

❰ ```
E37: No write since last change (add ! to override)
E162: No write since last change for buffer "a.txt"
```

　　Vim 会把第一个有改动的隐藏缓冲区载入当前窗口，这样就可以决定如何处理它。如果要保留修改，可以执行 `:write` 命令把缓冲区保存到文件；如果想摒弃此修改，可以执行 `:edit!`，重新从磁盘读取此文件，这会用文件的内容覆盖缓冲区中的内容。当缓冲区内容与磁盘文件一致后，可以再次尝试执行 `:quit` 命令了。

　　如果会话里有不止一个被修改过的隐藏缓冲区，那么每次执行 `:quit` 命令时，Vim 都会激活下一个未保存的缓冲区。同样的，可以用 `:write` 及 `:edit!` 来保存或摒弃此修改。当没有其他窗口和隐藏缓冲区时，`:q` 命令会关闭 Vim。

　　如果想退出 Vim 而不想检查未保存的修改，可以执行 `:qall!` 命令；如果想保存所有有改动的缓冲区而无需逐个检查，可以用 `:wall` 命令。表 6-1 对所有处理隐藏缓冲区的方式进行了总结。

表 6-1　在退出时，处理隐藏缓冲区的方式

命令	用途
`:w[rite]`	把缓冲区内容写入磁盘
`:e[dit]!`	把磁盘文件内容读入缓冲区（即回滚所做修改）
`:qa[ll]!`	关闭所有窗口，摒弃修改而无需警告
`:wa[ll]!`	把所有改变的缓冲区写入磁盘

运行 ':*do' 命令前，启用 'hidden' 设置

默认情况下，Vim 不会让我们从一个改动过的缓冲区切换到其他缓冲区。不管是用 :next!、:bnext!、:cnext!，还是其他类似的命令，如果省略了末尾的叹号，Vim 就会弹出一条错误信息"已修改但尚未保存"。在多数情况下，这条消息都是一个有用的提醒，但在下面这种场景里它却会带来麻烦。

让我们考虑一下 :argdo、:bufdo 以及 :cfdo 命令的执行过程。:argdo {cmd} 命令像下面这样工作。

⇒ :first

⇒ :{cmd}

⇒ :next

⇒ :{cmd}

❰ etc.

如果选择的 {cmd} 修改了第一个缓冲区，那么 :next 命令将会失败，因为除非保存了第一项中的修改，否则 Vim 是不会让我们跳到参数列表中的第二项的。这用起来很不方便！

如果启用了 'hidden' 选项（参见 :h hidden ❶），就可以不带末尾的叹号来执行 :next、:bnext 及 :cnext 等命令了。如果活动缓冲区的内容发生了变化，Vim 会在离开该缓冲区时自动将其设为隐藏。'hidden' 设置让我们用一条 :argdo、:bufdo 或 :cfdo 命令就可以修改一组缓冲区。

运行完 :argdo {cmd} 后，需要保存对每个文件做出的修改。可以先执行 :first，然后再用 :wn 逐个保存，用这种方式可以逐一检查每个文件；或者如果我们相信一切正常，就可以运行 :argdo write （或 :wall）来保存所有的缓冲区。

技巧 40　将工作区切分成窗口

Vim 允许将工作区切分成若干窗口，在这些窗口里并排显示多个缓冲区。

在 Vim 术语中，窗口是缓冲区的显示区域（参见 :h window ❶）。既可以打开多个窗口，在这些窗口中显示同一个缓冲区，也可以在每个窗口里载入不同的缓冲区。Vim 的窗口管理系统很灵活，可以根据工作的需要来调整工作区。

创建分割窗口

Vim 在启动时只会打开单个窗口。用 `<C-w>s` 命令可以水平切分此窗口，使之成为两个高度相同的窗口；或者用 `<C-w>v` 命令对其进行垂直切分，这样会产生两个宽度相同的窗口。这两条命令可以重复任意多次，结果就会把工作区一次次地切分为更小的窗口，就像细胞分裂那样。

图 6-1 为切分后的效果，图中的阴影区域代表活动窗口。

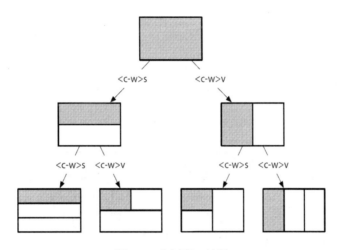

图 6-1　分割窗口效果

每次执行完 `<C-w>s` 和 `<C-w>v` 命令后，新生成的两个窗口都会显示与原窗口相同的缓冲区。把同一缓冲区显示在不同窗口里会很有用，特别是在编辑长文件时。例如，可以滚动其中一个窗口，使之显示缓冲区的一部分，这样，在修改第二个窗口中缓冲区的另外一部分时，就可以参考第一个窗口中的内容。

可以用 `:edit` 命令把另外一个缓冲区载入活动窗口中。如果先执行 `<C-w>s`，再执行 `:edit {filename}`，就会把工作区分成两个窗口，并在其中一个窗口中打开新缓冲区，另一个窗口则继续显示原有的缓冲区。另外一种做法是使用 `:split {filename}` 命令，它把上述两步合并成为了一步。下表总结了把工作区切分为窗口的几种方式。

命令	用途
`<C-w>s`	水平切分当前窗口，新窗口仍显示当前缓冲区
`<C-w>v`	垂直切分当前窗口，新窗口仍显示当前缓冲区

续表

命令	用途
`:sp[lit] {file}`	水平切分当前窗口，并在新窗口中载入`{file}`
`:vsp[lit] {file}`	垂直切分当前窗口，并在新窗口中载入`{file}`

在窗口间切换

　　Vim 提供了一些在窗口间切换的命令，下表总结了其中最常用的一些命令 （完整命令列表参见 `:h window-move-cursor` ❶）。

命令	用途
`<C-w>w`	在窗口间循环切换
`<C-w>h`	切换到左边的窗口
`<C-w>j`	切换到下边的窗口
`<C-w>k`	切换到上边的窗口
`<C-w>l`	切换到右边的窗口

　　实际上，`<C-w><C-w>` 完成的功能和 `<C-w>w` 相同，就是说可以一直按住 `<Ctrl>` 键，然后输入 `ww`（或 `wj`，或上表中的其他命令）来切换活动窗口。`<C-w><C-w>` 要比 `<C-w>w` 更容易按一些，尽管写出来时它显得更繁琐。如果经常使用多个窗口，那么可能需要考虑把这些命令映射成更方便的按键。

　　如果终端支持鼠标操作，或是用的是 GVim，那么也可以通过鼠标点击来激活一个窗口。如果用不了鼠标，请检查 'mouse' 选项是否被正确设置了（参见 `:h 'mouse'` ❶）。

关闭窗口

　　想减少工作区中窗口的数量，可以用两种方式：一是使用 `:close` 命令关闭活动窗口，二是用 `:only` 命令关闭除活动窗口外的所有其他窗口。下表总结了这两条命令，并列出了与之等效的普通模式命令。

Ex 命令	普通模式命令	用途
`:clo[se]`	`<C-w>c`	关闭活动窗口
`:on[ly]`	`<C-w>o`	只保留活动窗口，关闭其他所有窗口

改变窗口大小及重新排列窗口

　　Vim 提供了一些用于改变窗口大小的按键映射项，完整的列表请查阅 `:h window-`

resize ❶，下表中列出了最常用的几个命令。

命令	用途
<C-w>=	使所有窗口等宽、等高
<C-w>_	最大化活动窗口的高度
<C-w>|	最大化活动窗口的宽度
[N]<C-w>_	把活动窗口的高度设为[N]行
[N]<C-w>|	把活动窗口的宽度设为[N]列

　　改变窗口大小是我喜欢用鼠标做的少量操作之一，其做法很简单。点击窗口间的分隔线，拖动鼠标直至窗口变成期望的大小，然后松开鼠标即可。不过，只有当终端支持鼠标，或是在用 GVim 时，才能用这个功能。

　　Vim 也有用于重排窗口的命令，但此处不再赘述，这里给出一个 Vimcasts.org 的链接，其屏幕截图讲解了如何对窗口进行重排①。也可以查阅 :h window-moving ❶以了解更多细节。

技巧 41　用标签页将窗口分组

　　Vim 的标签页接口和其他许多文本编辑器不同，在 Vim 中，可以用标签页把窗口组织到一系列工作区中。

　　在 Vim 中，标签页是可以容纳一系列窗口的容器（参见 :h tabpage ❶）。如果习惯于使用其他文本编辑器，那么可能刚开始会感觉 Vim 的标签页有点怪。先看看其他文本编辑器和 IDE 中的标签页是什么样的。

　　典型文本编辑器的图形界面（GUI）有一个用于编辑文件的主工作区，还有一个显示当前工程目录树的侧边栏。如果点击侧边栏中的文件，它会在主工作区为所选中的文件打开一个新标签页。每个打开的文件都会创建一个新标签页。在此模型中，可以说标签页代表了当前打开的文件。

　　然而在 Vim 中，当用 :edit 命令打开一个文件时，Vim 却不会自动创建一个新标签页，而是创建一个新缓冲区，并把该缓冲区显示到当前窗口。正如在技巧 37 中见到的那样，Vim 是用缓冲区列表对打开的文件进行管理的。

　　Vim 的标签页与缓冲区并非一一对应的关系，相反，应该把标签页想成容纳一系

---

① http://vimcasts.org/e/7

列窗口的容器。图 6-2 为一个带有 3 个标签页的工作区，每个标签页都包含一个或多个窗口。图中灰色的方块代表当前的活动窗口及活动标签页。

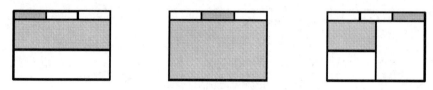

图 6-2　把窗口组织到标签页里

不管用的是 GVim 还是终端中的 Vim，都可以使用标签页。Gvim 会在其 GUI 上画一个标签栏，看上去很像浏览器或其他程序中的标签栏。而当 Vim 在终端运行时，它会用文本用户界面（textual user interface, TUI）画一个标签栏。虽然标签页在外观上不太一样，但功能上并没什么不同，只是呈现方式用的是 GUI 还是 TUI 而已。

如何使用标签页

用 Vim 的标签页可以把工作分隔到不同的工作区。Vim 中的标签页更像是 Linux 中的虚拟桌面，而不是像其他文本编辑器中的标签页。

假设我们正在处理某个工程中的文件，并且已经把工作区分成了几个窗口。然后，突然接到一项紧急任务，我们不得不马上切换工作内容。我们不想在当前标签页里打开新文件，因为这会把我们精心布置的工作区弄乱。此时，可以新创建一个标签页，并在此标签页中工作。当我们准备继续做原来的工作时，只需切回原来的标签页即可，所有的窗口都保持着我们离开时的模样。

`:lcd {path}` 命令让我们可以设置当前窗口的本地工作目录。如果创建了一个新标签页，并用 `:lcd` 命令切换到另一个目录，就可以把每个标签页限制在不同的工程范围内。注意：`:lcd` 只影响当前窗口，而非当前标签页。如果一个标签页包含了两个或更多的窗口，可以用 `:windo lcd {path}` 命令为所有这些窗口设置本地工作目录。想要了解更多信息，请查阅 Vimcasts 的专题 9[①]。

打开及关闭标签页

用 `:tabedit {filename}` 命令可以打开一个新的标签页，如果省略了 `{filename}` 参数，那么 Vim 会创建一个新标签页，里面包含一个空缓冲区。

还有一种做法，如果当前标签页中包含了不止一个窗口，可以用 `<C-w>T` 命令把

---

① http://vimcasts.org/e/9

当前窗口移到一个新标签页中（参见 `:h CTRL-W_T` ⓘ）。

　　如果活动标签页中只包含一个窗口，那么 `:close` 命令将关闭此窗口以及包含此窗口的标签页。也可以用 `:tabclose` 命令来关闭当前标签页，无论其中有多少个窗口。最后，如果想关闭除当前标签页外的所有其他标签页，可以用 `:tabonly` 命令。

命令	用途
`:tabe[dit] {filename}`	在新标签页中打开 {filename}
`<C-w>T`	把当前窗口移到一个新标签页
`:tabc[lose]`	关闭当前标签页及其中的所有窗口
`:tabo[nly]`	只保留活动标签页，关闭所有其他标签页

在标签页间切换

　　标签页的编号从 1 开始，可以用 `{N}gt` 命令在标签页间切换，可以把此命令记成"跳到标签页 {N}"。当此命令带一个数字前缀时，Vim 会跳到指定编号的标签页；如果省略了数字前缀，则会跳到下一个标签页。`gT` 命令的功能与此相同，只是跳转方向相反。

Ex 命令	普通模式命令	用途
`:tabn[ext] {N}`	`{N}gt`	切换到编号为 {N} 的标签页
`:tabn[ext]`	`gt`	切换到下一标签页
`:tabp[revious]`	`gT`	切换到上一标签页

重排标签页

　　用 `:tabmove [N]` 命令可以重新排列标签页。当 [N] 为 0 时，当前标签页会被移到开头；如果省略了 [N]，当前标签页会被移到结尾。如果终端支持鼠标，或是正在使用 GVim，那么也可以通过鼠标拖曳来进行重排操作。

第 7 章

打开及保存文件

在 Vim 中有几种方法可以打开文件。在技巧 42 中，我们将会见到 :edit 命令，它能以文件路径打开任何文件。

如果我们正编辑的文件比工程的根目录深两级目录（或更多），那么为每个要打开的文件都指定完整路径，会显得很麻烦。在技巧 43 中，将学习如何配置 'path' 选项，这样就可以利用 :find 命令打开文件。这将会把我们从指定完整文件路径的繁重工作中解脱出来，只需简单地输入文件名即可。

可以用随 Vim 发布的 netrw 插件浏览目录树的内容，在技巧 44 中将会介绍其用法。

:write 命令可以把缓冲区中的内容存入磁盘，其用法一般比较简单明了。然而，如果试图把文件保存到一个并不存在的目录中，或者如果我们没有写文件的权限，情况就会变得有点复杂。在技巧 45 和技巧 46 中，将学习如何应付这两种情形。

技巧 42　用:edit 命令打开文件

在 Vim 中，:edit 命令允许通过文件的绝对路径或相对路径来打开文件。另外，我们也将学会如何指定一个相对于活动缓冲区的路径。

我们将使用 files/mvc 目录做讲解，可以在随本书发布的源文件中找到它。其目录树的结构如下。

```
app.js
index.html
app/
    controllers/
        Mailer.js
        Main.js
        Navigation.js
    models/
        User.js
    views/
        Home.js
        Main.js
        Settings.js
    lib/
        framework.js
        theme.css
```

在 shell 里，先切换到 files/mvc 目录，然后再启动 Vim。

⇒ $ cd code/files/mvc

⇒ $ vim index.html

相对于当前工作目录打开一个文件

在 Vim 中也有工作目录的概念，这和 bash 及其他 shell 相同。当 Vim 启动时，它会采用 shell 的活动目录作为其工作目录。这一点可以通过执行 :pwd 命令得到印证，pwd 意为"打印工作目录"（print working directory，这和 bash 是一样的）。

⇒ :pwd

❰ /Users/drew/practical-vim/code/files/mvc

:edit {file} 命令可以接受相对于工作目录的文件路径。因此，如果想打开 lib/framework.js 文件的话，可以执行下面这条命令：

⇒ :edit lib/framework.js

或者，用下面的命令可以打开 app/controllers/Navigation.js。

⇒ :edit app/controllers/Navigation.js

另外，也可以用 Tab 键自动补全文件路径（更多细节参见技巧 32）。因此，如果想打开 Navigation.js 文件的话，实际上只需输入 :edit a<Tab>c<Tab> N<Tab>。

相对于活动文件目录打开一个文件

假设我们正在编辑 app/controllers/Navigation.js，紧接着要编辑同一目录下的 Main.js。一种做法是输入从工作目录开始的路径，直到抵达该文件，然而这似乎有点儿舍近求远。想打开的文件和活动缓冲区中的文件在同一个目录里，如果能用活动缓冲区作参考点岂不是更理想吗？按照这一思路，我们先尝试一下这条命令。

⇒ :edit %<Tab>

% 符号代表活动缓冲区的完整文件路径（参见 :h cmdline-special ①），按 <Tab> 键会将其展开，使之显示为活动缓冲区的完整文件路径。虽然这不是我们想要的结果，但是已经很接近了。现在再试一下这条命令。

⇒ :edit %:h<Tab>

:h 修饰符会去除文件名，但保留路径中的其他部分（参见 :h ::h ①）。在此例中，输入的 %:h<Tab> 会被展开为当前文件所在目录的路径。

⇒ :edit app/controllers/

接下来，就可以输入 Main.js 了（或是按 Tab 键自动补全该文件名），然后 Vim 就能够打开此文件了。因此，总共只需输入下面这些内容。

⇒ :edit %:h <Tab> M <Tab><Tab>

既然 %:h ① 扩展项这么有用，你可能想为它创建个映射项。在下面的**"轻松展开当前文件所在的目录"**中给出了一些建议。

轻松展开当前文件所在的目录

试着把下行内容加入你的 vimrc 文件。

```
cnoremap <expr> %% getcmdtype( ) == ':' ? expand('%:h').'/' : '%%'
```

现在，当在 Vim 的命令行提示符后输入 %% 时，它会自动展开为活动缓冲区所在目录的路径，就像输入了 %:h<Tab> 一样。这一映射项不仅可以很好地与 :edit 命令协同工作，还可以使其他的 Ex 命令，如 :write、:saveas 及 :read 等，变得更加方便。

> 轻松展开当前文件所在的目录（续）
>
> 想了解更多此映射项的用法，请参阅 Vimcasts 上关于 :edit 命令的专题[①]。

技巧 43　使用:find 打开文件

:find 命令允许通过文件名打开一个文件，但无需输入该文件的完整路径。要想利用此功能，首先要配置 'path' 选项。

只要给出了一个文件的完整文件路径，就始终可以用 :edit 命令打开此文件。然而，如果我们工作的工程中包含了多级嵌套目录呢？每次打开文件都得输入完整路径，这着实令人生厌。这就是引入 :find 命令的原因。

准备工作

我们还是用 files/mvc 目录做演示，在 shell 里输入如下命令，从 files/mvc 目录中启动 Vim。

⇒ `$ cd code/files/mvc`

⇒ `$ vim index.html`

如果现在试图使用 :find 命令，看看会发生什么。

⇒ `:find Main.js`

《 `E345: Can't find file "Main.js" in path`

错误信息提示在路径中找不到 Main.js 文件。因此，先得消除此错误。

配置 'path' 选项

'path' 选项允许我们指定一些目录，当调用 :find 命令时，Vim 会在这些目录中进行查找（参见 :h 'path' ❶ ）。在本例中，我们想让 app/controllers 及 app/views 目录下的文件更容易被找到，因此可以执行下面的命令，把这些目录加入查找路径中。

⇒ `:set path+=app/**`

---

① http://vimcasts.org/episodes/the-edit-command/

　　** 通配符会匹配 app/ 目录下的所有子目录。我们已经在技巧 38 中的 **"填充参数列表"** 中讨论过通配符了，但 * 和 ** 在 'path' 设置中的处理与前文略有不同（参见 :h file-searching ①）。在 'path' 设置中，这些通配符是由 Vim 扩展的，而不是由 shell 扩展的。

> ### 使用 rails.vim 进行智能路径管理
>
> 　　Tim Pope 的 rails.vim 插件①对 Rails 工程进行了一些智能处理，使我们能够更容易地浏览这些工程。此插件会自动配置 'path' 选项，使之包含 Rails 工程中所有约定俗成的目录。也就是说，直接用 :find 命令就行了，不必费心设置 'path'。
>
> 　　不过 rails.vim 的功能并不仅限于此。它还提供了一些方便的命令，如 :Rcontroller、:Rmodel、:Rview 及其他命令。每条命令都相当于一个特殊版本的 :find 命令，会在其对应的目录范围内进行查找。

使用:find 命令，通过文件名查找文件

　　现在 'path' 已经配置好了，只需给出文件名就可以打开指定目录中的文件了。例如，如果想打开 app/controllers/Navigation.js 文件，可以输入这条命令：

⇒ :find Navigation.js

　　也可以用 <Tab> 键自动补全文件名。因此，实际上只需输入 :find Nav<Tab>，然后再按一下回车键，就可以达到目的了。

　　你也许想知道，如果指定的文件名不唯一，会发生什么。我们来试验一下。在目录树里有两个名为 Main.js 的文件，一个在 app/controllers 目录里，另一个在 app/views 目录里。

⇒ :find Main.js<Tab>

　　输入文件名 Main.js 后，然后按一下 <Tab> 键，Vim 就会在命令行上展开第一个匹配文件的完整文件路径 ./app/controllers/Main.js；再按一次 <Tab> 键，又会换成下一个匹配文件的完整文件路径，即 ./app/views/Main.js。在按回车键时，

---

① https://github.com/tpope/vim-rails

如果之前展开了文件路径，Vim 就会使用这个完整的文件路径打开文件；如果之前没按 `<Tab>` 键展开过，则 Vim 会打开第一个满足条件的文件。

如果已经把 `'wildmode'` 选项从缺省的"full"改成了其他值，那么你看到的 Tab 补全行为或许有点不一样，更多细节参见技巧 32。

技巧 44　使用 **netrw** 管理文件系统

除了查看和编辑文件内容以外，Vim 还允许查看目录的内容。Vim 发行版中自带的 netrw 插件允许对文件系统进行管理。

准备工作

本节介绍的功能并不是由 Vim 的核心源代码实现的，而是由一个名为 netrw 的插件实现的。此插件是 Vim 发行版的标配插件，因此不需要额外安装任何东西。然而必须确保 Vim 已被配置为可加载插件，也就是说，vimrc 中至少要有下面这几行配置。

essential.vim

```
set nocompatible
filetype plugin on
```

结识 netrw ——Vim 原生的文件管理器

如果不是用文件路径，而是用一个指向目录的路径启动 Vim 的话，Vim 就会打开一个文件管理器窗口。

⇒ $ cd code/file/mvc

⇒ $ ls

《 app　　　app.js　　index.html　　　　lib

⇒ $ vim .

图 7-1 所示的文件管理器是一个常规的 Vim 缓冲区，但它代表一个目录的内容，而不是文件的内容。

可以用 k 和 j 键上下移动光标。在按 `<CR>` 键时，Vim 会打开光标下的条目。如果光标位于目录上，那么此窗口的内容会更新为该目录的内容；如果光标位于文件上，那么该文件会被载入一个缓冲区里，并把它显示在当前窗口中。这将导致当前窗口中的文件管理器被该缓冲区的内容替代。要想返回上级目录，可以使用 `-` 键，或是把光标移到 `..` 条目上再按 `<CR>`。

在文件管理器窗口中，可以用普通 Vim 缓冲区中可用的所有动作命令来浏览目录列表，而不是仅限于 `j` 或 `k`。

例如，如果想打开 index.html 文件，可以先执行查找操作 `/html<CR>`，这样就可以把光标移到想要的位置。

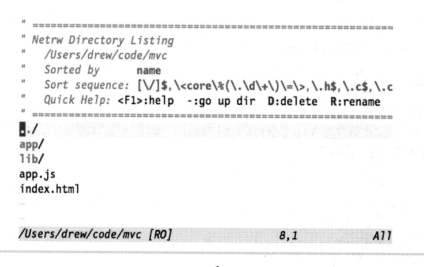

```
" =============================================
" Netrw Directory Listing
"   /Users/drew/code/mvc
"   Sorted by        name
"   Sort sequence: [\/]$,\<core\%(\.\d\+\)\=\>,\.h$,\.c$,\.c
"   Quick Help: <F1>:help  -:go up dir  D:delete  R:rename
" =============================================
./
app/
lib/
app.js
index.html



/Users/drew/code/mvc [RO]                    8,1              All
```

图 7-1　netrw —— Vim 的 "原生" 文件管理器

打开文件管理器

可以用 `:edit {path}` 命令打开文件管理器窗口，只是在执行此命令时要以目录名（而不是文件名）作为 `{path}` 参数。由于符号 `.` 代表了当前工作目录，因此，如果执行 `:edit .` 命令，就会在文件管理器里打开工程的根目录。

如果想在文件管理器里打开当前文件所在的目录，可以输入 `:edit %:h` （在技巧 42 中的 **"相对于活动文件目录打开一个文件"** 中介绍过这一用法）。另外，netrw 插件也提供了另一个更为方便的命令来实现该功能，即 `:Explore` （参见 `:h :Explore` ①）。

上述两条命令都支持缩写。因此，没必要输入完整的 `:edit .`，只需输入 `:e.` 即可。甚至可以把符号 `.` 前的空格也省略掉。另外，也可以把 `:Explore` 命令缩写成 `:E`。下表总结了这些命令的完整格式及其缩写格式。

Ex 命令	缩写	用途
:edit .	:e.	打开文件管理器，并显示当前工作目录
:Explore	:E	打开文件管理器，并显示活动缓冲区所在的目录

除 :Explore 外，netrw 还提供了 :Sexplore 及 :Vexplore 命令，这两条命令分别在一个水平切分窗口及垂直切分窗口里打开文件管理器。

与分割窗口协同工作

典型的文本编辑器图形用户界面一般使用侧边栏显示文件管理器，有时这会被称作工程目录树(project drawer)。如果习惯于使用这种模式，就会觉得 Vim 的 :E 及 :e. 命令表现得有些古怪，因为它们会用文件管理器替换当前窗口的内容。Vim 之所以采用这种方式，是因为这种方式可以很好地与分割窗口协同工作。

想想下面第一幅图中的窗口布局。

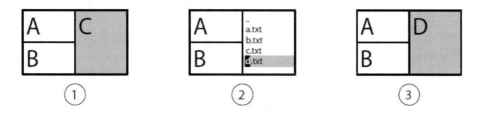

我们看到这幅图中有 3 个窗口，每个窗口都显示了一个不同的缓冲区。暂时假设 Vim 的侧边栏包含了一个工程目录树。如果想打开一个文件，可以在工程目录树里点击该文件的名字。但是，这个文件将在哪个窗口中打开呢？

窗口 C 是当前的活动窗口（以阴影表示），因此似乎在此窗口中打开该文件是很自然的。然而，工程目录树和活动窗口之间的关联并不是一目了然的，哪个窗口是活动窗口的信息很容易丢失，从而会导致令人意外的结果，当在工程目录树里选择一个文件时，该文件却没在你期望的窗口里打开。

现在，让我们抛开工程目录树的想法，考虑一下真正适用于 Vim 的工作方式。在执行 :Explore 命令时，文件管理器在当前活动窗口中打开，如第二幅图所示。这样一来，当选中一个文件时，毫无疑问它会被载入同一个窗口中。

可以把每个窗口都想象成一张纸牌，纸牌的一面显示文件内容，而另一面则显示文件管理器。在执行 :Explore 命令时，当前活动窗口中的牌会翻到文件管理器这一面（见第二幅图）；而当选中一个准备编辑的文件时，我们会按下 <CR> 把牌翻过来，这一次窗口中会显示刚刚选中的那个文件的内容（见第三幅图）。如果在调出文件管理器后，又想切换回刚才正在编辑的那个文件，可以使用 <C-^> 命令。

从某种意义上说，可以认为 Vim 的窗口有两种模式：一种模式针对文件，另一种针对目录。这种模式与 Vim 的分割窗口紧密结合在一起，因而并不适合使用工程目录树的概念。

使用 netrw 完成更多功能

netrw 插件不仅可以浏览文件系统，还可以创建新文件（参见 :h netrw-% ①）及目录（参见 :h netrw-d ①），重命名已有的文件及目录（参见 :h netrw-rename ①），或是删除它们（参见 :h netrw-del ①）。Vimcasts 的专题 15 对此进行了更为深入的讲解①。

我们甚至还未说起过此插件的杀手级功能，其名字正因为此功能而来，即 netrw 可以通过网络读写文件②。该插件可以利用多种协议读写网络文件，包括 scp、ftp、curl 及 wget，这取决于你的系统上可以用哪些协议。要了解更多这方面的内容，请查阅 :h netrw-ref①。

技巧 45　把文件保存到不存在的目录中

即使缓冲区的路径中包含了不存在的目录，Vim 仍允许对该缓冲区进行编辑，只是在试图将缓冲区写入文件时，Vim 会报错。本节介绍该如何处理这种情况。

:edit {file} 命令一般用于打开一个已存在的文件，然而如果指定了一个不存在的文件路径，Vim 就会创建一个新的空白缓冲区。如果此时按 <C-g>，就会看到该缓冲区被标识为"新文件"（<C-g> 命令用于显示当前文件的文件名及状态，参见 :h CTRL-G ①）。随后，当执行 :write 命令时，Vim 就会尝试将此缓冲区的内容写到创建该缓冲区时指定的文件路径中。

如果在执行 :edit {file} 时，指定的文件路径中包含尚未存在的目录，事情就会变得有点棘手。

⇒ `:edit madeup/dir/doesnotexist.yet`

---

① http://vimcasts.org/e/15
② netrw 即 across NETwork Read and Write files 的缩写。——译者注

⇒ :write

《 "madeup/dir/doesnotexist.yet" E212: Can't open file for writing

在本例中，madeup/dir 目录并不存在，不过 Vim 依然会创建一个新缓冲区，只是这一次该缓冲区被标识为"新目录"了。不过，当试图把缓冲区写入磁盘时，Vim 会显示一条出错信息。在这种情况下，可以调用外部的 mkdir 程序对此做出补救。

⇒ :!mkdir -p %:h

⇒ :write

-p 参数使 mkdir 创建任何不存在的中间目录。关于 %:h 符号代表的含义，请参见技巧 42 中的**"相对于活动文件目录打开一个文件"**。

技巧 46　以超级用户权限保存文件

以超级用户运行 Vim 的情况并不常见，然而有时不得不把修改保存到一个需要 sudo 权限的文件中。无需重启 Vim 就能实现这一功能，可以把这个任务委派给一个以 sudo 运行的 shell 进程来完成。

本节在 GVim 中或许无法工作，当然它更不能在 Windows 上工作。只有在 UNIX 系统的终端运行 Vim 时，它才能很好地工作。不过，由于本节所讨论的情景非常普遍，因此即使它有这么多约束，这个技巧仍然值得一提。

以 /etc/hosts 为例进行讲解。此文件属于 root 用户，而我们是以用户名"drew"登录的，因此我们只具有该文件的读权限。

⇒ $ ls -al /etc/ | grep hosts

《 -rw-r--r-- 1 root wheel   634 6 Apr 15:59 hosts

⇒ $ whoami

《 drew

先以用户 drew 打开此文件。

⇒ $ vim /etc/hosts

第一件需要注意的事是，如果此时按 `<C-g>` 查看文件状态，会发现 Vim 把此文件标识为 [readonly]（只读）。

现在试着做出一个修改，看看会发生什么。用 Go 命令在文件结尾添加一个空行。此时，Vim 会显示一条信息"W10: Waming : Changing a readonly file。可以把这条消息当作一个善意的提醒，而非禁令。在提示此消息后，Vim 依旧会做出修改。

Vim 不会阻止我们修改一个只读缓冲区，但它不会让我们以通常的方法把修改保存到磁盘上。

⇒ :write

《 E45: 'readonly' option is set (add ! to override)

按上面的提示所说的，在命令结尾加一个叹号，然后再次执行此命令（可以把这解读为"这次我要强制写只读文件"）。

⇒ :write!

《 "/etc/hosts" E212: Can't open file for writing

现在的问题是，我们没有写 /etc/hosts 文件的权限。

还记得吗，这个文件是由 root 用户拥有的，而我们现在是以用户 drew 在运行Vim。补救的方法是采用下面这条怪模怪样的命令。

⇒ :w !sudo tee % > /dev/null

《 Password:
W12: Warning: File "hosts" has changed and the buffer was
changed in Vim as well
[O]k, (L)oad File, Load (A)ll, (I)gnore All:

此时，Vim 需要与我们进行两次交互。首先要输入用户 drew 的密码（我输的时候请把脸转过去），然后 Vim 会警告我们该文件已被修改了，并显示出一个选项菜单。这里建议按 l 键重新将该文件载入缓冲区。

这条命令是如何工作的？ :write !{cmd} 命令会把缓冲区的内容作为标准输入传给指定的 {cmd}，{cmd} 可以是任何外部程序（参见 :h :write_c ①）。虽然Vim 仍然是以用户 drew 运行的，但是可以让调用的外部进程以超级用户权限运行。在本例中，tee 程序将以 sudo 权限运行，也就是说它拥有写 /etc/hosts 文件的权限。

在 Vim 命令行中，% 符号具有特殊含义。它会展开成当前文件的完整路径（参见 :h :_%①），在本例中会展开为 /etc/hosts。因此，该命令的后半部分可以展开为下面的命令：tee /etc/hosts > /dev/null。这条命令会把缓冲区的内容当作标准输入，并用它来覆盖 /etc/hosts 文件的内容。

之后，Vim 会检测到该文件已经被一个外部程序修改。一般情况下，这意味着缓冲区中的内容和文件不同步了，这就是为什么 Vim 会提示我们做出选择，是要保留缓冲区中的版本，还是载入磁盘上的版本？然而在本例中，文件与缓冲区的内容刚好是完全一致的。

第三部分　更快地移动及
跳转

动作命令是进行 Vim 操作最重要的一些命令。不仅可以用它们四处移动光标，还能够用它们与操作符待决模式配合使用，指定一段文本范围并在其上进行操作。在本书的这一部分，我们将结识一些最为有用的动作命令。另外，还会学习 Vim 的跳转命令，这些命令让我们可以在文件间快速跳转。

第8章

用动作命令在文档中移动

Vim 提供了很多在文档中移动的方法，以及许多在缓冲区间跳转的命令。本章将重点介绍动作命令（motion），可以用这些命令在文档中四处移动。

或许最简单的移动方式是使用光标键。不过，我们将在技巧 47 中看到，Vim 允许不用把手从本位行上移开，就可以上下左右移动。然而这只是个开胃小菜，我们还会看到很多更快的移动方式。技巧 49 将展示如何一次移动一个单词，技巧 50 将展示如何精确移动到当前行的任一字符上，而技巧 51 将展示如何使用查找命令进行移动。

动作命令不只可以用来在文档中移动，还可以在操作符待决模式中使用，以便完成实际的工作，已经在技巧 12 中讨论过这点。本章通过一些例子，学习如何把动作命令与操作符结合在一起使用。操作符待决模式中最出彩的明星是文本对象，将在技巧 52 及技巧 53 中介绍它们。

Vim 拥有大量的动作命令，无法在本章涵盖所有的命令，因此推荐读者自行查阅 Vim 文档中的 `:h motion.txt` ❶，以获得一个完整的动作命令列表。读者可以给自己定一个目标，每周都掌握几个新的动作命令。

技巧 47　让手指保持在本位行上

Vim 针对盲打人员进行了优化。因此，只有学会让手不离开本位行就可以移动光标，才能更快地操作 Vim。

想成为盲打人员，要学的第一件事就是让手指始终停留在本位行[①]（home row）上。对于 Qwerty 键盘而言，就是左手的手指应该落在 `a`、`s`、`d`、`f` 键上，右手的手指则应该落在 `j`、`k`、`l`、`;` 键上。保持好这一位置后，不用移动手掌或看着手指，就可以输入键盘上的任意按键了，这就是理想的盲打姿势。

像其他文本编辑器一样，Vim 也允许使用光标键来移动光标。不过，Vim 还提供了另外一种方式，即使用 `h`、`j`、`k`、`l` 键来移动光标。这些键的用途如下。

命令	光标动作
`h`	左移一列
`l`	右移一列
`j`	下移一行
`k`	上移一行

无可否认，这些动作命令与光标键相比，用起来不太直观。 `j` 和 `k` 键并列在一起，很难记住哪个向上移哪个向下移；并且 `l` 键并不是向左移，而是向右移。这些键之所以这样分配是缘于历史原因，因此不用费劲探究其中的逻辑[②]。

如果你正在努力记哪个键是做什么的，那么这里给出的一些提示也许会有帮助。字母 `j` 看起来像一个向下的箭头，因此它向下移；而在 Qwerty 键盘上，`h` 键和 `l` 键分别位于彼此的左侧和右侧，与它们移动光标的方向一致。

尽管 `h`、`j`、`k` 及 `l` 最初看上去不那么直观，但花点时间学会用它们却绝对值得。要想按到光标键，只有把手从本位行上移开才行；而 `h`、`j`、`k` 和 `l` 键却能很容易地按到，因此不用移动手掌就能移动光标。

可能听起来这省不了多少时间，不过毕竟积少成多。一旦养成了用 `h`、`j`、`k` 和 `l` 进行移动的习惯，再使用其他依赖光标键的编辑器时，就会觉得不自在。你肯定会感到惊讶，当初怎么能忍受得了这么久！

让右手待在它该在的位置上

在 Qwerty 键盘上，`j`、`k` 和 `l` 键刚好在右手的食指、中指和无名指下方。我们也需要用食指去按 `h` 键，不过得伸出手指才能按到它。有些人把这当成麻烦，为了解

[①] Home row 指键盘上 ASDFGHJKL 等字符所在的行，盲打时手指应始终停留在该行上。本书把"home row"译为"本位行"。——译者注
[②] http://www.catonmat.net/blog/why-vim-uses-hjkl-as-arrow-keys/

决这个问题，他们建议把整个右手向左移动一格，这样一来，h、j、k 和 l 键就分别有一根手指与之对应了。不过，千万不要这样做。

我们将在本章剩下的内容中看到，其实 Vim 提供了一些更快的移动方式。如果在一行中连续按了两次以上的 h 键，那就是在浪费时间。对于水平方向的移动而言，也可以用面向单词的动作命令，或是用字符查找动作命令来更快地进行移动（参见技巧 49 及技巧 50）。

因此，通常只用 h 和 l 键来解决 "差一错误"（off-by-one errors[①]）。也就是说，只有在距目标差一两个字符时，才会用到这两个键。除此之外，我基本不碰它们。鉴于我很少使用 h 键，因此我很高兴在 Qwerty 键盘上要伸出手指去够它；而另一方面，由于我经常会用到字符查找命令（参见技巧 50），所以我很高兴 ; 键恰好在小指下方。

戒掉使用光标键的习惯

如果你发现自己很难改掉使用光标键的习惯，那么可以试着把以下几行加到你的 vimrc 里。

motions/disable-arrowkeys.vim

```
noremap <Up>    <Nop>
noremap <Down>  <Nop>
noremap <Left>  <Nop>
noremap <Right> <Nop>
```

这几行会把光标键映射为什么都不做。这样，每次移动手去够光标键时，就会受到提醒：你应该让手停留在本位行上。如此一来，用不了多久你就会进入状态，开始用 h、j、k 及 l 了。

我不建议你把这些映射项永远留在 vimrc 里，只需保留足够长的时间，长到足以让你养成使用 h、j、k 及 l 的习惯就行了。此后，就可以考虑把这些光标键映射成更有用的功能。

---

① off-by-one errors（本书译为 "差一错误"）是一种逻辑错误。通常指在编程时，由于对边界条件判断错误，导致多循环一次或少循环一次的错误。——译者注

技巧 48　区分实际行与屏幕行

我们需要了解实际行与屏幕行间的差别，不然就很容易产生挫败感。Vim 允许针对此两者进行操作。

与许多文本编辑器不同，Vim 会区分实际行与屏幕行。当‘wrap’设置被启用时（缺省启用），每个超出窗口宽度的文本行都会被回绕显示，以保证没有文本显示不出来。这样一来，文件中的一行也许会被显示为屏幕上的若干行。

要想知道实际行与屏幕行之间的不同，最简单的方法是启用‘number’设置。启用后，以行号开头的行对应一个实际行，它们会占据屏幕上的一行或几行；当一行文本为适应窗口宽度而回绕时，回绕行的前面不会显示行号。下面的屏幕截图中显示了一个缓冲区，它包括 3 个实际行（以行号标识），不过却显示为 9 个屏幕行。

```
 1 Lorem ipsum dolor sit amet, consectetur adipiscing elit. Pra
   esent ut sapien nulla, ac bibendum diam. Suspendisse rutrum
   euismod tincidunt.
 2 Duis leo eros, cursus a vehicula accumsan, venenatis nec mas
   sa. Maecenas porttitor, nulla vel congue euismod, neque puru
   s lobortis nisi, id placerat enim sapien nec enim.
 3 Vestibulum ante ipsum primis in faucibus orci luctus et ultr
   ices posuere cubilia Curae. Nullam pulvinar tempor mollis. M
   auris ac blandit turpis.
:set number                          2,85          All
```

理解实际行与屏幕行间的差别很重要，因为 Vim 提供了不同的动作命令来操作这两者。j 和 k 命令会根据实际行向下及向上移动，gj 和 gk 则按屏幕行向下及向上移动。

以上面的屏幕截图为例，假设想把光标向上移到单词“vehicula”上。目标单词位于光标之上的一个屏幕行，因此按 gk 就可以移到那里；但如果是用 k 键的话，它会向上移动一个实际行，就把光标移到单词“ac”上去了，这并不是我们想要的结果。

另外，Vim 也提供了直接跳到行首及行尾的命令。下表对操作实际行和屏幕行的命令进行了总结。

命令	光标动作
j	向下移动一个实际行
gj	向下移动一个屏幕行
k	向上移动一个实际行
gk	向上移动一个屏幕行
0	移动到实际行的行首
g0	移动到屏幕行的行首
^	移动到实际行的第一个非空白字符
g^	移动到屏幕行的第一个非空白字符
$	移动到实际行的行尾
g$	移动到屏幕行的行尾

你可以留意到这样一个特点，即 j、k、0 和 $ 都用于操作实际行，而如果在这些键前加上 g 前缀的话，就会让 Vim 对屏幕行进行操作。

除 Vim 以外，其他大多数文本编辑器都没有实际行的概念，它们只提供操作屏幕行的手段。刚开始了解到 Vim 会区分对待这两者时，你可能会感觉不适。但当你学会使用 gj 和 gk 命令后，就会感谢 j 和 k 可以让你用更少的键移动更远的距离。

重新映射面向行的动作命令

如果你想让 j 及 k 命令操作屏幕行而不是实际行，可以重新映射它们。试着把下面这些行加到你的 vimrc 文件中。

motions/cursor-maps.vim

```
nnoremap k gk
nnoremap gk k
nnoremap j gj
nnoremap gj j
```

这些映射项使 j 和 k 基于屏幕行向下或向上移动，gj 和 gk 则基于实际行向下和向上移动（与 Vim 的缺省设置刚好相反）。如果你不得不在许多不同计算机上用 Vim，我不太推荐用这些映射项。这种情况下还是用 Vim 的缺省设置比较好。

技巧 49　基于单词移动

Vim 有两组面向单词正向及反向移动的命令。相比一次移动一列来说，这二者允许更快地移动。

Vim 提供了一组动作命令，让我们每次可以把光标正向或反向移动一个单词的距离（参见 `:h word-motions` ①）。下表总结了这些命令。

命令	光标动作
`w`	正向移动到下一单词的开头
`b`	反向移动到当前单词/上一单词的开头
`e`	正向移动到当前单词/下一单词的结尾
`ge`	反向移动到上一单词的结尾

可以认为这些动作命令是成对出现的。`w` 和 `b` 命令都以词首为目标，`e` 和 `ge` 命令则是以词尾为目标。`w` 和 `e` 都正向移动光标，`b` 和 `ge` 命令则反向移动光标。下图展示了这些面向单词的动作命令的效果。

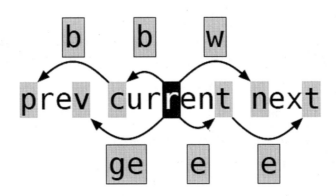

要记住这 4 条命令并不容易，并且我也不建议死记硬背。可以先学会用 `w` 和 `b` 命令，如果你需要记的话，可以把它们想作 "(for-)word" 及 "back-word"。在用过这些命令之后，你会发现基于单词进行正向或反向移动，要比用 `h` 及 `l` 一次移动一列快得多。

`e` 和 `ge` 命令是对此命令集的补充，不过刚开始你可以先不用它们。偶尔有一天，你也许会发现，有时一下子直接跳到当前单词的结尾也会很有用。例如，假设想把下列文本中的单词"fast"改成"faster"，可以这样：

按键操作	缓冲区内容
{start}	Go f̲ast.
eaer<Esc>	Go faste r̲.

把 `ea` 命令连在一起可被解读为"在当前单词结尾后添加"。我经常会用到 `ea`，就好像它是一条单独的命令似的。另外，也可以把 `gea` 命令当成"在上一单词结尾后添加"的命令，我们偶尔也会用到它。

理解单词与字串

我们经常提到单词，但迄今为止，我们都一直未定义过究竟什么是一个单词。Vim 对此有两种不同的定义，并且分别用"单词"（word）和"字串"（WORD）对其进行区分。我们之前遇到过的每个面向单词的动作命令，都有一个面向字串的命令与其对应，这当中包括 `W`、`B`、`E` 和 `gE`。

一个单词由字母、数字、下画线，或其他非空白字符的序列组成，单词间以空白字符分隔（参见 `:h word` ⓘ）。字串的定义则更简单，它由非空白字符序列组成，字串间以空白字符分隔（参见 `:h WORD` ⓘ）。

好，已经看到其定义了，但这究竟指什么呢？细节留待 Vim 的实现者去考虑吧，普通用户可以这样简单地想：字串比单词更长！请看下面这段文本，然后快速数一下当中单词的个数。

e.g. we're going too slow

你是不是数到 5 个或 10 个单词（或二者中间的某个值）？上例中包含了 5 个字串及 10 个单词。句号及单引号都被当成了单词，因此，如果用 `w` 命令在这段文本中移动的话，会显得很慢。

按键操作	缓冲区内容
{start}	e̲.g. we're going too slow
wwww	e.g. w̲e're going too slow
www	e.g. we're g̲oing too slow

相反，如果基于字串移动，用更少的按键就可以达到同样的效果。

按键操作	缓冲区内容
{start}	e.g. we're going too slow
W	e.g. we're going too slow
W	e.g. we're going too slow

在本例中，面向字串的动作命令似乎是更好的选择，然而这并不是绝对的。因为有时候，我们可能会想把"we"当成一个单词来进行操作。

例如，如果想把"we"改成"you"，可以这样做。

按键操作	缓冲区内容
{start}	e.g. we're going too slow
cwyou<Esc>	e.g. you're going too slow

在另外一些时候，我们可能更想把"we're"当作一个字串进行处理。例如，如果想把它改成"it's"的话，可以这样做。

按键操作	缓冲区内容
{start}	e.g. we're going too slow
cWit's<Esc>	e.g. it's going too slow

如果想更快地移动，可以用面向字串的动作命令；而如果想以更细的粒度移动，则可以用面向单词的动作命令。你自己试着用一下这些命令，然后就会知道什么时候该用单词，什么时候该用字串了。可以训练一下自己对这些命令的直觉，不用理解其实现的细节。

技巧 50　对字符进行查找

Vim 的字符查找命令让我们可以在行内快速移动，并且它们能够在操作符待决模式下很好地工作。

`f{char}` 命令是在 Vim 中移动的最快方式之一。它会在光标位置与当前行行尾之间查找指定的字符，如果找到了，就会把光标移到此字符上；如果未找到，则保持光标不动（参见 `:h f` ①）。

这听起来似乎比较复杂，但在实际操作中非常简单。来看看下面的操作。

按键操作	缓冲区内容
{start}	Find the first occurrence of {char} and move to it.
fx	Find the first occurrence of {char} and move to it.
fo	Find the first occurrence of {char} and move to it.

本例中，fx 命令什么都不做。Vim 会正向查找字符"x"，但因为未能找到匹配的字符，因此光标保持不动。而 fo 命令找到了字符"o"，因此光标会被移到第一个匹配的字符上。

如果想让光标跳到单词"occurrence"的开头，那么不会再有比两次按键更快的方法了。f{char} 命令非常高效，当它像本例这样完美地工作时，你会觉得好像 Vim 能够读到我们的想法一样。

但是，f{char} 命令并不是总能工作得这么好。假设想把光标移到单词"{char}"中的字符"c"上，看看用 fc 命令会发生什么。

按键操作	缓冲区内容
{start}	Find the first occurrence of {char} and move to it.
fc	Find the first occurrence of {char} and move to it.
;	Find the first occurrence of {char} and move to it.
;	Find the first occurrence of {char} and move to it.
;	Find the first occurrence of {char} and move to it.

字符"c"在该行出现了好几次，因此这次无法直接命中目标，而是要试几次才能把光标移到想去的位置。幸运的是，我们不必一遍遍地重复输入 fc 命令。Vim 会记录上次执行过的 f{char} 命令，随后用 ; 命令就可以重复该命令了（参见 :h ; ⓘ）。在本例中，得连按 3 次 ; 才能使光标就位。

f{char} 和 ; 结合在一起很强大，它让我们用很少的键就可以移动很远的距离。不过由于光标会移到哪里并不是一目了然，因此很容易按 ; 按得忘乎所以，导致错过目标。例如，假设想把光标移到单词"of"的开头。

按键操作	缓冲区内容
{start}	Find the first occurrence of {char} and move to it.
fo	Find the first occurrence of {char} and move to it.
;;	Find the first occurrence of {char} and move to it.
,	Find the first occurrence of {char} and move to it.

我们不小心跳过头了，这时，用 `,` 命令可以再跳回来。此命令也会重复上次的 `f{char}` 命令，不过会按相反的方向查找（参见 `:h ,` ⑩）。还记得技巧 4 中提到的口诀吗？执行、重复、回退。我把 `,` 当成一个安全网来用，当按 `;` 键按过头时，可以用它来回退。

别将反向字符查找命令弃之不用

Vim 几乎为键盘上的每个键都赋予了一个功能。如果想创建自定义映射项，那么该把它们绑定到哪个键上呢？Vim 提供了一个 `<Leader>` ，以此作为用户自定义命令的名字空间。下面的例子显示了如何利用 `<Leader>` 来创建自定义映射项。

```
noremap <Leader>n nzz
noremap <Leader>N Nzz
```

缺省的 `<Leader>` 键是 `\`，因此可以按 `\n` 和 `\N` 来触发上面的自定义映射项。如果想知道这两个按键映射项完成什么功能，请查阅 `:h zz`。

在有些键盘上，`\` 命令不太容易够到，因此 Vim 允许把 `<Leader>` 键映射为其他更方便的字符（参见 `:h mapleader` ⑩）。一个普遍的选择是把逗号设置为 `<Leader>` 键。如果你也是这么做的，我强烈建议把反向字符查找命令映射为另一个键。下面给出了一个例子。

```
let mapleader=","
noremap \ ,
```

`;` 和 `,` 命令是互为补充的，如果去掉了其中一个，整个字符查找命令集的用处就会大打折扣了。

查找字符时，可以包含或是排除目标字符

`f{char}`、`;` 及 `,` 命令是字符查找命令集中的部分命令，下表列出了其中的所有命令。

命令	用途
`f{char}`	正向移动到下一个 `{char}` 所在之处
`F{char}`	反向移动到上一个 `{char}` 所在之处
`t{char}`	正向移动到下一个 `{char}` 所在之处的前一个字符上
`T{char}`	反向移动到上一个 `{char}` 所在之处的后一个字符上

续表

命令	用途
;	重复上次的字符查找命令
,	反转方向查找上次的字符查找命令

可以把 `t{char}` 及 `T{char}` 命令当成"直到查找到指定的字符为止"（search till the specified character）的命令，它们使光标停留在 `{char}` 前面的那个字符上，`f{char}` 和 `F{char}` 命令则把光标移动到指定字符上。

为什么会同时需要这两种字符查找命令呢？乍一看原因并不是很明了。不过下例对它们在实际工作中的用途进行了诠释。

按键操作	缓冲区内容
{start}	I've been expecting you, Mister Bond.
f,	I've been expecting you, Mister Bond.
dt.	I've been expecting you.

刚开始，先把光标直接移到逗号上，因此使用了 `f,` 命令。接下来，想删除从此处到句尾的所有文本，但又不想删除句号，此时可以用 `dt.` 命令完成这项工作。

还有另外一种做法，可以用 `dfd` 删除从光标位置到单词"Bond"的最后一个字母间的所有内容。虽然两种做法的最终结果都一样，但是我发现用 `dt.`，不需要考虑太多东西。删除到字母"d"并不是一个通用模式，而删除句子的后半句话是经常会做的操作。因此可以把 `f,dt.` 训练成手指的下意识动作。

通常，当我想在当前行内快速移动光标时，倾向于在普通模式中使用 `f{char}` 和 `F{char}` 命令；当与 `d{motion}` 或 `c{motion}` 一起使用时，更倾向于使用 `t{char}` 及 `T{char}` 命令。换句话说，我在普通模式中会用 `f` 和 `F`，而在操作符待决模式中使用 `t` 和 `T`。要了解更多细节，请参考技巧 12 及**结识操作符待决模式**。

像 Scrabble®①玩家那样思考

字符查找命令能够节省很多次按键，但它们效率的高低却取决于所选的目标字符。就像 Scrabble 玩家所能告诉你的，某些字母出现的频率远高于其他字母。如果在用 `f{char}` 命令时，你养成了选择非常见字母的习惯，一次抵达目标的可能性就会大

---

① Scrabble® 游戏是一种英语文字图版游戏，依字母在英文单词出现的频率，给其赋予不同的分值。——译者注

幅提高。

假设想删除下句中唯一的形容词。

`I`mprove your writing by deleting excellent adjectives.

要用什么动作命令来把光标移到单词 "excellent" 上呢？如果把该词的第一个字母作为目标，需要先按 `fe`，然后还得再输入 `;;;`，才能跳过中间那些干扰字符。在本例中，更好的选择是用 `fx`，这条命令一下就能让我们移动到此单词上，接下来就可以用 `daw` 命令删除该单词了（关于 `aw` 的详细介绍，请参见技巧 53）。

看一下你正在阅读的文本，它们几乎全是由小写字母组成的，大写字母则要少得多，标点符号也很少。因此，在使用字符查找命令时，最好是选择出现频率比较低的字母作目标字符。多练习一下，你就能学会发现这些字符。

技巧 51　通过查找进行移动

查找命令允许用很少几个键就能快速地跳转，跳转的距离可以很近，也可以很远。

虽然字符查找命令（`f{char}`、`t{char}` 等）执行起来方便快捷，但是它们具有一定的局限性。这些命令一次只能查找一个字符，并且它们只能在当前行内查找。如果想查找一个以上的字符，或是移动到当前行之外，就需要使用查找命令。

假设想把光标移到下例中的单词 "takes" 上。

motions/search-haiku.txt

```
search for your target
it only takes a moment
to get where you want
```

可以查找此单词移动到那里，即 `/takes<CR>`。在这个小例子中，此单词只出现过一次，因此这条命令肯定一下就能跳到我们想去的地方。不过，让我们看看能否用更少的键实现同样的效果。

按键操作	缓冲区内容
`{start}`	`s`earch for your target it only takes a moment to get where you want

续表

按键操作	缓冲区内容
/ta<CR>	search for your **t**arget it only **t**akes a moment to get where you want
/tak<CR>	search for your target it only **t**akes a moment to get where you want

查找两个字符"ta"会有两个匹配结果，3 个字符"tak"则只有一个唯一的匹配结果。在本例中，查找动作只移动了一小段距离，但是在一个比较大的文档中，采用这种技术，按几个键就可以移动出很远的距离。因此，查找命令是非常经济实惠的移动方法。

如果查找两个字符"ta"，第一次会跳到错误的位置，不过接下来可以用 n 命令重复上次的查找命令，这样就可以跳到下个正确的匹配之处了。另外，如果按 n 键的次数过多了，还可以用 N 命令再跳回来。现在你应该对技巧 4 中提到的口诀更加熟悉了，即执行、重复、回退。

在上一技巧中，我们看到 fe 命令不太管用，因为字母 e 实在是太常见了。查找两个或更多的字符能够规避这一缺点，虽然 e 在英语中出现的次数比较多，但其中只有一小部分后面会紧跟着字母 x。你也许会感到惊讶，有时候只要查找单词的前几个字母就能跳到该单词上了，并且这一招还屡试不爽。

在上面查找"takes"的例子里，启用了 'hlsearch' 功能，以便高亮匹配项。在查找较短的字符串时，文档中经常有多个匹配项。当 'hlsearch' 选项处于启用状态时，会导致结果不太容易辨识。因此，如果习惯于使用查找命令进行移动，那么你可能会想关闭此选项（缺省关闭）。然而，在查找时，你可能会想启用 'incsearch' 选项，它在这种情形下会非常有用，更多细节请参考技巧 82。

用查找动作操作文本

查找命令不仅限于在普通模式下使用，也可以在可视模式及操作符待决模式中使用它，用来完成实际的工作。例如，假设想删除下句中的"takes time but eventually"。

按键操作	缓冲区内容
v	This phrase **t**akes time but eventually gets to the point.

续表

按键操作	缓冲区内容
/ge\<CR>	This phrase takes time but eventually gets to the point.
h	This phrase takes time but eventually gets to the point.
d	This phrase gets to the point.

刚开始，按 v 切换到可视模式。接着将选区扩大，这可以通过查找字符串"ge"来完成，它一步就会把光标移到要去的地方。就快好了，不过还有个"差一错误"，即此选区包含了单词 get 词首的"g"，但我们并不想删除它。因此，得用 h 命令往回移一个字符。好了，确定了选区后，就可以用 d 命令删除该选区了。

还有种更快的方法完成同样的工作。

按键操作	缓冲区内容
{start}	This phrase takes time but eventually gets to the point.
d/ge\<CR>	This phrase gets to the point.

在这里，用 /ge\<CR> 查找动作告诉 d{motion} 命令删除什么。查找命令是一个开动作，也就是说，虽然光标是在单词"gets"开头的"g"上的，但此字符却被排除在删除操作之外（参见 :h exclusive ❶）。

如果不用可视模式的话，能省掉两次不必要的按键（请参见技巧 23）。不过可能你得练习一段时间才能习惯这种用法。学会把 d{motion} 操作符与查找动作结合在一起使用，这是个很大的进步，你可以好好在朋友和同事们面前炫耀一番了。

技巧 52　用精确的文本对象选择选区

文本对象允许操作括号、被引用的文本、XML 标签以及其他文本中的常见结构。

先看看下面的示例代码。

motions/template.js

```
var tpl = [
  '<a href="{url}">{title}</a>'
]
```

在上面的代码中，每个开括号字符 { 都对应一个闭括号字符 }，[和]、< 和 >，以及 HTML 标签 <a> 和 </a> 也是一样。这段代码中也包含单引号及双引号，它们也是成对出现的。

这些配对符号具有规整的格式，而 Vim 能够理解其结构，并允许对它们分隔的区域进行操作。文本对象就是基于结构定义的文本区域（参见 :h text-objects ①）。使用文本对象，只需几个键就可以选择或操作一大段文本。

假设光标位于花括号内部，而我们想高亮选中 {} 内部的文本，那么可以用 vi}。

按键操作	缓冲区内容
{start}	var tpl = ['<a href="{url}">{title}</a>']
vi}	var tpl = ['<a href="{url}">{title}</a>']
a"	var tpl = ['<a href="{url}">{title}</a>']
i>	var tpl = ['<a href="{url}">{title}</a>']
it	var tpl = ['<a href="{url}">{title}</a>']
at	var tpl = ['<a href="{url}">{title}</a>']
a]	var tpl = ['<a href="{url}">{title}</a>']

一般情况下，当使用可视模式时，选区的一端固定在一个特定字符上，另一端可以自由移动；当使用 l、w 及 f{char} 这类动作命令时，会移动高亮区域的活动端，使选区变大或缩小。

但此处发生的情况却截然不同。当按下 vi} 时，Vim 进入可视模式，并选中花括号 {} 括起来的所有字符。光标放在哪儿都没关系，只要在调用 i} 文本对象时，光标在花括号内部就行了。

也可以用其他文本对象来扩大选区。例如，a" 会选中由双引号括起来的字符范围，

`i>` 则会选中一对尖括号内的所有内容。

　　Vim 的文本对象由两个字符组成，第一个字符永远是 `i` 或是 `a`。一般以 `i` 开头的文本对象会选择分隔符内部的文本，而以 `a` 开头的文本对象会选择包括分隔符在内的整个文本。为了便于记忆，可以把 `i` 想成 "inside"，而把 `a` 想成 "around" 或 "all"。

　　再看一遍上面的例子，仔细体会一下文本对象是以 `i` 开头还是以 `a` 开头，特别需要注意的是 `it` 与 `at` 之间的区别。另外也要留意一下，在此例中，`a]` 将选区扩展到了多行。

　　表 8-1 总结了部分 Vim 内置的文本对象。出于整洁起见，表中省略了一些重复的文本对象。例如，`i(` 和 `i)` 等同，`a[` 和 `a]` 也相同，可以使用最适合自己的风格。

表 8-1　分隔符文本对象

文本对象	选择区域	文本对象	选择区域
`a)` 或 `ab`	一对圆括号 (parentheses)	`i)` 或 `ib`	圆括号 (parentheses) 内部
`a}` 或 `aB`	一对花括号 {braces}	`i}` 或 `iB`	花括号 {braces} 内部
`a]`	一对方括号 [brackets]	`i]`	方括号 [brackets] 内部
`a>`	一对尖括号 <angle brackets>	`i>`	尖括号 <angle brackets> 内部
`a'`	一对单引号 'single quotes'	`i'`	单引号 'single quotes' 内部
`a"`	一对双引号 "double quotes"	`i"`	双引号 "double quotes" 内部
`` a` ``	一对反引号 `` `backticks` ``	`` i` ``	反引号 `` `backticks` `` 内部
`at`	一对 XML 标签 <xml>tags</xml>	`it`	XML 标签<xml>tags</xml>内部

用文本对象执行操作

　　可视模式适用于介绍文本对象，因为可以很容易看到发生的变化。然而，只有在操作符待决模式中使用文本对象，才能真正展现出它们的强大能力。

　　文本对象自身并不是动作命令，不能用它们在文档中移动。但是却可以在可视模式及操作符待决模式中使用文本对象。记住：每当在命令语法里看到 `{motion}` 时，也可以在这个地方使用文本对象，常见的例子包括 `d{motion}`、`c{motion}` 和 `y{motion}`（更多命令，请参见表 2-1）。

　　以 `c{motion}` 命令为例进行讲解。此命令会删除指定的文本，然后切换到插入模式（:h c ①）。将用它把下面文本中的 {url} 替换为 #，然后再用一个文本标记把 {title} 替换掉。

按键操作	缓冲区内容
{start}	'<a href="{u`r`l}">{title}</a>'
`ci"`#<Esc>	'<a href="#`#`">{title}</a>'
`cit`click here<Esc>	'<a href="#">click her`e`</a>'

可以把 `ci"` 命令解读为"修改双引号内部的内容"，把 `cit` 命令解读为"修改标签内部的内容"。另外，也可以很容易地用 `yit` 命令拷贝标签内的文本，或者用 `dit` 删除这些文本。

结论

这些命令都只需要 3 次按键，它们不仅简洁，而且使用方便，甚至也可以说这些命令都是自描述的（self-documenting）。之所以这样，是因为它们都采用了技巧 12 中提到的简单语法规则。

在技巧 50 和技巧 51 中，我们学到了一些精确移动光标的诀窍。不管是用 `f{char}` 查找单个字符，还是用 `/target<CR>` 查找若干字符，其工作模式都是一样的。先寻找合适的目标，瞄准，然后开火。如果做得好的话，一次移动就能命中目标。这些强大的移动功能只需花很少的力气就可以覆盖很大的区域。

文本对象则更进一层。如果说 `f{char}` 和 `/pattern <CR>` 命令如同单足飞踹，那么文本对象则像是一次攻击两个目标的剪刀腿，如图 8-1 所示。

图 8-1　Vim 强大的移动功能可以做到非常精确

技巧 53　删除周边，修改内部

文本对象通常是成对出现的，一个用于操作对象内部的文本，另一个则操作对象周围的文本。本节将剖析每类文本对象的典型用法。

Vim 的文本对象分为两类：一类是操作分隔符的文本对象，如 `i)`、`i"` 和 `it`；另一类用于操作文本块，如单词、句子和段落。

表 8-2 对后一类的文本对象进行了总结。

表 8-2　范围文本对象

文本对象	选择范围
`iw`	当前单词
`aw`	当前单词及一个空格
`iW`	当前字串
`aW`	当前字串及一个空格
`is`	当前句子
`as`	当前句子及一个空格
`ip`	当前段落
`ap`	当前段落及一个空行

我把第一类标注为"分隔符文本对象"，因为它们以配对的符号作为开始和结束。单词、句子以及段落则以文本结构的范围界定，因此把这一类称为"范围文本对象"。Vim 的文档把它们称为"块对象"（block object）和"非块对象"(non-block object)，但我发现这种区分方式无助于理解。

比较一下 `iw` 及 `aw` 文本对象。按之前说过的记忆方式，可以分别把它们解读为操作单词内部（inside the word）或单词周围（around the word）。不过这究竟代表着什么呢？

`iw` 文本对象包含当前单词从第一个到最后一个字符间的全部内容，`aw` 文本对象也是一样，但它的范围有所扩大，它会额外包含该单词前面或后面的任意个空白字符（假如该处有空白字符的话）。想知道 Vim 如何界定单词的边界，请参阅技巧 49。

`iw` 和 `aw` 之间的区别很微妙，为什么会需要这样两个文本对象呢？乍一看不是很明了。因此，先看二者的典型应用。

假设，想删除下句中的单词"excellent"，此时可以用 `daw` 命令。

按键操作	缓冲区内容
`{start}`	Improve your writing by deleting e**x**cellent adjectives.
`daw`	Improve your writing by deleting **a**djectives.

这条命令会删除此单词，外加一个空格，因此结果会很干净。如果用的是 `diw`，删完后就会有两个连在一起的空格，这或许并不是我们想要的。

现在假设想把此单词改成另外一个单词，这次可以用 `ciw` 命令。

按键操作	缓冲区内容
`{start}`	Improve your writing by deleting e**x**cellent adjectives.
`ciwmost<Esc>`	Improve your writing by deleting mos**t** adjectives.

`ciw` 命令只删除该单词，而不删除其前后的空白字符，随后它会进入插入模式，这刚好是我们想要的效果。如果用的是 `caw`，最后两个单词就会连在一起，变成"mostadjectives"。虽然这很容易修正，但如果一开始就能避免此问题，那岂不是更好吗。

一般来说，`d{motion}` 命令和 `aw`、`as` 和 `ap` 配合起来使用比较好，而 `c{motion}` 命令和 `iw` 及类似的文本对象一起用效果会更好。

技巧 54　设置位置标记，以便快速跳回

Vim 的位置标记允许我们快速跳转到文档中感兴趣的地方。可以手动设置位置标记，不过 Vim 也会自动记录某些感兴趣的位置点。

`m{a-zA-Z}` 命令会用选定的字母标记当前光标所在位置（参见 `:h m` ❶）。小写位置标记只在每个缓冲区局部可见，大写位置标记则全局可见。将在技巧 59 中学到更多关于位置标记的内容。设置一个位置标记时，Vim 不会用可见的标识表明它已被设置。不过如果你已经正确设置好了，只用两个键就能从文件的任何地方直接跳到该位置标记所在之处。

Vim 提供了两条普通模式命令，可以用它们跳转到一个位置标记上（注意，这两条命令看起来很像）。`'{mark}` 命令跳到位置标记所在行，并把光标置于该行

第一个非空白字符上；`` `{mark} `` 命令则把光标移动到设置此位置标记时光标所在之处，也就是说，它同时恢复行、列的位置（参见 `:h mark-motions` ⓘ）。

如果只想记一条命令，就记住 `` `{mark} `` 好了。不论是想恢复到准确的光标位置，还是只想回到正确的行，这条命令都能做到。只有在 Ex 命令的上下文中，才需要用 `'{mark}` 这种形式（参见技巧 28）。

`mm` 和 `` `m `` 命令是一对便于使用的命令，它们分别设置位置标记 m，以及跳转到该标记。在 **交换两个词** 一例中展示了一则小技巧，它用这两条命令先标定一个位置，而后再快速跳回来。

自动位置标记

可以为每个缓冲区最多设置 26 个小写位置标记。字母表中的每个字母都对应一个位置标记，这可能远比你实际需要的数目要多。之所以会这样，是因为在 Vim 的前身 vi 里，并没有诸如现在的可视模式这样的功能。那时，位置标记是一个比现在重要得多的功能。但现在，很多在 vi 里需要用位置标记完成的工作，都可以在 Vim 里用可视模式来做，因此对位置标记的需求也就相应减少了。

但是位置标记在 Vim 里并没有过时，它们仍然有用处。特别是，Vim 会自动设置一些位置标记，这些标记用起来非常方便。表 8-3 列出了这些自动位置标记。

表 8-3　Vim 的自动位置标记

位置标记	跳转到
`` `` ``	当前文件中上次跳转动作之前的位置
`` `. ``	上次修改的地方
`` `^ ``	上次插入的地方
`` `[ ``	上次修改或复制的起始位置
`` `] ``	上次修改或复制的结束位置
`` `< ``	上次高亮选区的起始位置
`` `> ``	上次高亮选区的结束位置

`` `` `` 标记是对跳转列表的补充（参见技巧 56），将在下节中见到它的一个应用实例。`` `. `` 标记是对改变列表的补充，技巧 57 中将会讲到改变列表。

高亮选区的起始和结束位置都会被自动记录成位置标记，因此甚至可以把可视模式当成位置标记功能的一个图形化界面。

技巧 55　在匹配括号间跳转

Vim 提供了一个动作命令，让我们可以在开、闭括号间跳转。激活 matchit.vim 插件后，此命令也可以用于成对的 XML 标签，以及某些编程语言中的关键字上。

% 命令允许在一组开、闭括号间跳转（参见 :h % ⓘ），它可作用于 ()、{}以及[]，如下例所示。

按键操作	缓冲区内容
{start}	console.log**(**[{'a':1},{'b':2}])
%	console.log([{'a':1},{'b':2}]**)**
h	console.log([{'a':1},{'b':2}**]**)
%	console.log(**[**{'a':1},{'b':2}])
l	console.log([**{**'a':1},{'b':2}])
%	console.log([{'a':1**}**,{'b':2}])

要知道怎样在实际工作中使用 %，请看下面简短的 Ruby 代码。

motions/parentheses.rb

```
cities = %w{London Berlin New\ York}
```

假设想把 %w{London　Berlin New\ York} 改成普通的列表定义 ["London", "Berlin", "New York"]，因此要把大括号改成方括号。你或许会想这是用 % 动作的完美场合，你说对了，但这里有个陷阱！

假设先把光标移到开括号上，然后按 r[把它改成方括号。现在得到一个怪模怪样的结构 [London Berlin New\ York}。由于 % 命令只能用在配对的括号上，所以现在无法用它跳到闭括号字符 } 上。

此处的窍门是在做修改之前，先执行一次 % 命令。在执行 % 命令时，Vim 会自动为发生跳转的地方设置一个位置标记，而后就可以按 `` 跳回那里。具体操作过程如下。

按键操作	缓冲区内容
{start}	cities = **%**w{London Berlin New\ York}
dt{	cities = **{**London Berlin New\ York}
%	cities = {London Berlin New\ York**}**
r]	cities = {London Berlin New\ York**}**

续表

按键操作	缓冲区内容
`` `` ``	cities = {London Berlin New\ York}
r[	cities = {London Berlin New\ York]

注意：在本例中，`<C-o>` 命令也能完成 `` `` `` 动作命令所做的工作（参见技巧 56 ）。
另外，也可以用 surround.vim 插件提供的一些命令，更容易地完成上面的工作，更
多内容请见 **Surround.vim**。

在配对的关键字间跳转

Vim 在发布时带了一个名为 matchit 的插件，它增强了 % 命令的功能。激活此
插件后，% 命令就可以在配对的关键字间跳转。例如，在一个 HTML 文件里，用 % 命
令可以在开标签和闭标签间跳转；在一个 Ruby 文件里，可以用它在配对的 class/end、
def/end，以及 if/end 间跳转。

虽然 matchit 随 Vim 一起发布，但它缺省并未使能。下面的 vimrc 将使 Vim
在启动时自动加载 matchit 插件。

```
set nocompatible
filetype plugin on
runtime macros/matchit.vim
```

此插件提供的增强功能非常有用，因此建议激活该插件，更多细节请查阅 :h
matchit-install ①。

Surround.vim

我最喜欢的一个插件是 Tim Pope 写的 surround.vim①，用它可以很容易地给选
中的文本加分隔符。例如，可以这样把单词 New York 放在双引号里。

按键操作	缓冲区内容
{start}	cities = ["London", "Berlin", New York]
vee	cities = ["London", "Berlin", New York]
S"	cities = ["London", "Berlin", "New York"]

---

① http://github.com/tpope/vim-surround

Surround.vim（续）

S" 命令是 surround.vim 提供的一个命令，可以把它解读为"用一对双引号把选中的文本括起来"（Surround the selection with a pair of double quote marks）。如果想把选中的文本用圆括号或花括号括起来，只需简单地用 S) 或 S} 即可。

也可以用 surround.vim 修改已有的分隔符。例如，可以用 cs}] 命令把 {London} 改成[London]，可以把它解读为"把周边的花括号{}改成方括号[]"（Change surrounding {} braces to [] brackets）。另外，也可以用 cs]} 实现相反的修改。这是个非常强大的插件，去看看吧。

第 9 章

在文件间跳转

在上一章中已经讲过，动作命令允许在一个文件中移动。跳转与之相似，不过它们也能够让我们在不同的文件之间跳转。Vim 提供了一些命令，它们可以把文档中的关键字当成"虫洞"[①]，从而快速地从代码的一部分跳到另一部分。乍一看这似乎很容易迷失方向，不过 Vim 会一直记录我们的浏览路径，沿此路径就可以很容易地返回原处。

技巧 56　遍历跳转列表

Vim 会记录跳转前后的位置，并提供一些命令让我们能够沿原路返回。

在网页浏览器中，我们习惯于用后退按钮返回之前浏览过的网页。Vim 则通过跳转列表提供类似的功能。`<C-o>` 命令像后退按钮一样，与之互补的 `<C-i>` 命令则像是前进按钮。这两条命令允许对 Vim 的跳转列表进行遍历。不过，究竟什么是跳转呢？

先这样区分，动作命令在一个文件内移动，跳转则可以在文件间移动（虽然很快就会看到，有些动作命令也被归为跳转）。可以用如下命令查看跳转列表的内容。

⇒ `:jumps`

❮ 　jump　line　col file/text
　　　4　　12　　 2 <recipe id="sec.jump.list">

[①] 虫洞（wormhole），又名爱因斯坦-罗森桥（Einstein-Rosen Bridge），是宇宙中可能存在的连接两个不同时空的狭窄隧道。本处的含义与"超链接"相同。——译者注

```
3    114    2 <recipe id="sec.change.list">
2    169    2 <recipe id="sec.gf">
1    290    2 <recipe id="sec.global.marks">
>
Press Enter or type command to continue
```

任何改变当前窗口中活动文件的命令，都可以被称为跳转命令。Vim 会把执行跳转命令之前和之后的光标位置，记录到跳转列表中。例如，如果运行 :edit 命令打开了一个新文件（参见技巧 42），那么可以用 <C-o> 和 <C-i> 命令在这个新文件以及原本的文件之间来回跳转。

用 [count]G 命令直接跳到指定的行号也会被当成一次跳转，但每次向上或向下移动一行则不算。面向句子的动作及面向段落的动作都算跳转，但面向字符及面向单词的动作则不算。用一句话来概括，可以说大范围的动作命令可能会被当成跳转，但小范围的动作命令只能算移动。

下表节选了一些跳转动作。

命令	用途
[count]G	跳转到指定的行号
/pattern<CR>/?pattern<CR>/n/N	跳转到下一个/上一个模式出现之处
%	跳转到匹配的括号所在之处
(/)	跳转到上一句/下一句的开头
{/}	跳转到上一段/下一段的开头
H/M/L	跳到屏幕最上方/正中间/最下方
gf	跳转到光标下的文件名
<C-]>	跳转到光标下关键字的定义之处
'{mark}/`{mark}	跳转到一个位置标记

<C-o> 和 <C-i> 命令本身不会被当成动作命令。也就是说，既不能用它们扩大可视模式的选区，也不能在操作符待决模式中使用它们。我个人更倾向于把跳转列表当成一条"面包屑小径"[①]，它记录了我们在编辑会话中访问过的文件，用它就可以很容易地沿原路返回。

Vim 可以同时维护多份跳转列表。实际上，每个单独的窗口都拥有一份自己的跳

---

① 面包屑小径（breadcrumb trail）来源于童话故事《汉赛尔与格莱特》(Hansel And Gretel)，两个孩子丢下面包屑，形成一条小径回到自己的家。本处意为"浏览路径记录"。——译者注

转列表。如果正在使用分割窗口或多标签页，那么 `<C-o>` 和 `<C-i>` 命令会始终在当前活动窗口的跳转列表范围内进行跳转。

映射 Tab 键时的注意事项

试着在插入模式中按一下 `<C-i>`，你会发现这和按 `<Tab>` 键的效果是一样的，因为 Vim 本来就把 `<C-i>` 和 `<Tab>` 当成同一个东西。

如果试图重新映射 `<Tab>` 键，那么也应该意识到，当按下 `<C-i>` 时，该映射项也会被触发（反之亦然）。看上去这可能不是什么大问题，不过考虑这一点：如果把 `<Tab>` 键映射成了其他功能，那么也将会改变 `<C-i>` 命令的缺省行为。仔细取舍这是否值得，如果只能单方向遍历跳转列表，跳转列表的作用就会大打折扣了。

技巧 57　遍历改变列表

每当对文档做出修改后，Vim 都会记录当时光标所在的位置。遍历改变列表的方法很简单，并且这大概是跳到要去的地方的最快方式。

你是否曾经使用过撤销命令，然后紧接着又重做呢？这两条命令的结果会相互抵消，不过却会带来一个副作用，即最终光标会停留在上次修改过的地方。如果恰好是想跳回到上次修改过的地方，那么可以用这招。虽然有点剑走偏锋，不过 `u<C-r>` 确实能让我们跳回到那里。

Vim 会在编辑会话期间维护一张表，里面记载对每个缓冲区所做的修改，此表就是所谓的改变列表（change list，参见 `:h changelist` ①）。用下面的命令可以查看其内容。

⇒ `:changes`

```
change line col text
     3    1    8 Line one
     2    2    7 Line two
     1    3    9 Line three
 >
Press ENTER or type command to continue
```

上例的输出结果显示，Vim 为每次修改都记录了行号与列号，可以用 `g;` 和 `g,` 命令反向或正向遍历改变列表。可以拿 `;` 和 `,` 命令当参考，来帮助记忆 `g;` 与 `g,` 命令。前两条命令分别用来正向及反向重复 `f{char}` 命令（参见技巧 50）。

要想跳到上次文档中更改过的地方，可以按 `g;`。它会跳到上次完成编辑时光标所在的行及列上，其结果与按 `u<C-r>` 类似，只是它不会对文档造成暂态的改变。

标识上次修改方位的位置标记

Vim 会自动创建一些位置标记，它们是对改变列表的一个有用补充。`` `. `` 标记总是指向上次修改的位置（参见 `:h `.` ❶），`` `^ `` 标记则会记录上次退出插入模式时光标所在的位置（参见 `:h `^` ❶）。

在大多数场景下，跳转到 `` `. `` 的效果与使用 `g;` 命令相同。不过位置标记只指向最后修改的位置，改变列表中则保存了多组位置。可以多次按 `g;` 命令，每次它都会把我们带到改变列表中较早的一个位置，`` `. `` 则总是把我们带到改变列表的最后一项。

`` `^ `` 标记指向上次插入的位置，它比上次修改的位置更具体一点。如果先退出插入模式，接着又在文档中四处移动，然后又想快速回到退出的地方继续编辑时，用 `gi` 命令就行了（`:h gi` ❶）。此命令会用 `` `^ `` 标记恢复光标位置，并切换到插入模式，这真是省时省力的好办法！

Vim 会为编辑会话中的每个单独缓冲区维护一个改变列表，而与之不同的是，每个窗口都会创建一个单独的跳转列表。

技巧 58　跳转到光标下的文件

Vim 会把文档中的文件名当成一个超链接。正确配置后，就可以用 `gf` 命令跳转到光标下的文件了。

将用 jumps 目录作为演示，可以在随本书发布的源码中找到该目录。它包含如下目录树结构。

```
practical_vim.rb
practical_vim/
  core.rb
  jumps.rb
  more.rb
```

```
motions.rb
```

先在 shell 里切换到 jumps 目录，然后启动 Vim。在本例中，我建议用 -u NONE -N 参数启动 Vim，以确保 Vim 在启动时不加载任何插件。

⇒ `$ cd code/jumps`

⇒ `$ vim -u NONE -N practical_vim.rb`

practical_vim.rb 文件只是简单地包含 core.rb 及 more.rb 文件。

jumps/practical_vim.rb

```
require 'practical_vim/core'
require 'practical_vim/more'
```

如果能快速查看 require 指示符指定的文件内容，岂不是很棒吗？这正是 Vim 的 `gf` 命令要实现的功能，可以把这个命令想成 "go to file"（参见 :h gf ❶）。

让我们试一下该命令。先把光标放在字符串 `'practical_vim/core'` 的某个位置上（例如，按 `fp` 快速移到该字符串上），如果现在尝试执行 `gf` 命令，会遇到下面的错误 "E447: 在路径中找不到文件 'practical_vim/core'"。

就是说，Vim 会尝试打开名为 practical_vim/core 的文件，并报告该文件不存在。其实，在目录中是有一个名为 practical_vim/core.rb 的文件的（留意一下文件的扩展名）。因此，需要以某种方法告诉 Vim ，让它在尝试打开文件前，修改光标下的文件路径，为之加上 .rb 扩展名。可以用 'suffixesadd' 选项做到这一点。

指定文件的扩展名

'suffixesadd' 选项允许指定一个或多个文件扩展名，当 Vim 用 `gf` 命令搜寻文件名时，会尝试使用这些扩展名（参见 :h 'suffixesadd' ❶）。用下面的命令可以设置此选项。

⇒ `:set suffixesadd+=.rb`

现在如果用 `gf` 命令，Vim 就会直接跳转到光标下的文件路径。试着用它打开 more.rb 文件，然后在此文件中再找到其他一些 require 指令，随便挑一个用 `gf` 命令打开。

每次用 `gf` 命令时，Vim 都会在跳转列表中增添一条记录，因此总是可以用 `<C-o>` 命令返回原处（参见技巧 56）。在本例中，按一次 `<C-o>` 会回到 more.rb ，

再按一次则会回到 `practical_vim.rb` 中。

指定要搜寻的目录

在本例中，每个 `require` 语句引用的文件都位于工作目录的相对路径中。但是，如果引用了第三方库提供的功能，如 rubygem，那该怎么办？

这正是 `'path'` 选项的用处（参见 `:h 'path'` ❶），可以把它配置成一个以逗号分隔的目录列表。当使用 `gf` 命令时，Vim 会检查 `'path'` 目录列表中的每个目录，看该目录中是否包含一个匹配光标下文本的文件名。`'path'` 设置也会用于 `:find` 命令，已经在技巧 43 中介绍过该命令。

用下面这条命令可以查看 `'path'` 选项的值。

⇒ `:set path?`

❮ `path=.,/usr/include,,`

在此设置中，`.` 代表当前文件所在的目录，空字符串（由两个连着的逗号界定）则代表工作目录。上述缺省值对于简单的例子可以工作得很好，但对于较大的工程来说，我们可能会想在 `'path'` 设置中包含更多的目录。

例如，如果 `'path'` 能够包含一个 Ruby 工程所用的全部 rubygems 的目录，就会非常有用。因为这样一来，就可以用 `gf` 命令打开任何 `require` 语句引用的模块。如果想找一种自动解决方案，可以看一下 Tim Pope 的 bundler.vim 插件[1]，它会使用工程的 `Gemfile` 来自动生成 `path` 设置。

结论

在本节一开始时，我建议在启动 Vim 时禁用所有插件。这是因为 Vim 在发布时通常都附带一个 Ruby 文件类型插件,此插件会设置 `suffixesadd` 和`path` 选项。如果需要用 Ruby 完成大量的工作，那么建议从 github 上下载最新版本的文件类型插件，因为该插件的更新很频繁。[2]

`suffixesadd` 和 `path` 选项可以针对每个缓冲区进行设置，因此对不同的文件类型可以设置不同的值。除 Ruby 以外，Vim 在发布时也附带了很多其他编程语言的文件类型插件。因此在实际应用中，你不会自己经常设置这两个选项。即便如此，我们也值得花点时间理解 `gf` 命令是如何工作的。这条命令能让文档中每个文件路径

---

[1] https://github.com/tpope/vim-bundler
[2] https://github.com/vim-ruby/vim-ruby

都像超链接那样工作，使我们浏览代码变得更容易。

`<C-]>` 命令的作用也类似。它也需要进行一些配置（在技巧 103 中讨论），然而一旦正确配置好，它就允许从函数调用的地方直接跳到该函数定义的地方。移步技巧 104 可以看到一个实例。

跳转列表和改变列表如同"面包屑小径"一样，它们允许沿原路返回。而 `gf` 和 `<C-]>` 命令像是"虫洞"，它把我们从代码的一个地方传送到另一个地方。

技巧 59 用全局位置标记在文件间快速跳转

全局位置标记是一种书签，让我们可以在文件间跳转。全局标记在我们分析完代码，并想快速跳回一个文件时特别有用。

`m{letter}` 命令允许在当前光标位置创建一个位置标记（参见 :h m ⓘ）。小写字母会创建局部于缓冲区的标记，大写字母则创建全局标记。设置好标记后，就可以用 `` `{letter} `` 命令使光标快速回到标记所在之处（参见 :h ` ⓘ）。

试下这个例子：先打开你的 vimrc 文件，按 `mV` 设置一个全局标记（助记词 V 代表 vimrc），然后切换到另一个文件中按 `` `V ``。现在，你应该马上就跳回到 vimrc 的全局标记处了。在缺省情况下，全局标记在两次编辑会话之间仍然会保留（然而这是可配置的，请参见 :h 'viminfo' ⓘ）。因此，现在用两次按键就可以打开你的 vimrc 文件，除非你又把全局标记 V 设到了另一个地方。

在浏览代码前先设置一个全局标记

当需要浏览一些文件，然后再快速跳回到原处时，全局标记会显得特别有用。假设我们正在编写代码，而后想要查找代码中所有出现 `fooBar()` 函数的地方，用 :vimgrep 命令可以完成这一查找（在技巧 111 中介绍）。

⇒ `:vimgrep /fooBar/ **`

在缺省情况下， `:vimgrep` 会直接跳到它所找到的第一处匹配上，这或许会切换到另外一个文件。在本例中，可以用 `<C-o>` 命令回到执行 `:vimgrep` 命令之前的位置。

假设代码里有几十处匹配 `fooBar` 模式的条目。对于每个 `:vimgrep` 找到的匹配项，在 quickfix 列表中都会为之创建一条记录。现在假设我们花了一两分钟时间遍历此列表，最终找到了想找的内容。现在，又想回到执行 `:vimgrep` 命令之前的位置，该怎么做呢？

可以用 `<C-o>` 命令反向遍历跳转列表，以返回该处，但这估计得花不少时间。其实，这个场景恰是全局标记可以大显身手之处。如果在调用 `:vimgrep` 之前，先执行了 `mM`，那么此时用 `` `M `` 命令就能一下子迅速跳回原处。

通常，诸如"你本该先做什么什么"这类的建议，很少会有人喜欢听。但全局位置标记却只在你事先预料到并提前设置好它们时，它们才能对你有所帮助。经过练习，你能学会识别在哪些场景中应该设置全局标记。

一般来说，要养成在使用与 quickfix 列表有关的命令前，如 `:grep`、`:vimgrep` 及 `:make`，设置全局标记的习惯。另外，在执行与缓冲区列表或参数列表有关的命令前，如 `:args {arglist}` 和 `:argdo`（参见技巧 38），也要设置全局标记。

记住，总共可以设置 26 个全局位置标记，这比你真正能用到的要多很多。所以，请自由地设置它们吧。无论何时你看到一个地方，之后有可能会想迅速跳回该处，就在那里设个全局标记吧。

第四部分　寄存器

Vim 的寄存器是一组用于保存文本的简单容器。

它们既可像剪贴板那样，剪切、复制和粘贴文本，也可以记录一系列按键操作，把它们录制成宏。

通过本书的这一部分，我们将掌握这一核心功能。

第 10 章

复制与粘贴

Vim 的剪切、复制与粘贴这 3 组操作在功能上有别于你可能用过的其他编辑器。正如我们将在 **Vim 术语对照表**中所看到的那样，首先术语名称就不同。在技巧 60 中，我们将学习如何使用 Vim 的删除（delete）、复制（yank）与粘贴（put）命令处理一些常见的问题。

Vim 提供了几十组寄存器用于保存文本，而并非只用系统单一的剪贴板。将在技巧 61 中学习更多有关寄存器的知识。另外，将在技巧 63 中看到，Vim 的粘贴命令如何智能地处理面向行或面向字符的文本。

我们将在技巧 62 中看到，在可视模式下使用粘贴命令时会出现一些有趣的特点。

最后，在技巧 64 中，将学习如何在 Vim 中使用系统粘贴命令而不会产生奇怪的结果。

技巧 60　用无名寄存器实现删除、复制与粘贴操作

Vim 的删除、复制与粘贴命令的设计初衷是帮助人们轻松完成日常工作。接下来，我们将研究几个可用 Vim 无名寄存器轻松解决的问题，最后，将看到一个任务，要想完成它，要求对 Vim 寄存器的工作原理有更深入的了解。

通常情况下，在讨论剪切、复制与粘贴这 3 组操作时，指的都是操作系统剪贴板。不过，在 Vim 的术语里，我们操作的是寄存器，而并非剪贴板。在技巧 61 中，将看

到 Vim 支持多组寄存器，并且还可以指定想用其中的哪一个。不过，先看看用无名寄存器都能干些什么吧。

调换字符

我总爱拼错某些单词。久而久之，我发现自己会习惯性地输错某个单词，然后我会训练自己别再犯这样的错误。但有些拼写错误在所难免，最常见的拼写错误莫过于将两个字符的次序颠倒了，而 Vim 能够轻松修正此类错误。

假设我们在输入本书书名时犯了一个次序错误。

按键操作	缓冲区内容
{start}	Practica lvi**m**
F␣	Practica**␣**lvim
x	Practica**l**vim
p	Practical**␣**vim

这次错误源于我们敲空格键敲得太快了，不过这很容易改正。在纠错过程中，首先，F␣ 命令将光标移到要置换的第一个字符上（参见技巧 50）。然后，x 命令把光标下的字符剪切下来，把它放到无名寄存器。最后，p 命令将无名寄存器中的内容粘贴到光标后面。

将最后两条命令组合在一起，即 xp，可被用于"调换光标之后的两个字符"。

调换文本行

类似地，也能方便地调换两行文本的顺序。这一次，我们不是用 x 命令剪切当前字符，而是用 dd 命令剪切当前行，从而将其内容存入无名寄存器中。

按键操作	缓冲区内容
{start}	**2**) line two 1) line one 3) line three
dd	**1**) line one 3) line three
p	1) line one **2**) line two 3) line three

p 命令知道我们正在处理的是一整行文本，因此，如我们所愿，它把无名寄存器的内容粘贴至当前行的下一行。还记得吗，在上一个例子中，当按下 xp 时，p 命令是将内容粘贴至光标之后的。

把以上命令序列连起来，即 ddp ，可被用于"调换当前行和它的下一行"。

创建文本行的副本

假设我们想创建一行新的文本，内容与之前某行类似，只有一两处差异。为此，可以先创建一行已有文本的副本，以此作为再加工的模板。要在 Vim 中实现这一功能，需要先复制一行，然后紧接着进行粘贴。

按键操作	缓冲区内容
{start}	1) line one **2**) line two
yyp	1) line one 2) line two **2**) line two

请注意 ddp 与 yyp 这两组按键操作的相似之处。前者是对文本行的剪切与粘贴操作，实际上是调换了两行的顺序。后者是针对行的复制与粘贴操作，即创建一行副本。

糟糕！我弄丢了复制内容

到目前为止，Vim 的删除、复制与粘贴操作看起来都非常直观，这些操作使得我们的日常工作得以轻松完成。现在再来看一个场景，这次完成起来可没那么顺利。示例如下：

copy_and_paste/collection.js

```
collection = getCollection();
process(somethingInTheWay, target);
```

我们打算复制 collection 至无名寄存器，并用刚刚复制的内容替换 somethingInTheWay。表 10-1 展示了第一次尝试的过程。

由于光标一开始就已经位于要复制的单词之上，因此，只需输入 yiw 即可将其复制到无名寄存器中。

接下来，把光标移到要粘贴"collection"的位置，但在粘贴之前得先清理出一块空白区域才行。因此运行 `diw`，将 `somethingInTheWay` 一词删除。

表 10-1　复制与粘贴 —— 第一次尝试

按键操作	缓冲区内容
`yiw`	`collection = getCollection();` `process(somethingInTheWay, target);`
`jww`	`collection = getCollection();` `process(somethingInTheWay, target);`
`diw`	`collection = getCollection();` `process(, target)`
`P`	`collection = getCollection();` `process(somethingInTheWay, target)`

现在，可以按 `P` 键将无名寄存器的内容粘贴至当前光标前面了。但得到的单词是 "`somethingInTheWay`"，而不是之前复制的 "`collection`"。到底发生了什么事？

`diw` 命令不仅删除了单词，而且将它拷贝到了无名寄存器。改用广为人知的术语来说，`diw` 命令把该词剪切掉了。（更多关于该话题的讨论，请参见 **Vim 术语对照表**。）

很明显，我们做错了什么。当运行 `diw` 命令时，无名寄存器的内容被覆盖了。这就是为什么我们按 `P` 时得到的是刚刚删除的单词，而不是之前复制的单词。

为了解决这个问题，需要深入了解 Vim 寄存器的工作原理。

技巧 61　深入理解 Vim 寄存器

Vim 不使用单一的剪贴板进行剪切、复制与粘贴操作，而是为这些操作提供了多组寄存器。当使用删除、复制与粘贴命令时，可以明确指定它们中的某一个进行操作。

引用一个寄存器

Vim 的删除、复制与粘贴命令都会用到众多寄存器中的某一个。可以通过给命令加 `"{register}` 前缀的方式指定要用的寄存器。若不指明，Vim 将缺省使用无名寄存器。

Vim 术语对照表

剪切（cut）、复制（copy）与粘贴（paste）这些都是众所周知的术语，而且大多数桌面软件和操作系统都支持这 3 类操作。Vim 当然也提供这些功能，只不过使用的是另外的术语 delete、yank 与 put[1]。

Vim 的 put 命令与粘贴操作完全相同。幸运的是，两词均以字母 p 开头，因此即使术语不同，也不会影响记忆。

Vim 的 yank 命令也等同于复制操作。但由于历史原因，当时 c 命令已经被用于修改（change）操作了，因此 Vi 的作者们被迫选择了另一个名字 yank。由于那时 y 键还可用，因此它就成了复制操作的命令。

Vim 的 delete 命令也与标准剪切操作的作用一致。也就是说，该命令会先把指定文本复制到寄存器后再从文档中删掉。能够理解这一点，是避开类似**糟糕！我弄丢了复制内容**所遇到的常见陷阱的关键。

你也许好奇，Vim 中真正删除文本的操作是什么。也就是说，我们怎样才能删除文本而不把其内容复制到任何寄存器？答案是使用名为"黑洞"的特殊寄存器，顾名思义，放到这里的文本真的是有去无回了。用下画线符号（参见 :h quote_①）可以引用黑洞寄存器。因此，"_d{motion}会执行真正的删除操作。

让我们看一些引用寄存器的例子，如果想把当前单词复制到寄存器 a 中，可执行 "ayiw，或者，可以用 "bdd，把当前整行文本剪切至寄存器 b 中。在此之后，既可以输入 "ap 粘贴来自寄存器 a 的单词，也可使用 "bp 命令粘贴来自寄存器 b 的一整行文本，两者互不干扰。

除了普通模式的命令外，Vim 也提供用于删除、复制与粘贴操作的 Ex 命令。例如，可以执行 :delete c，把当前行剪切到寄存器 c，然后再执行 :put c 命令将其粘贴至当前光标所在行之下。相比普通模式的命令而言，这些操作看似繁琐，但如果将它们与其他 Ex 命令结合起来使用，或者用于 Vim 脚本编程，将会更方便。例如，技巧 100 展示了 :yank 命令怎样和 :global 命令一起使用的场景。

---

① 这些术语只是名称与之前的术语有所不同，但是意思基本一致，因此，中文版还沿用通用的术语，即删除、复制与粘贴。——译者注

无名寄存器（""）

倘若没有指定要使用的寄存器，Vim 将缺省使用无名寄存器，它可以用双引号表示（参见 `:h quote_quote` ❶）。为了显式地引用该寄存器，需要使用两个双引号。例如，`""p`，它完全等同于 `p` 命令。

`x`、`s`、`d{motion}`、`c{motion}` 与 `y{motion}` 命令（以及它们对应的大写命令）都会覆盖无名寄存器中的内容。无论哪一种情况，都可以通过加 `"{register}` 前缀来指定另外一个寄存器，但无名寄存器总是缺省的。事实上，无名寄存器的内容很容易被覆盖，不小心会导致问题发生。

请再回想一下**糟糕！我弄丢了复制内容**中的例子。一开始，我们复制了文本（单词"collection"）并打算粘贴到其他地方，在粘贴之前，我们在选好的位置删除了一些文本，旨在清理出一块空白区域，而正是这一操作导致了无名寄存器的内容被覆盖。当再次使用 `p` 命令时，粘贴的是刚刚删除的文本，而不是之前复制的文本。

在这一点上，Vim 术语的命名确实有问题。`x` 和 `d{motion}` 经常被当作"删除"命令。这其实是用词不当，把它们理解为"剪切"命令会更合适。无名寄存器中经常找不到我想要的文本，不过幸运的是，复制专用寄存器（我们将在下一节中遇到）要更可靠些。

复制专用寄存器（"0）

当使用 `y{motion}` 命令时，要复制的文本不仅会被拷贝到无名寄存器中，而且也被拷贝到了复制专用寄存器中，后者可用数字 0（参见 `:h quote0` ❶）加以引用。

复制专用寄存器，顾名思义，仅当使用 `y{motion}` 命令时才会被赋值。换句话讲，使用 `x`、`s`、`c{motion}` 以及 `d{motion}` 命令均不会覆盖该寄存器。如果复制了一些文本，可以确信该文本会一直保存于寄存器 0 中，直到复制其他文本时才会被覆盖。复制专用寄存器是稳定的，而无名寄存器是易变的。

可以用复制专用寄存器解决**糟糕！我弄丢了复制内容**中的问题。

按键操作	缓冲区内容
`yiw`	`█ollection = getCollection();` `process(somethingInTheWay, target);`
`jww`	`collection = getCollection();` `process(█omethingInTheWay, target);`

续表

按键操作	缓冲区内容
`diw`	`collection = getCollection();` `process(`**`,`**` target);`
`"0P`	`collection = getCollection();` `process(collectio`**`n`**`, target);`

尽管 `diw` 命令仍会覆盖无名寄存器，但不会波及复制专用寄存器。可以输入 `"0P`，安全地粘贴来自复制专用寄存器中的内容。这一次 Vim 终于给出了我们想要的文本。

如果此时检查无名寄存器和复制专用寄存器的内容，会发现它们分别保存着刚刚被删除与复制的文本。

⇒ `:reg "0`

❮ `--- Registers ---`
`"" somethingInTheWay`
`"0 collection`

有名寄存器（"a – "z）

Vim 提供了一组以 26 个英文字母（参见 `:h quote_alpha` ❶）命名的有名寄存器。这意味着可以剪切（ `"ad{motion}`）、复制（`"ay{motion}`）和粘贴（`"ap`）多达 26 段文本。

可以用有名寄存器解决**糟糕！我弄丢了复制内容**中的问题。

按键操作	缓冲区内容
`"ayiw`	**`c`**`ollection = getCollection();` `process(somethingInTheWay, target);`
`jww`	`collection = getCollection();` `process(`**`s`**`omethingInTheWay, target);`
`diw`	`collection = getCollection();` `process(`**`,`**` target);`
`"aP`	`collection = getCollection();` `process(collectio`**`n`**`, target);`

使用有名寄存器需要额外的按键操作，因此对于类似本例的简单问题，最好使用复制专用寄存器（"0）。如果碰到需要将一段或多段文本粘贴到多处的情况，有名寄存器就会大显神通。

用小写字母引用有名寄存器，会覆盖该寄存器的原有内容，而换用大写字母的话，会将新内容添加到该寄存器的原有内容之后。请跳到技巧 100，那里展示了一个如何向寄存器附加内容的实例。

黑洞寄存器

黑洞寄存器是个有去无回的地方，可用下画线（参见 `:h quote_` ❶）引用它。如果运行 `"_d{motion}` 命令，Vim 将删除该文本且不保存任何副本。只想删除文本却不想覆盖无名寄存器中的内容时，此命令很管用。

可以用黑洞寄存器解决**糟糕！我弄丢了复制内容**中的问题。

按键操作	缓冲区内容
`yiw`	collection = getCollection(); process(somethingInTheWay, target);
`jww`	collection = getCollection(); process(somethingInTheWay, target);
`"_diw`	collection = getCollection(); process(, target);
`P`	collection = getCollection(); process(collection, target);

系统剪贴板（"+）与选择专用寄存器（"*）

到目前为止，我们所讨论的寄存器都是 Vim 内部的。如果想从 Vim 复制文本到外部程序（反之亦然），则必须使用系统剪贴板。

Vim 的加号寄存器与系统剪贴板等效，可用 + 号（参见 `:h quote+` ❶）引用。

如果在外部程序中用剪切或复制命令获取了文本，就可以通过 `"+p` 命令（或在插入模式下用 `<C-r>+`）将其粘贴到 Vim 内部。相反地，如果在 Vim 的复制或删除命令之前加入 `"+` ，相应的文本将被捕获至系统剪贴板。这意味着能够轻松地把文本粘贴到其他应用程序中了。

X11 视窗系统支持另一种被叫作主剪贴板（primary）的剪贴板，它保存着上次被高亮选中的文本，可以用鼠标中键（如果有的话）把它们粘贴出来。Vim 的星号寄存器对应主剪贴板，可用 * 号（参见 `:h quotestar` ❶）加以引用。

寄存器	用途
`"+`	X11 剪贴板，用剪切、复制与粘贴命令操作
`"*`	X11 主剪贴板，用鼠标中键操作

Windows 与 Mac OS X 操作系统并没有主剪贴板的概念，因此 "+ 寄存器与 "* 寄存器可以混用，它们都代表系统剪贴板。

X11 剪贴板的功能可在编译 Vim 时被激活或禁用。如果想验证该功能是否在自己的 Vim 中被激活，可运行 :version 命令，然后找到 xterm_clipboard 关键字。如果它前面有个减号，就表示这个版本的 Vim 不支持该功能，加号则表示此功能已被激活。

表达式寄存器（"=）

Vim 的寄存器通常被认为是保存一段文本的容器。然而，通过 = 号（参见 :h quote= ①）引用的表达式寄存器却是个例外。当从表达式寄存器获取内容时，Vim 将跳到命令行模式，并显示提示符"="。这时，可以输入一段 Vim 脚本表达式并按 <CR> 执行，如果返回的是字符串（或者可被强制转换成字符串的数据），Vim 将会使用它。

有关表达式寄存器的用法，请参考技巧 16、技巧 96、技巧 95 以及技巧 71。

其他寄存器

可以显式地使用删除与复制命令来设置有名、无名以及复制专用寄存器的内容。另外，Vim 还提供了几组可被隐式赋值的寄存器。它们被称作只读寄存器（参见 :h quote. ①），如下表所示。

寄存器	内容
"%	当前文件名
"#	轮换文件名
".	上次插入的文本
":	上次执行的 Ex 命令
"/	上次查找的模式

以技术上讲，"/ 寄存器并非只读，可以用 :let 命令（参见 :h quote/ ①）对其进行显式赋值。但为了方便起见，仍把它列入该表。

技巧 62　用寄存器中的内容替换高亮选区的文本

Vim 的粘贴命令在可视模式下使用时，会体现出一些不同寻常的特性。将在本节深入挖掘其可用价值。

在可视模式下使用 `p` 命令时，Vim 将用指定的寄存器内容来替换高亮选区中的文本（参见 `:h v_p` ①）。可以利用该功能解决**糟糕！我弄丢了复制内容**中的问题。

按键操作	缓冲区内容
`yiw`	`collection = getCollection();` `process(somethingInTheWay, target);`
`jww`	`collection = getCollection();` `process(somethingInTheWay, target);`
`ve`	`collection = getCollection();` `process(somethingInTheWay, target);`
`p`	`collection = getCollection();` `process(collection, target);`

对于这个特定问题，此法是我本人最中意的方案，它不再把无名寄存器既用于复制又用于删除，因为根本就没有删除这一步。相反的，把删除和粘贴合成了一步，完成高亮选区的替换。

当然，了解此法的副作用也很重要。首先，输入 `u` 撤销上次的修改。然后，按 `gv` 重选上一次高亮选区的内容，再按一次 `p` 键。发生了什么？显然什么也没发生。

如果要达到我们的目的，还得按 `"0p`，即用复制专用寄存器的内容替换高亮选区中的文本。我们在第一次使用 `p` 时，之所以成功，是因为无名寄存器恰巧包含了我们想要的文本。但在第二次使用 `p` 时，无名寄存器包含的是被覆盖的内容，即 `somethingInTheWay`。

为了进一步解释这事有多离奇，假设有一个 API，它为标准的剪切、复制与粘贴操作提供服务。该 API 有两个名为 `setClipboard()` 与 `getClipboard()` 的成员方法。剪切与复制操作都调用 `setClipboard()`，而粘贴操作调用 `getClipboard()`。在 Vim 的可视模式下使用 `p` 命令时，会先后调用这两个方法。首先，从无名寄存器里取出内容，然后，把高亮选区中的内容存入无名寄存器。

继续沿着思路想下去，高亮选区中的内容与寄存器的文本被调包了。这是原本的设计初衷还是漏洞？你自己看着办吧。

交换两个词

可以利用 Vim 在可视化粘贴时的这一特点。假设想交换以下句中两个单词的次序改

为 "fish and chips"。

按键操作	缓冲区内容
{start}	I like chips and fish.
fc	I like chips and fish.
de	I like and fish.
mm	I like and fish.
ww	I like and fish.
ve	I like and fish
p	I like chips.
`m	I like and chips.
P	I like fish and chips.

首先，使用 `de` 把单词 "chips" 剪切掉，实际上是把它复制到了无名寄存器；然后，选中要替换的单词 "fish"。执行 `p` 命令时，单词 "chips" 将重新出现在文档中，而单词 "fish" 会被复制到无名寄存器。最后，把光标重新移到因删除 "chips" 而留下的空白处，再将单词 "fish" 从无名寄存器粘贴回文档即可。

针对此例而言，如果用 `c3w` 命令删除 "chips and fish" 并重新输入 "fish and chips"，应该会更快地完成任务。但是，以上方法可被用于交换更长的短语。

`m{char}` 命令负责设置标记，而 `` `{char} `` 命令将跳转到该标记。更多信息，请参考技巧 54。

技巧 63　把寄存器的内容粘贴出来

普通模式下的粘贴命令，根据要插入文本的性质不同，执行结果也不同。确定要粘贴的文本区域是面向行的还是面向字符的，将有助于制定不同的策略。

在技巧 60 中，我们见识了用 `xp` 命令调换两字符的次序以及用 `ddp` 命令调换两行的顺序。尽管这两种情况都用到了 `p` 命令，但结果却略有差异。

`p` 命令旨在将寄存器中的文本粘贴到光标之后（参见 `:h p` ①）。作为补充，Vim 也提供了（大写的）`P` 命令用于将文本插入光标之前。至于当前光标前后的位置具体在哪，得根据将要插入的寄存器内容而定。

以 `xp` 为例，寄存器仅包含一个字符。因此，`p` 命令直接将寄存器的内容粘贴至当前光标所在位置之后。

而在 `ddp` 的例子中，寄存器包含一整行文本。因此，`p` 命令将寄存器内容粘贴至当前光标所在行的下一行。

怎样才能知道 `p` 命令是把寄存器的文本粘贴到当前字符之后还是当前行之后呢？这取决于这个指定的寄存器是怎样被赋值的。面向行的复制或者删除操作（如 `dd`、`yy` 或者 `dap`），将创建面向行的寄存器；面向字符的复制或者删除操作（如 `x`、`diw` 或者 `das`）则创建面向字符的寄存器。一般而言，使用 `p` 命令的结果会一目了然。（更多细节，请参见 `:h linewise-register` ①。）

粘贴面向字符的区域

假设当前缺省的寄存器存有单词"collection"，我们想把它粘贴出来，用作函数调用的第一个参数。使用 `p` 还是 `P` 命令取决于当前光标的位置。缓冲区中的内容如下所示。

```
collection = getCollection();
process(, target);
```

比较另外一种情况。

```
collection = getCollection();
process(, target);
```

第一种情况要用 `p` 命令，而第二种情况应该用 `P` 命令。我认为这种方式很不直观，事实上，由于我经常犯此类错误，`puP` 和 `Pup` 几乎成了下意识动作。

我不喜欢被迫去判断面向字符的文本区域到底是放在光标之前还是之后。因此，较之使用普通模式的 `p` 和 `P` 命令，我有时更喜欢在插入模式中使用 `<C-r>{register}` 的映射项来粘贴面向字符的文本区域。通过这种方式，寄存器的文本总会被插入光标之前，就像我们在插入模式下手动输入它们一样。

在插入模式下，可以通过输入 `<C-r>"` 来插入无名寄存器的内容，或者输入 `<C-r>0` 来插入复制专用寄存器的内容（更多细节，请参见技巧 15）。这种方法也可以解决**糟糕！我弄丢了复制内容**中的问题。

按键操作	缓冲区内容
`yiw`	collection = getCollection(); process(somethingInTheWay,target);
`jww`	collection = getCollection(); process(somethingInTheWay,target);

续表

按键操作	缓冲区内容
`ciw<C-r>0<Esc>`	`collection = getCollection();` `process(collection, target);`

使用 `ciw` 命令带来的额外好处是，此时用 `.` 命令可以把当前单词替换为"collection"。

粘贴面向行的区域

当要粘贴的内容来自于面向行的寄存器时，`p` 和 `P` 命令会把它们粘贴至当前行的上一行或下一行。这一点比面向字符的行为更直观。

Vim 提供的 `gp` 和 `gP` 命令也值得关注，因为它们同样可以将文本粘贴至在当前行之前或之后。不同的是，它们会把光标的位置移到被粘贴出来的文本结尾而不是开头。当复制多行文本时，`gP` 命令尤为管用，例如：

按键操作	缓冲区内容

`yap`	`<table>`
	
	  `<tr>`
	    `<td>Symbol</td>`
	    `<td>Name</td>`
	  `</tr>`
	
	`</table>`

`gP`	`<table>`
	
	  `<tr>`
	    `<td>Symbol</td>`
	    `<td>Name</td>`
	  `</tr>`
	
	  `<tr>`
	    `<td>Symbol</td>`
	    `<td>Name</td>`
	  `</tr>`
	
	`</table>`

可以把该文本的副本当作模板，再根据要求修改表中单元格的内容。`P` 和 `gP` 命令都工作得很好，但有一点除外，前者会将光标移到被插入进来的文本上方，而 `gP` 命令会将光标移到第二段副本的位置，从而让我们可以方便地根据需要进行修改。

结论

p 与 P 命令对于粘贴多行文本区域非常重要，但是对于小段的、面向字符的文本来讲，使用 `<C-r>{register}` 映射项的方式会更直观。

技巧 64 与系统剪贴板进行交互

除了 Vim 内置的粘贴命令，有时也要用到系统粘贴命令。但当 Vim 在终端内部运行时，使用该命令经常会产生意外的结果。为了避免这些问题，可在执行系统粘贴命令之前激活'paste'选项。

准备工作

本节介绍的技巧只适用于在终端内运行 Vim 的情况，如果你总是使用 GVim，就可以跳过这一部分。首先，要在终端内部启动 Vim 程序。

⇒ `$ vim -u NONE -N`

然后，激活"autoindent（自动缩进）"选项，这样一来，当再次把系统剪贴板的文本粘贴出来时，必然会引起奇怪的后果。

⇒ `:set autoindent`

最后，需要把下面这段代码复制到系统剪贴板中。众所周知，从 PDF 中复制代码可能会产生奇怪的结果，因此，我建议大家下载本书的示例代码，并在其他文本编辑器（或网页浏览器）中打开，然后再执行系统复制命令。

copy_and_paste/fizz.rb

```ruby
[1,2,3,4,5,6,7,8,9,10].each do |n|
  if n%5==0
    puts "fizz"
  else
    puts n
  end
end
```

了解你所用系统的粘贴命令

在本节中，我们一直提及系统粘贴命令。因此，可以根据自己系统的情况，将其替换成适当的映射项，在 OS X 中，`Cmd-v` 映射会触发系统粘贴命令。因此，可以在终端或者 MacVim 中使用这个映射项，用于插入系统剪贴板的内容。

对于 Linux 与 Windows 操作系统来讲，情况则有些复杂，因为 `Ctrl-v` 通常是系统粘贴命令的标准映射项。在普通模式下，该映射项将激活 Visual-Block 模式（参见技巧 21），而在插入模式下，它允许插入字符本身或字符编码（参见技巧 17）。

一些 Linux 平台的终端仿真环境提供了一种改进的 `Ctrl-v` 版本用于从系统剪贴板中粘贴文本。也许是 `Ctrl-Shift-v`，或者是 `Ctrl-Alt-v`，依系统而定。不必担心搞不懂哪个系统粘贴命令最适合于你，因为本节将在最后展示一套使用 `"*` 寄存器的备选方案。

在插入模式下使用系统粘贴命令

如果先切换到插入模式，再使用系统粘贴命令，将会得到以下这样的奇怪结果。

```
[1,2,3,4,5,6,7,8,9,10].each do |n|
  if  n%5==0
    puts "fizz"
      else
    puts n
      end
      end
```

缩进似乎出现了问题。当在插入模式下使用系统粘贴命令时，Vim 就像我们用手敲键盘一样地输入字符。一旦 `'autoindent'` 选项被启用，意味着每当创建新行时，Vim 都会保持同级缩进。剪贴板中每行起始的空格是在之前自动缩进的基础上累加出来的，这样将导致一行比一行往右偏。

GVim 能够捕获系统剪贴板粘贴文本的事件，从而可以相应地调整行为。但是，当 Vim 在终端运行时，这些信息无法获取。`'paste'` 选项允许手动通知 Vim "要使用系统粘贴命令了"。`'paste'` 选项启用后，Vim 将禁用所有插入模式下的映射项与缩写，并重置很多选项，其中就包括 `'autoindent'`（有关的完整列表，请查阅 `:h 'paste'` ❶）。这样就能安全地使用系统剪贴板进行粘贴操作了，绝无意外情况发生。

使用完系统粘贴命令之后，还要再次关闭 `'paste'` 选项。这意味着先切换回普通模式，再运行 Ex 命令 `:set paste!`。如果有一种方法，不用离开插入模式就可以切换这个选项，是不是很方便呢？

　　'paste' 选项启用后，　在 Vim 插入模式下创建自定义映射项的方法都失效了。作为替代方案，可以把 'pastetoggle' 选项（参见 :h 'pastetoggle' ❶）映射成一个功能键。

⇒ :set pastetoggle=<f5>

　　请试着在命令行窗口中执行以上命令，用 `<f5>` 来切换 'paste' 选项。该命令在插入模式或普通模式下都能用。如果你觉得该映射项有用，请把这行（或稍加变化的）命令拷贝到自己的 vimrc 文件。

为避免切换 'paste' 选项，请使用加号寄存器进行粘贴

　　如果运行的 Vim 是已集成系统剪贴板的版本，就可以完全避免与 'paste' 选项打交道了。普通模式下的 `"+p` 命令用来粘贴加号寄存器中的内容，即系统剪贴板的镜像。更多细节，请参见系统剪贴板（"+）与选择专用寄存器（"*）。无论 'paste' 与 'autoindent' 选项激活与否，该命令都能保证位于剪贴板中的文本缩进不会乱套。

第 11 章

宏

Vim 提供了不止一种方式用于重复之前所做的修改。我们已经学过 . 命令，用它来重复小的修改确实有效，但想重复更大规模的改动时，Vim 的宏就派上用场了。可以用宏把任意数目的按键操作录制到寄存器，用于之后的回放。

宏很适合对一系列相似的行、段落，甚至是文件，进行重复性修改。在一组目标上执行宏有两种方式——以串行方式回放或者以并行方式多次运行，我们将逐一学习这两种技巧。

在录制命令序列的过程中难免会出错，不过用不着推翻重来，因为可以很方便地在原有宏的结尾附加新的命令。如果要对宏进行较大的修改，甚至可以先将宏粘贴到一个文档里，对该命令序列进行编辑，然后再将其复制回寄存器。

有时需要往文本里插入连续的数字。在技巧 67 中，将学习如何把基本的 Vim 脚本与表达寄存器结合起来使用，以实现该功能。

就像黑白棋游戏一样，学会 Vim 的宏只需一分钟，但要穷其一生才能精通。不过从新手到高手，每个人都能从该功能中获益匪浅，因为它让我们的工作易于自动化。下面看看宏是怎样实现这一点的。

技巧 65　宏的读取与执行

宏允许把一段修改序列录制下来，用于之后的回放。本节将对其细节进行深度剖析。

许多重复性的任务都会涉及多处修改。如果想要自动完成这些修改，可以录制一个宏，然后执行它。

把命令序列录制成宏

q 键既是"录制"按钮，也是"停止"按钮。为了录制我们的按键操作，一开始需要按 q{register}，从而指定一个用于保存宏的寄存器。当状态栏中出现"记录中"时，表示录制已经开始。此后，我们执行的每一条命令都将被宏捕获，直到再次按下 q 键停下为止。

看看具体的操作。

按键操作	缓冲区内容
qa	foo = 1 bar = 'a' foobar = foo + bar
A;<Esc>	foo = 1; bar = 'a' foobar = foo + bar
Ivar␣<Esc>	var foo = 1; bar = 'a' foobar = foo + bar
q	var foo = 1; bar = 'a' foobar = foo + bar

首先，输入 qa 开始录制宏并将其内容保存至寄存器 a 中，然后，在第一行上做两处修改，在行尾添加一个分号，再在行首添加一个单词 var。完成这些修改后，按 q 键停止宏的录制。

可以通过以下命令查看寄存器 a 中的内容。

⇒ :reg a

❮ --- Registers ---
  "a   A;^[Ivar ^[

尽管这些内容难以理解，但对于你应该似曾相识，因为它们正是刚刚录制的命令序列。唯一的不同可能是符号 ^[，它代表 Esc 键。对于它的解释，请参见**宏中的键盘编码**。

通过执行宏来回放命令序列

可以用 `@{register}` 命令执行指定寄存器的内容（参见 `:h @` ①），也可以用 `@@` 来重复最近调用过的宏。

下面是一个例子。

按键操作	缓冲区内容
{start}	var foo = 1; bar = 'a' foobar = foo + bar
j	var foo = 1; bar = 'a' foobar = foo + bar
@a	var foo = 1; var bar = 'a'; foobar = foo + bar

j@@	var foo = 1;
	var bar = 'a';
	var foobar = foo + bar;

通过执行这个刚刚录制好的宏，Vim 对随后的每一行也重复了这两处相同的修改。

> **注意**：在第一行用 `@a` 回放宏，而在下一行用 `@@` 来回放同样的宏。

在此例中，通过运行 `j@a`（之后运行 `j@@`）来执行宏。从表面上看，该操作类似于 `.` 范式。它包含一个用来移动的按键动作（`j`）和两个用来执行的按键动作（`@a`）。看起来不错，但还有改进的余地。

有几种技术可供我们在多次执行宏时使用。它们设置起来区别不大，重点是在运行中遇到错误时，它们的处理方式有所不同。下面以圣诞树上的小彩灯为例来解释这些差异。

如果你买了一组廉价的晚会用的彩灯，各个灯泡之间很可能是被串联起来的，这意味着如果一只灯泡烧坏了，所有灯泡都会熄灭。但如果你买的是高级产品，各个灯泡之间更有可能是并联连接的，这意味着不论哪一支灯泡坏了，都不会影响其他灯泡。

借用电气领域串并联的概念，我刚刚为大家梳理了两种用于多次执行一个宏的技术区别。以串行方式执行宏的技术十分脆弱，就像圣诞树上的廉价小彩灯，极易损坏。

而以并行方式执行宏的技术，容错性会更强。

以串行方式执行宏

图 11-1 为机器人如何通过机器臂将传送带上的一连串零件装配到一起的过程。录制宏的过程很像是为机器人编写"完成一道工序"的程序。作为最后一步，我们命令机器人移动传送带并抓住下一个零件。按照这种方式，只需一个机器人就能在相似的零件上执行一系列重复的工序了。

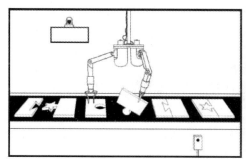

图 11-1　用 Vim 的宏快速完成重复性的工作

采用此法的后果之一是，如果机器人遇到了特殊情况，必须发出警报并中止操作。即使传送带上仍有零件需要装配，也只能放弃。

以并行方式执行宏

以并行方式执行宏，就好像完全不用传送带，取而代之的是部署一组机器人。我们同样要控制它们完成刚才那个简单的任务。这一次，我们安排一个机器人只干一种工作。如果某个机器人能完成交给它的任务固然很好，但若失败了，也不会影响其他机器人。

无论使用哪一种技术，从本质上讲，Vim 一直会顺序地执行宏。"并行"一词意在类比并联电路的健壮性，并不是说 Vim 真地会并发地执行多处修改。

在技巧 68 和技巧 70 中，我们将看到以串行方式和以并行方式执行宏的一些例子。

技巧 66　规范光标位置、直达目标以及中止宏

在执行宏的过程中，有时会产生意外的结果，但如果能遵从一些最佳的应用方式，就能取得更好的一致性。

当我们执行一个宏时，Vim 会机械地重复这个打包在一起的按键操作序列。如果我们不小心的话，在回放宏时的结果会偏离我们的预期。但也可以录制更灵活的宏，针对每一种情况，它都能应对自如。

黄金法则：在录制一个宏时，要确保每条命令都可被重复执行。

规范光标的位置

一旦开始录制宏，首先要问自己几个问题，我在哪里？我从哪里来？我要去哪里？在你做任何事之前，要确保你的光标位置已经就位，只有这样，下一条命令才会做你想做的事情，去你想去的地方。

这也许意味着应该把光标移到下一处查找匹配项（`n`），或者当前行的行首（`0`），又或是当前文件的首行（`gg`）。如果每次总是从确定的位置开始执行的话，那么命中正确的目标会变得更容易。

用可重复的动作命令直达目标

Vim 有一组丰富的动作命令集，通过它们，可以直达文本文件的各个角落。因此，我们要善用这些命令。

千万别光为了让光标到达目标而一味地敲 `l` 键。请记住，Vim 会机械地执行你的按键操作。例如，录制宏时，将光标向右移动了 10 个字符的位置，这一次目的是达到了，但回放宏时怎么办？因为在另一段上下文中，"将光标向右移动 10 个字符的位置"也许已经移过了，或是还没到。

面向单词的动作命令，如 `w`、`b`、`e` 和 `ge`，与面向字符的动作命令 `h` 和 `l` 相比，更具灵活性。如果录制"动作命令 `0`，后跟 `e`"，当每次执行该宏时，我们都能预料得到一致的结果，光标会移到当前行第一个词的最后一个字符上。只要该行包含至少一个词，无论该词包含多少个字符，都能够到达目标。

我推荐用查找命令定位，或者用文本对象。总之，请用好 Vim 提供的所有动作命令，尽量使你的宏兼具灵活性与可重复性。还有一点别忘了，在录制宏的过程中，禁止使用鼠标。

当动作命令失败时，宏将中止执行

Vim 的动作命令可能会执行失败。例如，如果光标位于文件的首行，运行 `k` 命令将什么也不会发生。若光标位于文件的末行，按下 `j` 也会出现同样的情况。当发生上述情况时，Vim 缺省会发出"哔"的一声，提示我们动作命令失败了。当然，也可以设置 'visualbell'（参见 :h 'visualbell' ①）关闭提示音。

如果宏执行动作命令失败了，Vim 将中止执行宏的其余命令。这是一项功能，而不是漏洞。可以用动作命令进行简单测试来判断该宏是否应该在当前上下文中继续执行。

考虑这样一个例子：要查找一个模式（pattern），假设文档中有 10 处匹配。开始录制宏，先用 n 重复上一次的查找操作。一旦光标移到匹配处，就做一些小的修改。然后，停止宏的录制。改完这处后，这个地方就再没有可匹配的模式了。至此，整篇文档只剩 9 处匹配了。

当执行这个宏时，光标将移到下一处匹配并做相同的修改。至此，整篇文档只剩下 8 处匹配了。就这样周而复始地执行该宏，直到再也没有一处匹配为止。若此时再执行该宏，由于已没有匹配项，n 命令会失败，宏将中止退出。

假设宏保存在寄存器 a 中。这一次不再执行 10 次 @a，而是改用次数作为前缀执行宏 10@a。这种技术的过人之处就在于执行宏时，可以不必顾忌执行的次数。真的不用去管执行次数了么？当然！我们可以执行 100@a，甚至是 1000@a，反正结果都是一样的。

技巧 67　加次数回放宏

对于重复次数不多的工作，点范式是一种高效的编辑策略，但它不能指定执行的次数。为了克服该限制，可以录制一个廉价的、一次性的宏，然后再加次数进行回放。

在技巧 3 中，用点范式处理过这行文本。

the_vim_way/3_concat.js

```
var foo = "method("+argument1+","+argument2+")";
```

现在，打算把它变成这个样子。

```
var foo = "method(" + argument1 + "," + argument2 + ")";
```

使用点范式，意味着完成这个任务只需简单地重复执行几次 ;. 命令。但如果在更大范围内遇到这种问题，该怎么办呢？

```
x = "("+a+","+b+","+c+","+d+","+e+")";
```

当然，仍然可以使用点范式，但这需要调用那么多次 `;.` 命令才能完成任务，工作量似乎也不小。有什么方法能让我们用次数的方式执行呢？

人们很自然地想到 `11;.` 应该能完成这项工作，但实际上它不管用。因为 Vim 会先运行 11 次 `;` 命令，再运行 1 次 `.` 命令。类似地，如果运行 `;11.`，错误会更明显，因为它会指示 Vim 先调用 1 次 `;`，再调用 11 次 `.`。而我们真正的目的是要运行 11 次 `;.`。

通过录制一个最简单的宏，可以模拟执行 11 次的 `;.`，即 `qq;.q`。首先 `qq` 将指示 Vim 录制后续的按键操作并将它们保存至寄存器 q 中。然后再输入命令 `;.`。最后按下 `q` 键结束宏的录制。现在可以加上次数 11 执行这个宏 `11@q`，即执行 11 次 `;.`。

归纳一下步骤（参见表 11-1）。

`;` 命令会重复 `f+` 的查找动作。当光标移到文本行最后一个字符 + 后面时，动作命令 `;` 将执行失败，宏随即中止执行。

表 11-1 录制宏并加次数回放

按键操作	缓冲区内容
{start}	x = "("+a+","+b+","+c+","+d+","+e+")";
f+	x = "("+a+","+b+","+c+","+d+","+e+")";
s + \<Esc\>	x = "(" + a+","+b+","+c+","+d+","+e+")";
qq;.q	x = "(" + a +","+b+","+c+","+d+","+e+")";
22@q	x = "(" + a + "," + b + "," + c + "," + d + "," + e +")";

在本例中，我们打算将这个宏执行 10 次。但如果回放 11 次的话，最后一次执行将会被中止。换句话说，只要用大于或等于 10 的次数调用该宏就可以完成任务了。

谁愿意坐在那里精确计算一个宏需要被执行多少次呢？反正我不愿意。为了完成该任务，我宁愿估算一个足够大的次数。出于懒惰的缘故，我通常用 22 这个数字，因为在我的键盘上，字符 `@` 与 2 在同一个键上，容易输入。

> **注意**：不是每个宏都能用估算次数的方法调用。本例之所以可以这样，是因为该宏本身隐含了一种内置的安全捕获机制。如果在当前行找不到下一个 + 号，`;` 动作命令会失败。更多的细节，请参见**当动作命令失败时，宏将中止执行**。

技巧 68   在连续的文本行上重复修改

对于多行范围内的重复性改动，可以先录制一个宏，然后再在每一行上回放，这将会极大减轻我们的工作量。该功能可用串行或者并行两种执行宏的方式实现。

我们将对以下文本片段进行转换，以演示其用法。

macros/consecutive-lines.txt

```
1. one
2. two
3. three
4. four
```

转换后的结果如下所示。

```
1) One
2) Two
3) Three
4) Four
```

尽管此任务可能看起来比较简单，但由它引申出来的几个问题却很值得玩味。

录制工作单元

先在第一行上做出修改，并将其录制下来。

按键操作	缓冲区内容
`qa`	1. **o**ne 2. two
`0f.`	1**.** one 2. two
`r)`	1**)** one 2. two
`w~`	1) O**n**e 2. two
`j`	1) One 2. t**w**o
`q`	1) One 2. t**w**o

注意动作命令在该宏中的用法。首先输入 `0` 命令，将光标置于行首，从而规

范了光标的位置。这意味着下一条动作命令总是从相同的位置开始执行，重复性更强。

有些人可能认为，接下来的动作命令 `f.` 有浪费之嫌。此命令仅仅将光标向右移动一步，作用与 `l` 命令相同。为什么一次按键就可以完成的事情，非得用两次呢？

再强调一遍，这正是为了能够重复。在本例的文本段中，行号只是从 1 排到了 4，但假设编号变成两位数呢？

```
1. one
2. two
...
10. ten
11. eleven
```

在前 9 行中，`0l` 会把光标移到每行的第二个字符上，此处刚好是一个句号。但从第 10 行起，这条动作命令还没到达目标就戛然而止了。然而，`f.` 对所有文本行都适用，甚至行号超过百位也没问题。

另外，使用 `f.` 这条动作命令会增加一种安全捕获机制。如果在当前行没找到字符 `.`，`f.` 命令会提示一个错误，宏将中止执行。稍后将会用到这一特点，所以请大家牢记这种用法。

以串行方式执行宏

可以用 `@a` 执行刚刚录制好的宏，它将执行以下步骤：首先，把光标移到该行首个 `.` 字符上，把 `.` 改成 `)`，然后，将下一个单词的首字母变为大写，最后，将光标移至下一行。

可以调用 3 次 `@a` 命令完成这次任务，但运行 `3@a` 会更快。

按键操作	缓冲区内容
{start}	1) One
	2. two
	3. three
	4. four
`3@a`	1) One
	2) Two
	3) Three
	4) Four

让我们来看一个新的难题。假设文件中包含有注释。

---
macros/broken-lines.txt

```
1. one
2. two
// break up the monotony
3. three
4. four
```

现在看一看，如果试着在这个文件中回放同样的宏，会发生什么事情（参见表 11-2）。

宏在执行到第 3 行时停了下来，没错，就是那行注释。`f.` 命令没有在这行发现字符 `.`，于是宏被中止执行了。安全捕获机制截住了我们，这也是个好事情，因为如果该宏成功地在这行执行了，也就意味着它做了我们可能根本不想要的修改。

表 11-2　回放宏

按键操作	缓冲区内容
`{start}`	`1`. one 2. two // break up the monotony 3. three 4. four
`5@a`	1) One 2) Two `/`/ break up the monotony 3. three 4. four

但是问题还没解决呢。我们本来指示 Vim 执行 5 遍宏，但到第 3 遍时它就罢工了。因此，为了完成任务，不得不再次在其余几行上调用宏。接下来看看另一种技术吧。

以并行方式执行宏

技巧 30 展示过一种方法，在一组连续的文本行上运行 `.` 命令。在这里也可以使用相同的技术。

按键操作	缓冲区内容
`qa`	`1`. one
`0f.r)w~`	1) O`n`e
`q`	1) O`n`e

续表

按键操作	缓冲区内容
`jVG`	1) One 2. two // break up the monotony 3. three 4. four
`:'<,'>normal @a`	1) One 2) Two // break up the monotony 3) Three 4) Four

我们又重新录制了宏。这一次，除了省略向下移动的 `j` 命令（最后一条）外，宏命令没变，因为这一次，不再需要它移动光标至下一行了。

`:normal @a` 命令指示 Vim 在高亮选区中的每一行上执行这个宏。像上次一样，宏在前两行执行成功了，但在第 3 行被中止了，但这次它并没有停在那儿，而是继续完成了任务。这是为什么呢？

之前运行 `5@a` 时，是以串行、队列的方式依次执行这 5 条重复的命令。当第 3 次迭代被中断时，队列中剩余的命令将被清除。而这一次，我们把 5 次迭代过程并行执行，由于宏与宏之间的调用相互独立，因此，即使第 3 次迭代失败了，也不会影响其他迭代过程。

决策：串行还是并行？

串行或者并行，哪种方式更好呢？答案（永远）是看情况。

以并行的方式在多处执行宏更为健壮。在本例中，采用这种方法会更好。但如果宏在执行时遇到一处错误，而我们正想利用这些警告更正错误时，以串行、多次的方式执行宏可以更容易定位出问题所在。

在掌握这两种技术后，可以自己判断在哪种情况下应该使用哪种方式了。

技巧 69　给宏追加命令

有时候，我们在录制宏的过程中会漏掉某个至关重要的步骤。在这种情况下，没必要从头开始重录所有的步骤，而是可以在现有宏的结尾附加额外的命令。

假设要录制以下宏（源于技巧 68）。

按键操作	缓冲区内容
qa	1. one 2. two
0f.r)w~	1) One 2. two
q	1) One 2. two

刚一按下 q 键，停止了宏的录制，才发现应该在结束之前按一下 j 键，将光标移至下一行。

在解决此问题之前，先检查寄存器 a 中的内容。

⇒ :reg a

❮ "a   0f.r)w~

在输入 qa 时，Vim 将开始录制接下来的按键操作，并将它们保存到寄存器 a 中，这会覆盖该寄存器原有的内容。如果输入的是 qA，Vim 也会录制按键操作，但会把它们附加到寄存器 a 原有的内容之后。可以用这种方式更正该错误：

按键操作	缓冲区内容
qA	1) One 2. two
j	1) One 2. two
q	1) One 2. two

现在再检查一下寄存器 a 有什么变化。

⇒ :reg a

❮ "a   0f.r》w~j

第一次录制的所有命令还在那里，只不过现在变成以 j 结尾了。

结论

这条小技巧把我们从"被迫重新录制宏"的窘境中解救出来。但此法只能在宏的结尾添加命令，如果想在宏的开头或者中间的某个位置添加内容，它就无能为力了。在技巧 72 中，将学习一种更有效的方法，用于修改已录制好的宏。

技巧 70 在一组文件中执行宏

到目前为止，我们所关注的任务都是在相同的文件中用宏执行重复操作，但是，也可以跨文件回放宏。这一次，仍将考虑如何以并行或串行方式执行宏。

让我们从一组文件开始讨论，它们的内容都类似于这样。

macros/ruby_module/animal.rb

```
# ...[end of copyright notice]
class Animal
  # implementation
end
```

把这个类封装为一个模块，使它最终看起来像这样。

```
# ...[end of copyright notice]
module Rank
  class Animal
    # implementation...
  end
end
```

准备工作

为了重现本节中的例子，请先加载以下配置。

macros/rc.vim

```
set nocompatible
filetype plugin indent on
set hidden
if has("autocmd")
  autocmd FileType ruby setlocal ts=2 sts=2 sw=2 expandtab
endif
```

已在**运行 ':*do' 命令前，启用 'hidden' 设置** 中针对 'hidden' 选项进行了深入的讨论。

如果你想跟着做的话，请参考**下载本书中的示例**，我们要处理的文件在目录 code/macros/ruby_module 中。

建立目标文件列表

首先，为这组要处理的文件建立一个文件列表。我们将用参数列表记录这些文件

（更多细节，请参见技巧 38）：

⇒ **:cd code/macros/ruby_module**

⇒ **:args *.rb**

不带参数运行 :args 命令，就可以显示参数列表中的内容。

⇒ **:args**

❮ [animal.rb] banker.rb frog.rb person.rb

而使用 **:first**、**:last**、**:prev** 以及 **:next** 命令，可以浏览整个文件列表。

录制宏

在开始工作之前，首先要确保光标已经位于参数列表中的第一个文件中。

⇒ **:first**

现在录制一个宏来完成所需的工作。

按键操作	缓冲区内容
qa	`#`...[end of copyright notice] class Animal # implementation... end
gg/class\<CR>	#...[end of copyright notice] `c`lass Animal # implementation... end
Omodule Rank\<Esc>	#...[end of copyright notice] module Ran`k` class Animal # implementation... end

j>G	#...[end of copyright notice]
	module Rank
	  `c`lass Animal
	    # implementation...
	  end

Goend\<Esc>	#...[end of copyright notice]
	module Rank
	  class Animal
	    # implementation...
	  end
	en`d`

续表

按键操作	缓冲区内容

q	# ...[end of copyright notice]
	module Rank
	  class Animal
	    # implementation...
	  end
	end

这些文件的开头部分都撰有版权声明，因此，必须小心地处理光标的初始位置。首先，输入 gg 使光标移到文档的起始位置，然后执行 /class <CR> 使光标跳至首次出现"class"的地方。在完成这些准备工作之后，就可以修改了。

首先用 O 命令在光标位置之上新创建一行，然后插入新文本。接下来移动光标至下一行，用 >G 命令对从这里到文件结尾的每一行进行缩进。最后按 G 跳到文件结尾，再用 o 命令在光标位置之下新创建一行，并插入关键字 end。

如果你正在使用编辑器跟着做，请先别急着运行 :w 保存文件，为什么呢？谜底将马上揭晓。

以并行方式执行此宏

:argdo 命令允许对参数列表内的所有缓冲区执行一条 Ex 命令（参见 :h :argdo ❶）。但如果现在就运行 :argdo normal @a，将会出现副作用。

请仔细想一想，运行 :argdo normal @a 将对参数列表内的所有缓冲区执行刚录制的宏，当然也包括那个在录制宏时被修改的文件。因此，第一个缓冲区的内容将被两次封装于同一个模块中。

为了避免此类问题，将执行 :edit!，放弃针对第一个缓冲区所做的所有修改（参见 :h :edit! ❶）。

⇒ :edit!

如果所做的修改已经保存至文件，那么执行 :edit! 将起不到任何作用。在这种情况下，只能重复使用 u 命令直到恢复成原样。

现在可在参数列表的所有缓冲区内执行宏了。

⇒ :argdo normal @a

尽管该技术需要进行一些设置，但它用一条命令就能为我们做很多工作。现在看看怎样改造这个宏，从而使其以串行方式执行。

以串行方式执行宏

宏通常被用于在单一的缓冲区内执行单一的工作单元。如果想使其在多个缓冲区内运行，可在宏的最后附加一个步骤：跳转至列表中的下一个缓冲区（参见表 11-3）。

虽然可以运行 `3@a`，让宏在缓冲区列表余下的每个文件中得以执行，但是，次数没必要那么精确。这是因为，宏一旦执行到参数列表的最后一个缓冲区，`:next` 命令将会失败，宏将中止退出。所以与其指定一个精确的数值，倒不如保证数字足够大。22 这个数字就可以，而且很容易输入。

表 11-3　以串行方式执行宏

按键操作	缓冲区内容

`qA`	`module Rank`
	`  class Animal`
	`    # implementation...`
	`    end`
	`end`

`:next`	`class Banker`
	`    # implementation...`
	`end`

`q`	`class Banker`
	`    # implementation...`
	`end`

`22@a`	`module Rank`
	`  class Person`
	`    # implementation...`
	`    end`
	`end`

保存所有文件的改动

我们已经修改了 4 个文件，但是一个也没保存呢。运行 `:argdo write` 可保存参数列表中的全部文件，但如果简单地运行以下命令，会更快。

⇒ `:wall`

> **注意**：该命令会保存缓冲区列表内的所有文件，因此，它不完全等同于 `:argdo write`（参见 `:h :wa` ❶）。

另一条有用的命令是 :wnext（参见 :h :wn ❶），它等同于先运行 :write，再运行 :next。如果想用串行的方式，在参数列表的多个文件上执行宏，可能更愿意用这条命令。

结论

假设宏执行到位于参数列表的第 3 个缓冲区时，因为某种情况失败了。如果此时使用的是 :argdo normal @a 命令，只有失败的缓冲区会受到影响；不过，如果以串行、带次数的方式执行宏，它将会中止执行，而参数列表中余下的文件将不会被修改。

我们在技巧 68 中就遇到过这种情况，但这一次稍有不同。在连续文本行上执行相同的任务时，只需瞥一眼就可以对所有情况了如指掌，一旦有什么地方出了岔子，一眼就能看出来。

而这一次，我们在一组文件上工作，因此无法达到"只需瞥一眼就可以对所有情况了如指掌"的程度。如果以串行方式执行宏的话还好，一旦失败，便会在出错的地方停下来。但如果以并行方式执行宏，一旦失败，就不得不浏览整个参数列表，以便找到那个出错的缓冲区。

以并行方式运行的宏，虽然可能会更快地完成工作，不过当有错误发生时，会遗漏有用的信息。

技巧 71 用迭代求值的方式给列表编号

如果宏在每次执行时都能插入一个可变的数值，这将会很有用处。在本节中，将学习一种技术，它会在录制宏时使某个数字递增，这样一来，就可以在连续的文本上插入数字 1 到 5。

假设要为一些连续的项目编号，以下列文本作为演示。

macros/incremental.txt

```
partridge in a pear tree
turtle doves
French hens
calling birds
golden rings
```

最终，将把它们转换成这个样子。

```
1) partridge in a pear tree
2) turtle doves
3) French hens
4) calling birds
5) golden rings
```

我们已经学会了几种方法，使得 Vim 能够执行简单的运算，既可以采用带次数的方式调用 `<C-a>` 和 `<C-x>` 命令（参见技巧 10），也可以利用表达式寄存器（参见技巧 16）。为了完成这次任务，将使用表达式寄存器并结合一点 Vim 脚本。

基本的 Vim 脚本

先把即将用到的几个命令行脚本过一遍。使用 let 关键字，可以创建一个名为 i 的变量，并将其值赋为 0，也可以用 :echo 命令查看变量的当前值：

⇒ :let i=0

⇒ :echo i

《 0

以下语句可用于累加 i 的值。

⇒ :let i += 1

⇒ :echo i

《 1

如果只是想显示一个变量的值，:echo 命令完全可以胜任，但实际上，我们是想在文档中插入这个值，因此要使用表达式寄存器。在技巧 16 中，我们已经看到可以用表达式寄存器进行简单的求和运算，并将结果插入文档。在这里，只需在插入模式下运行 `<C-r>=i<CR>`，即可插入变量 i 的值。

录制宏

现在归纳一下操作的步骤。

按键操作	缓冲区内容
:let i=1	partridge in a pear tree
qa	partridge in a pear tree

续表

按键操作	缓冲区内容
I<C-r>=i<CR>)<Esc>	1)█partridge in a pear tree
:let i += 1	1)█partridge in a pear tree
q	1)█partridge in a pear tree

在开始录制宏之前，先将变量 i 的初值赋为 1。在宏的录制过程中，利用表达式寄存器插入 i 的值，而在停止宏的录制之前，再触发该变量进行累加，现在应该是 2 了。

执行宏

如表 11-4 所示的那样，可以在余下的文本行上回放这个宏。

:normal @a 命令将指示 Vim 在高亮选中的每一行上执行这个宏（参见**以并行方式执行宏**）。i 的初始值是 2，但它在每次宏执行完后都会递增。最终，每行都以连续的数字开头了。

表 11-4　在其余的文本行上执行宏

按键操作	缓冲区内容
{start}	1)█partridge in a pear tree turtle doves French hens calling birds golden rings
jVG	1) partridge in a pear tree turtle doves French hens calling birds golden rings
:'<,'>normal @a	1) partridge in a pear tree 2) turtle doves 3) French hens 4) calling birds 5)█golden rings

也可以通过复制、粘贴以及 `<C-a>` 命令完成同样的工作。作为练习，你不妨自己试一试。

技巧 72　编辑宏的内容

我们已经在技巧 69 中看到，在宏的结尾添加命令非常容易。但如果想删除宏的最后一条命令或者在宏的开头改点什么东西，该怎么办呢？本节将学习如何像编辑普通文本一样编辑宏的内容。

问题：非标准格式

假设已经遵从**录制工作单元**中的步骤，将所有按键操作保存至寄存器 a 了。接下来，要处理以下文件，它与之前的文件相比，在格式上略有差异。

macros/mixed-lines.txt

```
1. One
2. Two
3. three
4. four
```

有些文本行已经使用了大写字母，而有些行还用的是小写字母。我们在之前的宏中使用 `~` 命令切换光标所在处的字母大小写（参见 :h ~ ①）。而这一次，用新命令 `vU` 替换 `~` 命令，它会把光标处的字母变为大写（参见 :h v_U ①）。

宏中的键盘编码

本例使用的是一个相对简单的寄存器。但如果试着编辑一个很大的宏，事情很快就变得一团糟。举个例子，让我们回顾一下在技巧 70 中录制的宏。

⇒ `:reg a`

❮ --- Registers ---
  "a   Omoul<80>kb<80>kbdule Rank^[j>GGoend^[

注意到有什么奇怪的地方了么？首先，符号 `^[` 出现了好几次。不论按的是 `<Esc>` 还是 `<C-[>`，Vim 都用 `^[` 表示 ESC 键。

更蹊跷的是代表退格键的符号 `<80>kb`。分析一下这组按键操作。在刚开始录制这个宏时，我输入的是 "moul"，但当我发现错误后，又按了几下退格键，随后又输入了单词余下的部分 "dule"。

这个动作没什么实际效果。如果回放这些按键操作，Vim 将依次重现我的犯错与改正过程。尽管最终的结果是正确的，但这的确让寄存器的内容难于阅读，而且编辑起来会更复杂。

将宏粘贴到文档中

用于录制宏的寄存器，与用作复制、粘贴操作的寄存器相同。因此，如果想修改寄存器 a 中的宏，只需将其粘贴至文档中，便可以像编辑普通文本一样编辑它了。

首先，按 G 键，跳到当前文档的结尾，目的是要把寄存器 a 中的内容粘贴至新的一行。处理这种情况最简单的方式是用 :put 命令。

⇒ :put a

为什么不直接用 "ap 命令呢？因为，在本例的上下文中，p 命令会把寄存器 a 的内容粘贴至当前行的光标之后。而 :put 命令总会将它们粘贴至当前行的下方[0]，无论寄存器保存的是面向行的还是面向字符的文本块。

编辑宏

现在可以像编辑普通文本一样编辑宏了。用表 11-5 所示的命令，将 ~ 替换为 vU。

表 11-5　像编辑普通文本一样编辑宏

按键操作	缓冲区内容
{start}	0f.r)w~j
f~	0f.r)w~j
svU<Esc>	0f.r)wvUj

将宏从文档复制回寄存器

我们已经得到了一组命令序列，它看上去正是我们想要的样子，因此，可以将其从文档复制回寄存器。最简单的方式就是运行 "add（或者 :d a），但这么做可能会在以后导致问题。dd 命令将执行面向行的删除操作，因此，寄存器会包含一个拖尾字符 ^J。

⇒ :reg a

《0f.r)wvUj^J

该字符表示一个换行符，且在大多数情况下，该字符都无关紧要。但有时这个拖尾字符可能会改变宏的意义。为了保险起见，用面向字符的复制操作把这些字符从文档复制回寄存器会更安全。

按键操作	缓冲区内容
{start}	// last line of the file proper 0f.r)wv**U**j
0	// last line of the file proper **0**f.r)wvUj
"ay$	// last line of the file proper **0**f.r)wvUj
dd	**/**/ last line of the file proper

依次运行命令 `0` 以及 `"ay$`，把该行除回车符之外的每一个字符都复制下来。在把宏的内容保存回寄存器 a 之后，就可以用 `dd` 删除这一行了。尽管删除的内容最终将被保存到缺省寄存器，但我们也不会用到它们。

做完以上这些步骤，当前寄存器 a 中保存着一个新的、改进的宏。可将其用于本节刚开始的示例文本。

结论

能够将宏粘贴到文档，进行编辑，然后复制回寄存器中执行，这样做的确方便。但出于**宏中的键盘编码**罗列的诸多原因，使用寄存器得特别谨慎。如果只需将一条命令附加于宏的结尾，那么，按照技巧 69 中所列的步骤会更简单。

由于 Vim 的寄存器不过是一些保存文本串的的容器，也可以编写 Vim 脚本来操作它们。例如，能用 substitute() 函数（与 :substitute 命令不同，参见 :h substitute() ❶）做上述编辑操作。

⇒ `:let @a=substitute(@a, '\~', 'vU', 'g')`

如果你对这种方法感兴趣的话，请查阅 :h function-list ❶，以便获得更多的信息。

第五部分　模式

本书的这一部分将专门介绍模式（patterns）。对于 Vim 中某些最强大的命令来讲，它们是不可或缺的部分。我们将会看到一些技巧，它们使得构造正则表达式以及按原义查找文本变得更加容易。

此外，还将研究查找命令本身的技术细节，并对两个强大的 Ex 命令做一番探究。

一个是 substitute，它允许查找某个模式的所有匹配，并用其他内容替换匹配结果；

另一个是 global，它让我们可以在匹配指定模式的所有行上执行任意的 Ex 命令。

第 12 章

按模式匹配及按原义匹配

在本书的这一部分，将讨论查找、substitute 以及 global 命令。但是，先把目光集中在驱动它们运行的核心上，即 Vim 的搜索引擎。你是否曾经想过 Vim 的正则表达式是如何工作的？或者怎样关掉它们？

Vim 的正则表达式引擎可能与你惯用的其他引擎有所不同。我们将会看到，最易混淆的差异可被 very magic 模式开关轻松化解。在 Vim 的查找域（search field）中，某些字符缺省具有特殊含义，当只想按原义匹配一段文本时，这一特点将会导致问题复杂化。为此，需要掌握如何使用 very nomagic 原义开关，一举屏蔽这些特殊含义。

我们将关注几个可以在 Vim 查找模式中使用的特殊元字符，即零宽度定界符。这些字符可用于标记某个单词或某个查找匹配的边界。最后，将深入讨论如何处理那些即使使用了 \V 原义开关却仍具有特殊含义的字符。

技巧 73   调整查找模式的大小写敏感性

既可以全局性地调整 Vim 查找功能的大小写敏感性，也可以在每次查找时进行局部调整。

全局设置大小写敏感性

如果启用 'ignorecase' 设置，Vim 的查找模式将不区分大小写。

⇒ `:set ignorecase`

正如在**自动补全与大小写敏感性**中讨论的那样，我们应该意识到这项设置具有副作用，它会影响 Vim 关键字自动补全的行为。

每次查找时设置大小写敏感性

使用元字符 \c 与 \C，可以覆盖 Vim 缺省的大小写敏感性设置。小写字母 \c 会让查找模式忽略大小写，而大写字母 \C 会强制区分大小写。若在某个查找模式中使用了两者中的某一个，'ignorecase' 的值将被这次查找忽略。

> **注意：**这两个元字符可以出现在模式的任意位置。假设已输入了完整的模式，却发现需要按区分大小写的方式进行查找。此时，只需在模式的结尾加上 \C，该元字符就会作用于整个模式。

启用更具智能的大小写敏感性设置

Vim 提供了一项额外设置，用于最大限度地推测我们是想用大写还是小写，这就是 'smartcase' 选项。该选项被启用后，无论何时，只要在查找模式中输入了大写字母，'ignorecase' 设置就不再生效了。换句话说，如果模式全是由小写字母组成的，就会按照忽略大小写的方式查找，但只要输入一个大写字母，查找方式就会变成区分大小写的了。

是不是听起来有点复杂？不过你试一下就会发现这其实很直观。另外请记住，我们总能使用元字符 \C 或 \c 强制使某次查找区分大小写或忽略大小写。表 12-1 列举了一组有关大小写敏感性的选项。也可以通过查阅 :h /ignorecase ⓘ，在 Vim 内置的文档中找到类似的表格。

表 12-1　调整查找模式的大小写敏感性

模式	'ignorecase'	'smartcase'	匹配
foo	off	-	foo
foo	on	-	foo Foo FOO
foo	on	on	foo Foo FOO
Foo	on	on	Foo
Foo	on	off	foo Foo FOO
\cfoo	-	-	foo Foo FOO
foo\C	-	-	foo

技巧 74　按正则表达式查找时，使用 \v 模式开关

与 Perl 相比，Vim 正则表达式的语法风格更接近 POSIX。对于已经熟悉 Perl 正则表达式的程序员来说，这是一个令人失望的消息。但是，使用 very magic 模式开关，就可以让 Vim 采用我们更为熟悉的正则表达式语法了。

假设要构造一个正则表达式，用于匹配以下 CSS 片段中的每一组颜色代码。

patterns/color.css

```
body      { color: #3c3c3c; }
a         { color: #0000EE; }
strong    { color: #000; }
```

需要匹配 1 个 `#` 字符以及紧随其后的 3 个或 6 个十六进制字符（包括所有数字以及大写或小写的字母 A 到 F）。

用 magic 搜索模式查找十六进制颜色代码

下面的正则表达式将满足这些需求。

⇒ `/#\([0-9a-fA-F]\{6}\|[0-9a-fA-F]\{3}\)`

要是你愿意的话，可以试着自己做一遍。尽管这个正则表达式能够完成任务，但你看看这些反斜杠，竟有 5 处之多！

此例用到了 3 类括号。方括号缺省具有特殊含义，因此不用转义。圆括号会按原义匹配字符(及)，因此需要转义，使其具有特殊含义。花括号也一样需要转义，不过，只需为开括号转义，而与之对应的闭括号则不用，因为 Vim 会推测我们的意图。圆括号的情况有所不同，无论开闭括号都必须转义。

这 3 类括号，每一类都有一套不同的规则。请再读一遍前面这段内容，并谨记于心。俗话说得好，磨刀不误砍柴工嘛！

用 very magic 搜索模式查找十六进制颜色代码

可以利用 `\v` 模式开关来统一所有特殊符号的规则。该元字符将会激活 very magic 搜索模式，即假定除_、大小写字母以及数字 0～9 之外的所有字符都具有特殊含义（参见 `:h \v` ➊ ）。

`\v` 模式开关使得 Vim 的正则表达式引擎表现得更像是 Perl、Python 或者 Ruby 所为。尽管如此，它们之间仍然存在差异，关于这一点，在本章中需要时刻留意。但与规定哪个必须转义或者不得转义相比，`\v` 模式开关的规则更容易记忆。

这一次使用 `\v` 模式开关来重写那个匹配十六进制颜色代码的正则表达式。

⇒ `/\v#([0-9a-fA-F]{6}|[0-9a-fA-F]{3})`

由于出现在起始位置的 `\v` 开关，位于它后面的所有字符都具有特殊含义。这样一来，那些反斜杠字符就可以去掉了，可读性是不是更强了？

用十六进制字符类进一步优化模式

可以进一步优化这个模式，在拼写时，用字符类 \x 代替完整的字符集 `[0-9a-fA-F]`（参见 `:h /character-classes` ⓘ）。以下模式等同于前面的那个。

⇒ `/\v#(\x{6}|\x{3})`

结论

为了方便对比，下表逐项比较了每一个正则表达式。

模式	说明
`#\([0-9a-fA-F]\{6\}|[0-9a-fA-F]\{3\}\)`	使用 magic 搜索模式时，必须转义（、）、| 以及 { 字符，赋予它们特殊的含义
`\v#([0-9a-fA-F]{6}|[0-9a-fA-F]{3})`	使用 \v 模式开关后，(、)、| 以及 { 字符会表现出特殊含义
`\v#(\x{6}|\x{3})`	使用 \x 字符类代替 `[0-9A-Fa-f]`，可以进一步精简表达式

最后说明一点：字符 # 没有特殊含义，因此可按原义匹配。还记得 very magic 搜索模式是把除 _、字母和数字以外的所有字符都当作具有特殊含义的字符吗？看样子我们已经发现了该规则的一个特例。

对于这个问题，Vim 的解释是任何还未具有特殊含义的字符都被"保留以备将来扩展时使用"（参见 `:h /\\` ⓘ）。换句话说，尽管 # 目前不具有特殊含义，但不意味着将来的版本也会这样。万一将来 # 被赋予了特殊含义，必须将其转义后，才可以匹配"#"字符本身。但各位晚上也别被吓得睡不着觉啊。

历史课堂：两套正则表达式引擎

Vim 7.4 引入了一套新的正则表达式引擎（参见 `:h new-regexp-engine`）。旧引擎用的是回溯算法，而新引擎采用了状态机算法，在处理复杂模式和长文本时表现更为优异。通过这次优化，所有使用正则表达式的功能在效率上都有所提升，例如语法高亮、查找命令以及 vimgrep。

新的正则表达式引擎在 Vim 7.4 中默认被激活，但是旧引擎依然存在。新引擎对于有些 Vim 正则表达式的功能还不支持，当某个模式用到这些功能时，Vim 会自动切换到旧引擎。更多信息，请参见 `:h two-engines`。

技巧 75　按原义查找文本时，使用 \V 原义开关

在正则表达式中使用的特殊字符，在按模式查找时用起来很顺手，但如果想按原义查找文本时，它们就变成了阻碍。使用 very nomagic 原义开关，可以消除附加在 .、* 以及 ? 等大多数字符上的特殊含义。

来看一下这段文本。

---

patterns/excerpt-also-known-as.txt

```
The N key searches backward...
...the \v pattern switch (a.k.a. very magic search)...
```

现在假设想通过查找"a.k.a."（此缩写表示 also known as）的方式将光标移到该处。针对这种情况，第一反应就是执行以下这条查找命令。

⇒ /a.k.a.

但按下回车键时，会发现此模式匹配的内容比我们预想得要多。这是因为符号"."具有特殊含义。它匹配任意字符，而单词"backward"的部分内容又恰好可以匹配该模式。下表展示了查找的结果。

按键操作	缓冲区内容
{start}	The N key searches backward... ...the \v pattern switch (a.k.a. very magic search)...
/a.k.a.`<CR>`	The N key searches backward... ...the \v pattern switch (a.k.a. very magic search)...
/a\.k\.a\.`<CR>`	The N key searches backward... ...the \v pattern switch (a.k.a. very magic search)...
/\Va.k.a.`<CR>`	The N key searches backward... ...the \v pattern switch (a.k.a. very magic search)...

我们在本例中遇到的麻烦还不算大，因为只需按一下 n 键，就可以跳到下一处匹配——真正的目标。但在有些情况下，如果某个匹配被误判为正确，可能会有潜在的风险。想象一下，如果我们还没意识到查找模式太宽泛了，就接着运行了 substitute 命令，例如，:%s//also␣known␣as/g（正如在技巧 91 所讨论的那样，若将 :substitute 命令的查找域留空，Vim 将使用上一次的查找模式），这会导致某些意想不到的错误发生。

可以用转义的方法消除 . 字符的特殊含义。以下模式不会匹配单词 backward 中

的一部分，但仍然会匹配 "a.k.a"。

⇒ /a\.k\.a\.

或者可以使用原义开关 \V 激活 very nomagic 搜索模式。

⇒ / \Va.k.a.

正如 Vim 帮助文档所述，"使 "\V" 会使得其后的模式中只有反斜杠有特殊的意义"（参见 :h /\V ❶）。正如将在技巧 79 看到的那样，这样做未免过于简化了，但却符合本例的目的。

在 very nomagic 搜索模式下创建正则表达式也不是不可能，不过会很别扭，因为必须为每个符号转义。作为通用法则，如果想按正则表达式查找，就用模式开关 \v，而如果想按原义查找文本，就用原义开关 \V。

历史课堂：Vim 模式语法的传承

对于 Vim 的模式来说，除了由 \v 与 \V 开关使能的语法外，还有两种更为古老的语法。Vim 缺省使用 magic 搜索模式，nomagic 模式则用于模拟 vi 的行为，可以通过 \m 与 \M 开关来分别使能这两种语法。

\M 作为 nomagic 搜索模式的开关，其功能类似于 \V 原义开关，不同的是，一些字符会自动具有特殊含义，即符号 ^ 与 $。

magic 搜索模式会自动为某些额外的符号赋予特殊含义，如.、* 以及方括号。magic 模式的设计初衷，是想能更容易地构造简单的正则表达式，但它却没能为诸如 +、? 、圆括号以及花括号等符号赋予特殊含义，这些符号还必须经过转义才具有特殊含义。

magic 搜索模式旨在让构造正则表达式变得容易，但却半途而废，导致哪些字符需要转义的规则制定得比较混乱，难以记忆。\v 模式查找开关正好弥补了这一点，除了 _、数字以及字母外，它为所有符号都赋予了特殊含义。这样既好记，又恰好与 Perl 正则表达式的规则保持一致。

技巧 76　使用圆括号捕获子匹配

当指定一个模式时，可以捕获其子匹配，并在其他地方引用它们。此功能与

substitute 命令组合起来尤为好用，但它也可用于定义某一类模式，这类模式的特点是重复包含某个单词。

来看一下这段文本。

patterns/springtime.txt

```
I love Paris in the
the springtime.
```

你能指出其中的语法错误吗？由于我们的大脑耍了一个小把戏，我们会惊讶地发现很难指出问题所在。但是如果这样把句子写出来，出错的地方一下子就出来了："Paris in the the springtime."。当换行符把两个重复的单词分隔开后，我们的大脑往往会忽略重复的那个词。这就是所谓的"词法幻觉"。[①]

这有一个专门用来匹配重复单词的正则表达式。

⇒ /\v<(\w+)_s+\1>

现在请试着在上面的文本中查找这个模式，你会发现"the the"作为一处查找匹配被高亮起来。现在再试着将两行文本连接起来（使用 `vipJ` 命令），你会发现此模式仍然会匹配。更棒的是，这个模式不仅仅匹配"the the"，而且对所有成对出现的重复单词都有效。把这个正则表达式拆开来，看看它是怎样工作的。我们之所以能两次匹配相同的单词，诀窍就在于 () 与 \1 的组合使用。任何圆括号内部的匹配文本都会自动保存到一个临时的仓库。可以用 \1 引用这段被捕获的文本。如果模式中包含不止一组圆括号，则可以用 \1、\2，直到 \9，引用被每对 () 捕获的子匹配。另外，不论模式中是否使用了圆括号，元字符 \0 永远会引用整个匹配。

这个用于匹配词法幻觉的正则表达式还包含许多其他诀窍。首先，我们在技巧 74 中已经看到，\v 模式开关会激活 very magic 搜索模式。另外，< 与 > 两符号将用于匹配单词的边界，这一点将在技巧 77 中讨论。最后，元字符 \s 会匹配空白符或换行符（分别参见 :h /_ ⓘ 与 :h 27.8 ⓘ）

在查找模式中使用子匹配的场景并不太多。我又想起来另外一个例子，即配 XML 或者 HTML 中标签的开闭对。另外，正如将在技巧 94 中看到的那样，还可以在 :substitute 命令的替换域 {string} 中使用子匹配。

[①] http://matt.might.net/articles/shell-scripts-for-passive-voice-weasel-words-duplicates/

技巧 77　界定单词的边界

在定义模式时，如果能指定单词从哪里开始到哪里结束，将会非常有用。Vim 的单词定界符可以帮助我们做到这一点。

有些单词，尤其是短词，常常出现在其他单词内部。比如，"the" 就会在 "these"、"they"、"their" 等单词中出现。因此，如果在下面这段文本中执行 /the`<CR>` 进行查找的话，会发现实际匹配的内容比我们预想得要多。

---

the problem with these new recruits is that
they don't keep their boots clean.

如果想明确匹配 "the" 这个完整的单词而不是其他词的组成部分，可以使用单词定界符。在 very magic 搜索模式下，用 < 与 > 符号表示单词定界符。因此，如果将查找命令改为 /\v<the>`<CR>`，文中就只会出现一处匹配了。

这些就是所谓的零宽度元字符，它们本身不匹配任何字符，仅表示单词与围绕此单词的空白字符（或标点符号）之间的边界。

可以将字符类 \w、\W 与匹配定界符 \zs、\ze 组合在一起来模拟 <与>（将在技巧 78 中结识这种用法）。\w 匹配单词类字符，包括字母、数字以及符号 "_"，\W 则用来匹配除单词类字符以外的其他字符。

使用圆括号，但不捕获其内容

有时只想使用圆括号的分组功能，但并不关心捕获的子匹配。例如，可以使用以下模式来匹配我名字的两种形式。

⇒ /\v(And|D)rew Neil

这一次使用圆括号的目的在于匹配 "Andrew" 或者 "Drew"，但可能并不想捕获位于圆括号内部的 "And 或 D"。可以在圆括号前面加上 %，指示 Vim 不要将括号内的内容赋给寄存器 \1，就像这样。

⇒ /\v%(And|D)rew Neil

> **使用圆括号，但不捕获其内容（续）**
>
> 　　运行结果与之前相比有区别么？当然，速度比原来快了一点，只是你可能察觉不到。但如果你发现自己经常会用到多组圆括号，这种方法就很有用处了。还以处理我名字的两种形式为例，假设想把所有的名和姓替换为姓和名。可以这样做：
>
> ⇒ /\v(%(And|D)rew) (Neil)
>
> ⇒ :%s//\2, \1/g
>
> 　　该查找模式会把 "Andrew" 或者 "Drew" 赋给寄存器 \1，而把 "Neil" 赋给寄存器 \2。如果没有对第二组圆括号使用 %()，便会得到无用的文本片段，从而扰乱替换域。

　　将这些命令合而为一，可以用 \W\ze\w 模拟元字符 <，而用 \w\ze\W 表示元字符 >。

　　在 very magic 搜索模式下，<与> 字符可直接解析为单词定界符，而在 magic、nomagic 以及 very nomagic 搜索模式下，必须将它们转义。因此，要想在 Vim 文档中查阅这些选项，得在前面附加一个转义符，即：h /\< ❶。

> **注意：** 如果想在 very magic 搜索模式下匹配尖括号本身，就必须将其转义。

　　即使我们还没养成用单词定界符构造查找模式的习惯，但每当使用 * 或者 # 命令（参见 :h * ❶）时就会间接地用到它们。这两条查找命令分别用于正向或反向查找光标下的单词。假设刚刚用过这两条命令中的某一个，在查看查找历史（按 `<UP>`）时就会发现，上一次的查找模式被单词定界符围在中间。顺便说一句， `g*` 与 `g#` 这两种变体将执行同样的查找，但不会使用单词定界符。

技巧 78　界定匹配的边界

　　有时候，可能想指定一个范围较广的模式，但只对匹配结果的一部分感兴趣。Vim 中的元字符 \zs 与 \ze 可以帮助我们处理这种情况。

　　直到现在，我们还一直假设查找模式与它们实际产生的匹配是完全一致的，现在到了把它们剥离成两个独立概念的时候了。首先要明确其定义。当我们谈论一个模式时，是指在查找域输入的正则表达式（或者按原义匹配的文本）；而匹配是指在文档中被高亮显示的文本（假设已经启用 `'hlsearch'` 选项）。

一个匹配的边界通常对应一个模式的起始与结尾。但可以使用元字符 `\zs` 与 `\ze` 对匹配进行裁剪，使其成为这个完整模式的一个子集（参见 `:h /\zs` ①）。元字符 `\zs` 标志着一个匹配的起始，元字符 `\ze` 则用来界定匹配的结束。将二者相结合，可以定义一个特殊的模式，它们可以让我们定义一个模式匹配一个较大的文本范围，然后再收窄匹配范围。与单词定界符（前一节已介绍过）类似，`\zs` 与 `\ze` 均为零宽度元字符。

用一个示例可以帮助大家理解这一点。如果查找 `/Practical Vim<CR>`，文档中所有出现"Practical Vim"的地方都会被高亮起来。一旦将查找模式改为 `/Practical \zsVim<CR>`，则只有单词"Vim"会被高亮，而单词"Practical"会被排除于匹配之外，但它仍是模式的一部分。这样一来，只有紧跟着单词"Practical"的"Vim"才会被高亮，其他前面不是"Practical"的"Vim"则不会被匹配。这与通过 `/Vim<CR>` 命令进行简单查找的结果有很大不同。

还有另外一个例子，这一次，同时使用 `\zs` 与 `\ze` 对匹配的起始与结尾进行微调。

按键操作	缓冲区内容
{start}	Match "quoted words"---not quote marks.
/\v"[^"]+"`<CR>`	Match "quoted words"---not quote marks.
/\v"\zs[^"]+\ze"`<CR>`	Match "quoted words"---not quote marks.

这个基本模式用到了一个常见的正则表达式惯例 `"[^"]+"`。该模式使用两个引号作为起始与结尾的标记，然后匹配除引号之外的一个或多个字符。在最后一行作为压轴出场的模式中，在开引号之后加入了元字符 `\zs`，在闭引号之前加入了元字符 `\ze`。这样一来，引号本身被排除于匹配之外，只剩下引用的内容被高亮起来。

> **注意**：尽管引号被排除在匹配之外，但它们仍然是模式中的关键部分。

环视表达式

从概念上讲，Vim 的元字符 `\zs` 与 `\ze` 类似于 Perl 的环视断言。尽管 Perl 与 Vim 的正则表达式引擎在语法上有所不同，但从功能上讲，元字符 `\zs` 和 `\ze` 分别大致相当于肯定型逆序环视和肯定型顺序环视。

> ### 环视表达式（续）
>
> 　　正如你可能期望的那样，Perl 也提供环视断言的否定型变体。只有当指定的模式不存在时，这些零宽度元字符才会发生匹配。Vim 也提供完整的否定型/肯定型顺序环视/逆序环视断言，但我要再一次提醒大家，其语法与 Perl 的语法有所区别。关于二者逐项对比的情况，请查阅 `:h perl-patterns`[①]。
>
> 　　我们将使用正向环视元字符代替 `\zs` 与 `\ze`，重写技巧 78 中的模式 `/\v"\zs[^"]+\ze"<CR>`，就像这样：
>
> ⇒ `/\v"@<=[^"]+"@=`
>
> 　　我不知道你是怎么想的，反正我觉得使用 `\zs` 与 `\ze` 的版本可读性更强。尽管否定型环视表达式被广泛用于一些 Vim 的语法高亮定义，但在我的日常使用过程中却不多见。相反地，我发现肯定型环视表达式的使用频率会更高，因此，在我看来，它们应该拥有自己的速记标记，即 `\zs` 与 `\ze`。

技巧 79　转义问题字符

　　`\V` 原义开关使得按原义查找文本变得更容易，因为符号 `.`、`+` 以及 `*` 的特殊含义被屏蔽掉了。但还有一些字符，其特殊含义无法被屏蔽。本节作为高级技巧，将研究如何处理这些字符。

正向查找时要转义 / 字符

　　以下文本摘录自一篇 Markdown 文档。

patterns/search-url.markdown

```
Search items: [http://vimdoc.net/search?q=/\\][s]
...
[s]: http://vimdoc.net/search?q=/\\
```

　　假设想找到所有出现过 URL "http://vim-doc.net/search?q=/\\" 的地方。不必手动输入这些内容，只需将其复制到某个寄存器，然后再粘贴到查找域即可。由

---

① http://www.regular-expressions.info/lookaround.html

于想精确地匹配这段文本，因此要使用 \V 原义开关。

只要光标位于方括号之中，就都可以使用命令 `"uyi[`（为了方便记忆，用 u 表示 URL）将此 URL 复制到寄存器 u。然后输入 `/\V<C-r>u<CR>`，即可将此寄存器的内容填充至查找域了。最终的查找提示符类似于这样。

⇨ /\Vhttp://vimdoc.net/search?q=/\\

当执行此查找命令时，会得到以下结果。

```
Search items: [http://vimdoc.net/search?q=/\\][s]
...
[s]: http://vimdoc.net/search?q=/\\
```

这到底是怎么回事？当我们把完整的 URL 粘贴至查找域后，Vim 却把首次出现的符号 / 解析成了查找域结束符（参见**查找域结束符**）。因此，所有位于首个正斜杠之后的内容都被忽略掉了，所以查找字符串仅剩下了 `http:`。

进行正向查找时，必须要转义符号 /。而且无论执行的是 very magic 查找（使用模式开关 \v）还是 very nomagic 查找（使用原义开关 \V），都需要转义。修正一下之前的查找命令，为每个 / 加上反斜杠前缀。

⇨ /\Vhttp:\/\/vimdoc.net\/search?q=\/\\

这一次查找的结果与我们预期的更为接近了。

```
Search items: [http://vimdoc.net/search?q=/\][s]
...
[s]: http://vimdoc.net/search?q=/\
```

但还不算完美，因为匹配的结果缺少了最后一个反斜杠。我们将很快揭晓其中的奥秘，但是首先考虑一下反向查找吧。

反向查找时要转义?号

执行反向查找时，符号 ? 会被当作查找域的结束符。这意味着不必转义符号 / 了，但要对符号 ? 进行转义。

> **注意**：如果对从寄存器 u 复制而来的 URL 进行反向查找时，会发生什么事情。

⇨ ?http://vimdoc.net/search?q=/\\

在没有转义任何内容之前，Vim 将匹配字符串"http://vimdoc.net/search"。

```
Search items: [http://vimdoc.net/search?q=/\\][s]
...
[s]: http://vimdoc.net/search?q=/\\
```

这个结果比未转义过的正向查找要好多了，但仍未匹配完整的 URL。如果将?号加上反斜杠前缀，会得到更好的结果。

⇒ `?http://vimdoc.net/search\?q=/\\`

以下是新的匹配结果。

```
Search items: [http://vimdoc.net/search?q=/\][s]
...
[s]: http://vimdoc.net/search?q=/\
```

每次都要转义符号 \

在查找域中，还有一个字符需要转义，即反斜杠。通常情况下，一个 \ 的出现预示着紧挨着它后面的字符将会得到某种特殊对待。如果将其加倍，变为 \\ 后，前者会消除后者的特殊含义。实际上是让 Vim 查找一个反斜杠。

在我们的示例文本中，要查找的 URL 包含两个连续的反斜杠，因此，必须在查找域中为每个反斜杠各添加一个反斜杠。在正向查找中，我们最终得这样：

⇒ `/\Vhttp:\/\/vimdoc.net\/search?q=\/\\\\`

完工！查询条件终于匹配了整个 URL。

```
Search items: [http://vimdoc.net/search?q=/\\][s]
...
[s]: http://vimdoc.net/search?q=/\\
```

无论采用的是正向还是反向查找方式，反斜杠字符永远都需要转义。

用编程的方式转义字符

用手动方式转义字符既耗时费力，又容易出错。幸运的是，Vim 脚本提供了一个库函数，帮助我们完成这项艰巨的任务，即 escape({string}, {chars})（参见 :h escape() ⑩）

{chars} 参数将指定哪些字符需要用反斜杠转义。如果要进行正向查找，可以调

用 escape(@u, '/\') ，它会为每个 / 与 \ 加上反斜杠前缀。但如果进行的是反向
查找，则要换用 escape(@u,'?\') 。

　　首先，要确保要查找的 URL 仍保存在寄存器 u 中。然后，输入 / 或者 ? 调出
查找提示符，二者均能正确工作。最后，要依次输入原义开关 \V 与 <C-r>= 。在完
成以上操作后，Vim 就会从查找提示符的状态切换到表达寄存器提示符的状态了。现
在输入以下命令。

⇒ =escape(@u, getcmdtype().'\')

　　按下 <CR> 后，escape() 函数将被执行，其返回值将会被插入查找域。如果正
在进行正向查找，getcmdtype() 函数只是简单地返回符号 / ，而在反向查找时，该
函数将返回符号 ? （参见 :h getcmdtype()① ）。在 Vim 脚本中，. 操作符用来连接
字符串，因此，在正向查找时，getcmdtype().'\' 将产生 "/\"，而在反向查找时，
会得到 "?\"。最终结果表明，无论采用哪种查找方式，表达式都将对寄存器 u 中的
所有内容进行转义，因此查找工作顺利结束。

　　切换至表达式寄存器的状态以及手动调用 escape() 函数，仍然会涉及很多输
入。如果再多用一点 Vim 脚本，操作即可实现自动化，使人们用起来更方便。请跳到
技巧 87，参考其中的实例。

查找域结束符

　　你可能会觉得奇怪，为什么查找域会把某个字符视为结束符呢？它为什么不把
所有位于查找提示符之后的内容都纳入查找匹配呢？答案是如果在查找域结束符之
后附加某些标志位，可以调整 Vim 查找命令的行为。例如，如果运行命令
/vim/e<CR>，光标将会移到每个匹配的结尾，而非起始。在技巧 83 中，将学习如
何利用此功能，而不是被其左右。

　　还有一种输入模式的方式，让我们不必担心查找域结束符的牵绊，但它只能用
于 GVim，即使用 :promptfind 命令（参见 :h :promptfind ① ）。该命令会调出
一个带有 "查找" 标签的图形对话框，可以在这里输入 / 与 ? 字符而无需转义。
遗憾的是，字符 \ 以及换行符依然会引发问题。

第 13 章

查找

回顾上一章，我们已经对 Vim 的正则表达式引擎进行了深入的研究，接下来，看看如何在查找命令中使用它们。首先，要掌握一些基础命令，怎样执行查找，如何高亮匹配以及怎样在各个匹配之间跳转。然后，将学习几个基于 Vim 增量查找功能的技巧，它们不仅提供及时的反馈，而且会自动补全匹配，从而减少了按键次数。另外，还将学习如何统计文档中匹配的个数。

查找偏移功能允许将光标定位于匹配的相对位置。首先，将看到一个利用查找偏移功能简化工作流程的场景。之后，还将看到如何利用查找偏移功能操作一个完整的查找匹配。

构造一条正则表达式，并能使其正确工作，这一般需要尝试多次。因此，总结出一套能让我们迭代构造[0]模式的工作过程很重要。我们将掌握两种应对此类问题的方法：一种是回溯查找历史，另一种是在命令行窗口中编辑。

你可曾希望用一种简单的方法就可以在文档中查找已有的文本？在本章的最后一部分，将设计一条简单的定制命令，重新定义可视模式下的 ▌ 命令，使之查找当前高亮选区中的文本。

技巧 80　结识查找命令

本节将涵盖查找命令的基础知识，包括怎样指定查找的方向，如何重复（或反向重复）上一次查找，以及怎样使用查找历史。

执行一次查找

在普通模式下，按下 / 键会调出 Vim 的查找提示符，可在它的后面输入要查找的模式或者原义文本。另外，只有当按下 <CR> 键时，Vim 才会执行查找命令，而如果换用 <Esc> 键，查找提示符会消失，我们将重回普通模式。

执行一次查找时，Vim 会从当前光标位置开始向下扫描，停在所找到的第一处匹配上。如果 Vim 扫描到文档结尾仍未找到目标，会提示"已查找到文件结尾，再从开头继续查找"，这意味着在某些情况下，一次正向查找反而把我们带到了查找起点之前。尽管听上去有点让人困惑，但只要记住查找命令抵达文档结尾处时会回绕至文档开头继续查找，这就说得通了。

如果只想在当前光标位置至文档结尾的范围内查找，而不想绕回文档继续查找的话，可以关闭 'wrapscan' 选项（参见 :h 'wrapscan' ❶）。

指定查找的方向

使用 / 键执行一次查找时，Vim 将进行正向扫描。而如果是用 ? 键调出查找提示符的话，Vim 会进行反向查找。查找提示符始终以 / 或者 ? 字符开头，表明此次查找的扫描方向。

重复上一次查找

n 命令用于跳转到下一处匹配，N 命令则用于跳转到上一处匹配。通过 n 与 N 这两条命令，可以方便地在各个匹配之间往来穿梭。但"下一处匹配"的定义取决于上下文环境。

n 命令既会保证查找方向不变，又会使查找的偏移与上一次保持一致（将在技巧 83 中结识"偏移"）。因此，如果用 / 执行一次正向查找，n 将继续向下查找；而如果最初的查找命令是 ?，n 将继续向上查找。同时，N 命令将始终与 n 命令的查找方向保持相反。

有时候，我们也许想重复查找同一个模式，但要改变查找的方向或偏移。在这种情况下，再次执行查找时可以不输入模式，此时 Vim 将重用上一次的查找模式。了解这一点对我们大有裨益。下表总结了用于重复一次查找的选项。

命令	用途
n	跳至下一处匹配，保持查找方向与偏移不变
N	跳至上一处匹配，保持查找方向与偏移不变

续表

命令	用途
/\<CR>	正向跳转至相同模式的下一处匹配
?\<CR>	反向跳转至相同模式的上一处匹配
gn	进入面向字符的可视模式，并选中下一处匹配
gN	进入面向字符的可视模式，并选中上一处匹配

假设使用 ? 开始一次查找，并已经跳到了上一处匹配，但是我们改主意了，决定向下跳转至其他匹配。当然，可以通过 N 键做到这一点，但这好像把一切都搞得上下颠倒了。除此之外，也可以执行 /\<CR>，即用相同的模式执行一次正向查找。这样一来，就可以使用 n 键遍历文档中余下的匹配了。

n 和 N 命令会使光标移动到匹配当前模式的地方。但是如果想在可视模式下选中匹配的文本，进行进一步修改，该怎么办呢？这正是 gn 命令大显身手的时候。在普通模式下使用 gn 时，光标会跳到到下一处匹配，进入可视模式并选中匹配的文本。如果光标已经位于匹配上，gn 就会选中当前的匹配。将在技巧 84 中详细介绍这条命令。

回溯之前的查找

Vim 会一直记录我们执行过的查找模式，因此可以方便地重用它们。当查找提示符出现时，可以通过 \<Up> 键，滚动浏览之前的查找记录。实际上，浏览查找历史与浏览命令行历史的接口完全一致。我们已在技巧 34 中深入讨论过这些内容，并会在技巧 85 中将这些技术付诸实践。

技巧 81 高亮查找匹配

Vim 可以高亮查找匹配，但该功能在缺省情况下并没有被激活。我们将学到如何激活它，以及如何在已经高亮的情况下将其禁用（与激活同样重要）。

查找命令允许在诸多匹配中快速跳转，但在缺省情况下，Vim 不会将这些匹配可视化地凸现出来。启用 'hlsearch' 选项（参见 :h 'hlsearch' ⓘ），可以解决此问题。这样一来，无论是在当前文档的编辑窗口，还是在其他已打开的分割窗口中，所有匹配都将被高亮起来。

禁用高亮查找功能

高亮查找功能非常有用，但它有时却不太受欢迎。如果要查找的是某个常见的字符串，或者是某个可能匹配数百处的模式，你将很快发现工作区内到处充斥着黄色（或是当前配色方案的其他色调）。

　　在此场景中，可以运行 `:set nohlsearch` 彻底禁用该功能（使用 `:se nohls` 与 `:se hls!` 效果一样）。但在执行其他查找时，我们又可能想重新激活它。

　　Vim 提供了一种更为优雅的解决方案，即通过 `:nohlsearch` 命令暂时关闭查找高亮功能（参见 `:h :noh` ⓘ）。此命令使得高亮功能一直处于关闭状态，直到执行新的或重复的查找命令为止。请参见**创建用于关闭高亮功能的快捷键**中推荐使用的映射项。

创建用于关闭高亮功能的快捷键

　　`:noh <CR>` 虽然可以禁用查找高亮功能，但我们在键盘操作上也花费了不少功夫。通过创建映射项，可以加速操作，例如：

nnoremap `<silent>` `<C-l>`　`:<C-u>`**nohlsearch**`<CR><C-l>`

　　`<C-l>` 通常用于清除并重绘显示屏（参见 `:h CTRL-L` ⓘ）。而新的映射项，是在原有基础之上增加了暂时关闭查找高亮的功能。

技巧82　在执行查找前预览第一处匹配

　　激活增量查找功能之后，将使得 Vim 的查找命令如虎添翼。该选项可在以下几个方面改善工作流程。

　　在缺省情况下，在输入查找模式时，Vim 不会进行查找，只有当按下 `<CR>` 后，它才会立即展开行动。‘incsearch’ 是我最喜爱的增强型功能（参见 `:h 'incsearch'` ⓘ）。该设置会让 Vim 根据已在查找域中输入的文本，预览第一处匹配。每当新输入一个字符时，Vim 会即时更新预览内容。下表展示了它的工作原理。

按键操作	缓冲区内容
{start}	The car was the color of a carrot.
/car	The car was the color of a carrot.
/carr	The car was the color of a carrot.
/carr`<CR>`	The car was the color of a carrot.

　　当在查找域中输入"car"之后，Vim 会把第一处匹配高亮起来，即本例中的单词

"car"。一旦继续输入字符 "r"，由于当前的高亮单词不再匹配这一模式，因此，Vim 将跳转到下一个匹配的单词，这一次是 "carrot"。如果此时按下 `<Esc>` 键的话，查找提示符将会消失，光标也将回退到位于行首的起始位置。但如果按 `<CR>` 执行这条命令，光标就跳转到单词 "carrot" 的首字母上。

这种即时的反馈体验让我们了解到何时已经找到目标。如果只是想简单地将光标移至单词 "carrot" 的起始位置，则大可不必在查找域输入完整的单词，因为在本例中，`/carr<CR>` 就足够了。但如果没有激活 `'incsearch'` 功能，除非真正执行查找命令，否则，对于模式是否已经匹配到了目标，我们将无从知晓。

检查是否存在一处匹配

在我们的例子中，两处部分匹配 "car" 的单词恰巧在同一行。但试想一下，如果单词 "car" 与 "carrot" 被几百个单词隔开，一旦在查找域中将 "car" 更新为 "carr"，Vim 将不得不对文档进行滚动才将单词 "carrot" 显示出来。事实的确如此。

假设只想确认单词 "carrot" 是否在当前文档中出现，却不想移动光标，该怎么办呢？当 `'incsearch'` 选项被启用时，只需简单地调出查找提示符，并尽可能多地输入组成单词 "carrot" 的字符，直到该单词首次映入眼帘。一旦找到该单词，只需按下 `<Esc>`，即可马上结束查找并返回原位，从而避免打断我们的思维。

根据预览结果对查找域自动补全

在最后一个例子中，我们在完整输入单词 "carrot" 之前就执行了查找命令。如果是想把光标简单地移动到第一处匹配上，这样做就很好了。但假设想让模式匹配完整的单词 "carrot"，例如，打算在查找命令之后执行一条 substitute 命令，该怎么办呢？

当然，最简单的方式是完整地输入 "carrot"，但这里介绍给一个好用的快捷键 `<C-r><C-w>`。此法会用当前预览的匹配结果对查找域进行自动补全。如果已在查找域中输入了 "carr"，执行该命令会将 "ot" 添加到结尾，使其最终匹配完整的单词 "carrot"。

注意，`<C-r><C-w>` 自动补全功能在处理以下场景时略有瑕疵，即一旦在查找内容中加入元字符 `\v` 前缀，`<C-r><C-w>` 就会把光标下的完整单词，而不是单词的余下部分，作为补全的内容（例如，执行补全后会变成 `/\vcarrcarrot<CR>`）。因此，只要找的不是模式，而是单词或词组，基于增量查找的自动补全功能真的能节省一点时间。

技巧 83　将光标偏移到查找匹配的结尾

可用查找偏移把光标定位于距离某个匹配的起始或结尾一定步长的位置。本节将通过一个例子，研究如何将光标定位于匹配的结尾，这样就可以用点范式完成一系列的修改操作了。

每当执行查找命令时，光标总会被定位于匹配的首字母上。虽然这种缺省操作看起来比较合理，但可能有时更倾向于将光标定位于查找匹配的结尾。Vim 的查找偏移功能可以将此想法变为现实（参见 `:h search-offset` ⓘ）。

让我们研究一个例子。在下段文本中，作者始终把单词 "language" 写成了缩写形式。

---
search/langs.txt

```
Aim to learn a new programming lang each year.
Which lang did you pick up last year?
Which langs would you like to learn?
```

要怎样才能把所有出现 "lang" 的这 3 处地方扩展为完整的单词？一种方案是使用 substitute 命令，即 `:%s/lang/language/g`。但是，让我们看看是否可以用点范式作为另一种方案。或许采用这种思路能够学些什么。

先不使用查找偏移功能处理此问题。首先，要找到需要修改的字符串 `/lang<CR>`，该命令把光标移到第一处匹配的起始位置。然后，输入 `eauage<Esc>`，即可在单词结尾添加新的内容。在某个单词的结尾添加文本是很常见的任务，你可以不假思索地把 `ea` 敲出来，就好像它们是一条命令似的。

现在，只需将光标移至正确的位置，后续工作交由 `.` 命令处理就可以了。输入 `ne.`，可以修改下一处 "lang"。其中，`n` 表示跳转至下一处匹配的起始位置，`e` 负责将光标移至单词结尾，而 `.` 会补全单词所需的字母。这总共是 3 次按键操作，虽然没能达到理想的点范式，但至少完成了工作。

果真如此么？如果第二次执行相同的命令，即 `ne.`，结果却破坏了最后匹配的那个单词。你能找出问题所在么？最后一处匹配 "lang" 的地方实际上是 "languages" 的缩写（注意是复数形式）。因此，如果盲目地重复那个不太理想的点范式，将会得到一个不伦不类的 "langsuage"。很明显，在这个场景中，如果能把光标移到匹配的结尾，而不是单词的结尾，那就完美了。

表 13-1 展示了一套改进的工作流程。

这一次使用 /lang/e`<CR>` 进行查找，该命令会像我们期望的那样，将光标置于查找匹配的结尾。这样一来，每当使用 `n` 命令时，光标都会被定位于下一处查找匹配的结尾，让我们可以完美地使用 `.` 命令。可以说，查找偏移功能让我们得到了理想的点范式。

表 13-1　基于查找偏移功能的改进工作流程

按键操作	缓冲区内容
{start}	Aim to learn a new programming lang each year. Which lang did you pick up last year? Which langs would you like to learn?
/lang/e`<CR>`	Aim to learn a new programming lang each year. Which lang did you pick up last year? Which langs would you like to learn?
auage`<Esc>`	Aim to learn a new programming language each year. Which lang did you pick up last year? Which langs would you like to learn?
n	Aim to learn a new programming language each year. Which lang did you pick up last year? Which langs would you like to learn?
.	Aim to learn a new programming language each year. Which language did you pick up last year? Which langs would you like to learn?
n.	Aim to learn a new programming language each year. Which language did you pick up last year? Which languages would you like to learn?

在实际使用过程中，查找偏移功能被派上用场的时机并不太好把握。假设一开始并没有用偏移执行查找命令，而是在敲了若干次 `n` 之后，才发现最好将光标移至匹配的结尾。亡羊补牢，犹未为晚。可以简单地运行 //e`<CR>`。当把查找域留空时，Vim 将重用上一次的查找模式，因此，该命令将使用偏移重复上一次查找。

技巧 84　对完整的查找匹配进行操作

Vim 的查找命令允许高亮所有匹配并在它们之间快速跳转。通过 gn 命令，还可以对匹配当前模式的文本进行操作。

Vim 的查找命令可以方便地在模式匹配之间跳转，但是要怎样对每个匹配进行修改呢？这在以前很棘手，而 gn 命令（在 Vim7.4.110 后支持）提供了一套非常高效的工作流程，用来在查找匹配上进行操作。

先来看一个例子。在以下这段文本中，将要处理几个类：XmlDocument、XhtmlDocument、XmlTag，以及 XhtmlTag。

search/tag-heirarchy.rb

```
class XhtmlDocument < XmlDocument; end
class XhtmlTag < XmlTag; end
```

假设想把它们改成下面这样。

```
class XHTMLDocument < XMLDocument; end
class XHTMLTag < XMLTag; end
```

为了达到目的，可以使用 `gU{motion}` 将指定文本转换成大写（参见 :h gU）。此处可以使用 `gn` 命令作为动作命令，来对下一处匹配进行操作（参见 :h gn）。如果当前光标已经位于某个匹配之上，则 `gn` 会操作当前匹配。但是如果光标并没有位于某个匹配上，`gn` 将会跳转至下一处匹配并对其进行操作。表 13-2 描述了如何使用该方法。

首先，构造一个正则表达式用于匹配 Xml 或 Xhtml。这很容易，/\vX(ht)?ml\C`<CR>`即可轻松搞定。其中，元字符 \C 会强制区分大小写，因此，此模式既不会匹配 XML，也不会匹配 XHTML。在执行完查找命令后，即将操作的四处文本都会被高亮显示出来，同时光标会移到第一处匹配的起始位置。

输入 `gUgn` 命令会把匹配的文本转换为大写。这条命令的优雅之处在于其可被重复执行。可以按 `n` 键跳转到下一处匹配，并用 `.` 命令重复此操作。两次按键完成修改：多么经典的点范式。然而，此例算是为数不多的个例，其按键次数还可以更少！

优化点范式

可以这样来描述 `gUgn` 操作：将下一处匹配转化成大写。如果光标已经位于某个匹配之上，按下 `.` 会修改光标下的文本。但如果光标并不在某个匹配之上，则 `.` 命令将正向跳转至下一处匹配并对其进行操作。只需要输入 `.` 键就行了，连 `n` 键都不用按。这意味着用一次按键就可以重复修改每处匹配。

经典的点范式包含两步：一键移动，一键修改。而 `gn` 命令将其合二为一，因为 `gn` 是对下一处匹配进行操作，而不是对当前光标所在位置进行操作。如果能把操作设计成这样：按下 `.` 命令就可以跳到下处匹配并重复上次的操作，那么按一次按键就可以重复执行每次修改了。我把这称之为改进版点范式。

表 13-2 对一个完整的查找匹配进行操作

按键操作	缓冲区内容
{start}	**c**lass XHTMLDocument < XMLDocument; end class XHTMLTag < XMLTag; end
/\vX(ht)?ml\C<CR>	class **X**HTMLDocument < **X**MLDocument; end class **X**HTMLTag < **X**MLTag; end
gUgn	class **X**HTMLDocument < **X**MLDocument; end class **X**HTMLTag < **X**MLTag; end
n	class XHTMLDocument < **X**MLDocument; end class XHTMLTag < **X**MLTag; end
.	class XHTMLDocument < **X**MLDocument; end class XHTMLTag < **X**MLTag; end
n.	class XHTMLDocument < XMLDocument; end class **X**HTMLTag < **X**MLTag; end
.	class XHTMLDocument < XMLDocument; end class XHTMLTag < **X**MLTag; end

把 \C 换成 \c，尝试用不区分大小写的模式在这个例子上进行操作。你将发现通过 `n.` 键（经典点范式）仍然实现重复修改，但只按 `.` 键却无法遍历所有文档中的匹配。这是因为无论在执行 `gUgn` 命令前或后，不区分大小写的模式都能匹配同一段文本，例如，它既能匹配 Xml，也能匹配 XML。在这种情况下，`.` 命令将一直对光标下的匹配进行重复修改，而不是跳到下一处匹配。之所以你看不到任何变化，是因为将 XML 转换成大写只不过是原封不动。

为了使改进版点范式能够工作，我们的查找模式应该能匹配修改前的目标文本，但是不会匹配修改后的文本。在这个特定的例子里，`gU` 操作用于转换目标文本的大小写，因此在本例使用区分大小写的模式是至关重要的。但这并不意味着，为了让改进版点范式工作，就必须使用区分大小写的模式。

还是用不区分大小写的模式，但是这一次假设使用 `dgn` 操作来删除匹配的文本，或者使用 `cgnJson<Esc>` 将匹配文本替换为 Json。在这两种情况中，只按一下 `.` 就可对每个匹配进行重复修改了。只要修改后的目标文本不再匹配查找的模式，增强版点范式就有用武之地了。

在大文件中使用增强版点范式要加小心，因为两个匹配文本可能相隔很远。如果使用 `n.`，那么可以在两个按键之间停顿一下，以决定是否用 `.` 键进行修改。然而，如果不先跳转至下一处匹配就直接使用 `.` 命令，将失去在做出修改之前查看匹配的机会。

自 Vim 7.4.110 发布以来，gn 命令已经成为我工作流程中的常用命令之一。如果你还在使用 Vim 的旧版本，这条命令足以成为你升级的动力！

技巧 85　利用查找历史，迭代完成复杂的模式

撰写正则表达式是一件很难的事情，因为我们不可能一次就写对。因此接下来要做的，就是总结一套顺畅的工作流程，允许通过迭代的方式逐步完成模式的设计工作。本节的巧妙之处在于如何从查找历史中回溯并编辑之前的记录。

在以下的示例文本中，单引号被当作引用标记。

search/quoted-strings.txt

```
This string contains a 'quoted' word.
This string contains 'two' quoted 'words.'
This 'string doesn't make things easy.'
```

要撰写一个正则表达式，用它匹配每一段被引号括起来的字符串。尽管这是一个需要多次尝试的过程，然而一旦匹配成功，便可以运行 substitute 命令将这些文本用真正的双引号括起来了，就像这样。

```
This string contains a "quoted" word.
This string contains "two" quoted "words."
This "string doesn't make things easy."
```

1. 粗略匹配

首先，进行一次粗略的查找。

⇒ `/\v'.+'`

这个正则表达式会首先匹配一个 ' 字符，然后匹配任意字符一次或多次，最终匹配另外一个 ' 字符。执行完这条查找命令之后，我们的文档变成了下面这样。

```
This string contains a 'quoted' word.
This string contains 'two' quoted 'words.'
This 'string doesn't make things easy.'
```

第一行匹配正确，但第二行却出了问题。模式中的 .+ 项执行了贪婪匹配，就是

说它匹配了尽可能多的字符。但实际上，要在这行文本上得到两处独立的匹配，即每个括起来的单词都单独作为一处匹配。因此需要对之前的命令进行修正。

2. 逐步求精

这一次，我们不用那个匹配任意字符的 . 符号，而是换成更具体的内容。实际上，我们要匹配的是除了 ' 之外的任意字符，因此可以用 [^']+。改进后的模式将变成以下模样。

⇒ /\v'[^']+'

不必重新输入完整的命令，只需按 `/<Up>`，查找域中便会出现上一次的模式。只需做一些小的改动，即用 `<Left>` 以及退格键将 . 字符从模式中删掉，然后输入新的内容。

执行查找时，将会得到以下匹配。

```
This string contains a 'quoted' word.
This string contains 'two' quoted 'words.'
This 'string doesn't make things easy.'
```

这一次有所进步。前两行匹配的内容正是我们想要的，但在第三行又出现新的问题。有一处被当作撇号使用的 ' 字符中断了匹配过程。因此，必须进一步改进模式。

3. 精益求精

现在，需要考虑撇号与闭引号的区别到底是什么。有不少这样的例子，如"won't"、"don't"以及 "we're"。每个示例中的 ' 字符之后都紧跟着某个字母，而不是空格或者标点。因此，可以进一步修改模式。如果紧跟着 ' 字符出现的是单词型字符，则前者也被当作普通字符处理。以下是新改进的版本。

⇒ /\v'([^']|'\w)+'

这一次修改引入了一些相当有价值的内容。我们不仅额外增加了元字符 '\w，而且将两种可选方案用括号括了起来并用竖线隔开。是时候让它大显神通了。

这一次，不是按 `/<Up>` 把上次的模式填到查找域，而是用 `q/` 调出命令行窗口。此窗口与一个常规的 Vim 缓冲区差不多，不过它的内容是查找历史，每行显示一条（参见**结识命令行窗口**）。这样就可以使用 Vim 强大的区分模式的编辑能力来修正上次的模式了。

以下编辑序列展示了如何完成这次特定的修改。如果你仍然没有弄懂 `c%(<C-r>")`
`<Esc>` 的话，请参考技巧 55 以及技巧 15。

按键操作	缓冲区内容
{start}	`\v'[^']+'`
f[	`\v'[^']+'`
c%(<C-r>")<Esc>	`\v'([^'])+'`
i|'\w<Esc>	`\v'([^']|'\w)+'`

一旦得到了理想模式，只需按 `<CR>` 键即可执行查找了。如下所示，文档中的匹
配会被高亮起来。

```
This string contains a 'quoted' word.
This string contains 'two' quoted 'words.'
This 'string doesn't make things easy.'
```

太棒了！

4. 画上完美句号

我们的模式成功地完成了所有匹配，但在执行 substitute 命令之前，还需要进行最
后一点修改，因为我们想捕获引号括起来的内容。以下是最终的模式。

⇒ `/\v'(([^']|'\w)+)'`

既可以运行 `/<Up>` 并在查找域中编辑，也可以运行 `q/` 并在命令行窗口中修改。
哪种方式用起来更顺手就用哪个。尽管这次查找的高亮结果与上次相比并无二致，但
对于每一处匹配来说，引号所括的文本已经被赋给 `\1` 捕获寄存器了。这意味着可以
运行以下 substitute 命令了。

⇒ `:%s//"\1"/g`

将查找域留空，Vim 将重用上一次的查找命令（更多细节，请跳至技巧 91）。以
下是运行命令的输出结果。

```
This string contains a "quoted" word.
This string contains "two" quoted "words."
This "string doesn't make things easy."
```

结论

实际上，我们刚才所做的等同于如下命令。

⇒ `:%s/\v'(([^']|'\w)+)'/"\1"/g`

但是，你有信心一次就把这条命令写对吗？

不必纠结于一次就能写对查找模式。Vim 会保留最近一次的查找模式，只需两次按键操作即可引用它，因此，可以非常方便地对模式加以改进。先进行粗略的匹配，再一步步地接近你的目标。

对于简单的编辑任务，直接在命令行中编辑就很方便，如果启用了 'incsearch' 选项，会在编辑命令时看到实时反馈，这是一个额外的好处。然而，该功能无法在命令行窗口中使用。但与可以得到 Vim 强大的模式编辑功能相比，这点牺牲是值得的。

技巧 86　统计当前模式的匹配个数

这条技巧介绍了两种用于统计模式匹配个数的方法。

假设想知道在以下文本中出现过多少次单词 "buttons"。

search/buttons.js

```
var buttons = viewport.buttons;
viewport.buttons.previous.show();
viewport.buttons.next.show();
viewport.buttons.index.hide();
```

首先，查找这个单词。

⇒ `\<buttons>\`

现在，可以按下 n 和 N 键，从一个匹配移动到另外一个匹配。但是 Vim 的查找命令不会提示在当前文档中有多少匹配。可以使用 :substitue 或者 :vimgrep 命令来获知匹配的总数。

用 ':substitute' 命令统计匹配总数

通过运行以下命令，可以得到某个匹配的总数。

⇒ `/\<buttons\>`

⇒ `:%s///gn`

❮ `5 matches on 4 lines`

实际上，我们调用的是:substitute 命令，但标志位 n 会抑制正常的替换动作。该命令不会对每处匹配进行替换，而是简单地统计匹配的次数，并将结果显示到命令行上。此处将查找域留空，旨在让 Vim 使用当前的查找模式。替换域（由于标志位 n 的缘故）不管怎样都将会被忽略，因此也可以将其留空。

请注意该命令包含了三个 / 字符。第一个和第二个界定了模式域，第二个和第三个界定了替换域。请注意不要忽略其中任意 / 字符，否则执行 :%s//gn 的结果将是把所有匹配都替换成 gn！

用‘:vimgrep’命令统计匹配总数

:substitute 命令的 n 选项可以让我们知道某个匹配的总数。但有时，如果能知道当前匹配文本所处的位置会很有用，例如共 5 个匹配，当前是第 3 个。:vimgrep 命令可以告诉我们这方面的信息。

⇒ `/\<buttons\>`

⇒ `:vimgrep //g %`

❰ (1 of 5) var buttons = viewport.buttons;

该命令会把当前文件中所有找到的匹配放进 quickfix 列表。虽然 :vimgrep 可以跨文件查找，但在本例中只用它在单个文件中查找。% 标志会被扩展为当前文件的完整路径（参见 :h cmdline-special）。将模式域留空的目的是让:vimgrep 使用当前查找的模式。

就像 n 与 N 键可以在匹配之间跳转一样，用 :cnext 和 :cprev 命令可以正向和反向遍历 quickfix 列表。

⇒ `:cnext`

❰ (2 of 5) var buttons = viewport.buttons;

⇒ `:cnext`

❰ (3 of 5) viewport.buttons.previous.show();

⇒ `:cprev`

❰ (2 of 5) var.buttons = viewport.buttons;

当我想查看每一处匹配，并可能作出修改时，我更喜欢用这种方法，而不是用替换命令。看到（1 of 5）、（2 of 5）这类提示能让我对剩余工作量有所了解，这一点很有用。

quickfix 列表是一个非常重要的功能，它在很多 Vim 工作流程中占据了核心位置。在第 17 章中可以了解更多关于它的内容。

技巧 87　查找当前高亮选区中的文本

在普通模式下，`*` 命令可以查找光标下的单词。通过一小段 Vim 脚本，可以重新定义可视模式下的 `*` 命令，使其可以查找当前选中的文本，而不是光标下的单词。

在可视模式下查找当前单词

在可视模式下，`*` 命令将查找光标下的单词。注意观察下面的例子。

按键操作	缓冲区内容
{start}	She sells sea shells by the sea shore.
`*`	She sells sea shells by the sea shore.

首先，在可视模式下选中了前 3 个单词，并将光标置于单词 "sea" 之上。调用 `*` 命令时，会正向查找下一处单词 "sea"，结果扩大了高亮选区的范围。尽管此行为与普通模式下的 `*` 命令一致，但我觉得毫无用处。

我在对 Vim 着迷之前，用的是另外一款编辑器，它本身就自带一条 "对已选的内容进行查找" 的命令，于是，我将其映射为触手可及的快捷键并一直使用它。当我转到 Vim 工作环境时，却惊奇地发现 Vim 竟然没有此类功能。而我一直有种错觉，在可视模式下用 `*` 命令可以查找当前选中的内容，而不是当前单词。为此，可以用一小段 Vim 脚本来实现此功能。

查找当前选中的文本（现有技术）

如果查询 `:h visual-search` ⓘ，会发现这样一条建议。

下面这个键盘映射能够将当前的选择区作为关键字进行搜索。

```
:vmap X y/<C-R>"<CR>
```

> **注意**：某些特殊字符（例如 `'.'` 和 `'*'`）可能会引起问题。

首先，`y` 命令会复制当前高亮选区的文本。然后，`/<C-r>"<CR>` 调出查找提示符，并将无名寄存器的内容粘贴进来。最后，执行查找命令。此方案很简单，但正如 Vim 文档告诫我们的那样，它有一定的局限性。

在技巧 79 中，我们已经学过如何克服这些限制。现在将此理论付诸于实践，创建一个可以查找当前选中文本的映射项，不受特殊字符的干扰。

查找当前选中的文本（终极版）

用以下这段 Vim 脚本就能够完成任务。

patterns/visual-star.vim

```
xnoremap * :<C-u>call <SID>VSetSearch('/')<CR>/<C-R>=@/<CR><CR>
xnoremap # :<C-u>call <SID>VSetSearch('?')<CR>?<C-R>=@/<CR><CR>

function! s:VSetSearch(cmdtype)
  let temp = @s
  norm! gv"sy
  let @/ = '\V' . substitute(escape(@s, a:cmdtype.'\'), '\n', '\\n', 'g')
  let @s = temp
endfunction
```

可以直接将这段代码粘贴至你的 `vimrc` 文件中，或者安装 visual star search 插件[①]。

在上面的脚本中，不仅 `*` 命令的原有功能被覆盖了，`#` 命令也被重新定义为反向查找选中的文本了。Xnoremap 关键字指明此映射项只在可视模式下有效，不包括选择模式（参见 `:h mapmode-x` ❶）。

---

① https://github.com/nelstrom/vim-visual-star-search

第 14 章

替换

你也许会认为 substitute 命令仅仅限于简单的查找与替换操作，但实际上，它是最强大的 Ex 命令之一。到本章结束时，我们将掌握 substitute 命令在多种场合下所发挥的所有功能，从容易到非常复杂。

本章首先会研究一些技巧与窍门，让我们可以重用上次的查找模式来快速构造替换命令。然后，将分析一个特别的例子，它展示了 Vim 如何帮助我们在替换之前逐一地对目标进行确认。之后，将学习无需输入字符即可在替换域中填充内容的方法，并对某些只发生在替换域中的特殊行为进行考查。此外，在本章你还将掌握无需重新输入完整的命令，即可在范围不同的文本段中执行上一次 substitute 命令的方法。

Vim 允许在替换域中执行脚本表达式。我们将学习一个高级技巧，它就是通过这种方式，在一系列数值型匹配上执行算术运算的。另外，还将学习如何用一次 substitute 命令就可以完成两个（或多个）单词之间的互换操作。

在本章的最后，将分析几种策略，实现跨文件的查找与替换操作。

技巧 88　认识 substitute 命令

:substitute 命令很复杂，除了要提供查找的模式以及替换字符串外，还要指定执行的范围。另外，作为可选项，还可以通过标志位来调整该命令的行为。

substitute 命令允许先查找一段文本，再用另一段文本将其替换掉。命令的语法如下。

```
:[range]s[ubstitute]/{pattern}/{string}/[flags]
```

一条完整的 substitute 命令由许多部分组成。其中，[range] 的规则对于每一条 Ex 命令都适用，substitute 命令也不例外。关于这一点，我们已在技巧 28 中进行过深入的讨论。至于 {pattern} 的用法，也已在第 12 章中有所涉及。

利用标志位调整 substitute 命令的行为

可以利用标志位来调整 substitute 命令的行为。要充分了解 substitute 标志位的作用，最佳的途径就是在实际应用中对其进行观察。因此，让我们简短地将其他技巧中用到的标志位在此处做一番总结。（关于完整的参考资料，请查询 :h s_flags ❶。）

标志位 g 使得 subsititute 命令可在全局范围内执行，即可以修改一行内的所有匹配，而不仅仅是第一处匹配。我们将在技巧 89 中结识它。

标志位 c 让我们有机会可以确认或拒绝每一处修改。我们将在技巧 90 中看到此标志位的应用实例。

标志位 n 会抑制正常的替换行为，即让 Vim 不执行替换操作，而只是报告本次 substitute 命令匹配的个数。技巧 86 展示了此标志位的一则实例。

执行 substitute 命令时，如果在当前文件中没有匹配到该模式，Vim 会提示错误信息 "E486: 找不到模式"。标志位 e 专门用于屏蔽这些错误提示。

标志位 & 仅仅用于指示 Vim 重用上一次 substitute 命令所用过的标志位。技巧 93 展示了其应用的场景。

替换域中的特殊字符

在第 12 章中，我们已经发现一些字符在用作查找模式时具有特殊含义。替换域中也有一些特殊字符。通过查询 :h sub-replace-special ❶，可以找到完整的列表，下表总结了其中的一部分常用符号。

符号	描述
\r	插入一个换行符
\t	插入一个制表符
\\	插入一个反斜杠

续表

符号	描述
\1	插入第 1 个子匹配
\2	插入第 2 个子匹配（以此类推，最多到 \9）
\0	插入匹配模式的所有内容
&	插入匹配模式的所有内容
~	使用上一次调用 :substitute 时的 {string}
\={Vim script}	执行 {Vim Script} 表达式；并将返回的结果作为替换 {string}

\r、\t 以及 \\ 等符号的意义是不言自明的。在技巧 93 中，我们不仅会看到 ~ 符号是如何工作的，而且还能学到几种快捷方式，通过它们，可以更快地重复 substitute 命令。此外，还将在技巧 94 中看到 \1 与 \2 的应用实例。

\={Vim script} 表达式的功能非常强大。它允许先执行一段代码，再将其结果作为替换域中的 {string} 使用。在技巧 95 与技巧 96 中，我们将会看到有关它的几个实例。

技巧 89　在文件范围内查找并替换每一处匹配

在缺省情况下，substitute 命令仅仅作用于当前行，而且只会修改第一处匹配。因此，为了在整个文件的范围内修改每一处匹配，必须指定范围，并使用标志位 g 。出于演示的目的，将使用以下文本作为演示。

substitution/get-rolling.txt

```
When the going gets tough, the tough get going.
If you are going through hell, keep going.
```

试着将所有单词 going 替换为 rolling。首先，启用 'hlsearch' 选项，以便接下来观察 Vim 的一举一动（有关更多细节，请参见技巧 81）。

⇒ :set hlsearch

使用 substitute 命令最简单的方法就是为它提供待替换的模式 {pattern} 以及替换字符串 {string}。

按键操作	缓冲区内容
:s/going/rolling	When the rolling gets tough, the tough get going.
	If you are going through hell, keep going.

看看发生了什么。Vim 已经将第一处 "going" 替换成了 "rolling"，但其他匹配的内容并没有发生改变。

要理解其中的原因，一种行之有效的方法就是将文件想象成二维平面，字符沿着 x 轴增加，文本行则随着 y 轴向下增长。在缺省情况下，substitute 命令仅仅作用于当前行的第一处匹配。接下来看一看，如果要将替换范围扩大至由 x 与 y 轴所围的整个平面，需要采取哪些措施。

为了使 substitute 命令作用于整个横轴，需要引入标志位 g。g 看似为全局之意（global），实则有误导之嫌。也许有人想借此标志位在整个文件范围内进行替换操作，但实际上，它仅表示"当前一整行范围"。如果你还记得我们在 **Vim（及其家族）的词源** 中讨论过 Vim 直接继承自"行编辑器 ed"的话，这就能说得通了。

先按 u 键撤销上次的修改，然后试着运行 substitute 命令的另一个版本。这一次，在命令的结尾附加标志位 /g。

按键操作	缓冲区内容
:s/going/rolling/g	When the rolling gets tough, the tough get rolling. If you are going through hell, keep going.

这一次，所有出现在当前行的 going 都被改成 rolling 了，但在文件的其他位置，仍有一些匹配未被修改。怎样才能控制 substitute 命令在整个文件的纵轴上执行呢？

答案是设定一个范围。如果在 substitute 命令的开头加上前缀 %，它就会在文件的每一行上执行了。

按键操作	缓冲区内容
:%s/going/rolling/g	When the rolling gets tough, the tough get rolling. If you are rolling through hell, keep rolling.

substitute 命令只是众多 Ex 命令中的一种而已，而对于所有的 Ex 命令，都可以用同样的方式为其指定一个执行范围。这一点已在技巧 28 中做过深入的探讨，此处不再引申。

回顾一下，如果想在当前文件中查找并替换所有匹配，就必须明确指示 substitute 命令要在整个 x 轴与 y 轴上执行，即凭借标志位 g 处理横轴字符的同时，使用地址符 % 处理纵轴的文本行。

在实际操作过程中，这些细枝末节往往让人顾此失彼。在技巧 93 中，我们将会见识几种用于重复 substitute 命令的技术。

技巧 90 　手动控制每一次替换操作

一次典型的替换过程包括先找到某个模式的所有匹配，再用其他文本进行自动替换。但是，此过程不总是那么令人满意。我们有时需要先观察每一处匹配，再决定是否进行替换。为了做到这一点，可以用标志位 c 控制 :substitute 命令的行为。

还记得技巧 5 中的例子吗？

---

the_vim_way/1_copy_content.txt

```
...We're waiting for content before the site can go live...
...If you are content with this, let's go ahead with it...
...We'll launch as soon as we have the content...
```

那个时候，仅仅通过查找与替换操作，无法完成"content"到"copy"的修改，最后是用点范式解决了问题。但这一次，也可以用标志位 c 控制 substitute 命令实现相同的修改。

⇒ :%s/content/copy/gc

引入标志位 c 后，Vim 会对每处匹配结果提示"替换为 copy ?"，可以按 y 键，完成这次修改，或者按 n 键，跳过这一次修改。无论采用哪种方式，Vim 都会执行我们的决定，并移到下一匹配处再次提示。

具体到本例，将用 yny 来回应提示，即在修改第一处和最后一处匹配的同时，保持第二处匹配的内容不变。

当然，回应提示的答案不仅限于以上这两种。实际上，Vim 会体贴地提示所有的选项"y/n/a/q/l/^E/^Y"。下表展示了每种答案的含义。

答案	用途
y	替换此处匹配
n	忽略此处匹配
q	退出替换过程
l	"last" —— 替换此处匹配后退出
a	"all" —— 替换此处与之后所有的匹配
<C-e>	向上滚动屏幕
<C-y>	向下滚动屏幕

通过查阅 :h :s_c ❶，你也可以在 Vim 的帮助文档中找到以上信息。

结论

不同于以往的是，在 Vim 的替换-确认模式下，键盘上的大多数按键都将失效。尽管 <Esc> 键可以让我们像往常一样回到普通模式，但除此之外，周围的一切都使我们感到陌生。

从积极的一面看，我们用最少的键盘操作就可以完成任务。从不利的角度看，我们习惯使用的功能键全都失效了。相比之下，如果使用点范式（正如技巧 5 中展示的那样），我们自始至终都待在普通模式下，所有的一切都像我们期望的那样工作。

我的建议是两种方法都试试，哪种更顺手就用哪种。

技巧 91　重用上次的查找模式

将 substitute 命令的查找域留空，意味着 Vim 将会重用上次的查找模式。可以利用这一特点精简工作过程。

事实明摆着，为了执行一次 substitute 命令，必须打很多字。首先，指定命令的执行范围；然后，输入查找模式以及替换域的内容；最后，在命令末尾添加合适的标志位。由此可见，我们需要考虑的东西很多，无论在哪一字段敲错了键，都有可能导致结果出现偏差。

好消息是当我们把查找域留空时，就会让 Vim 使用当前的模式。

看看这个庞大的 substitute 命令吧（技巧 85）。

⇒ `:%s/\v'((「^'」|'\w)+)'/"\1"/g`

它等价于以下两条单独的命令。

⇒ `/\v'((「^'」|'\w)+)'`

⇒ `:%s//"\1"/g`

那又怎样？因为不管怎么变，我们还是得输入完整的模式，对吧？但这并不是关键。执行 substitute 命令通常包括两个步骤：一是撰写查找模式，二是设计合适的替换字符串。因此，一分为二的技术让我们消除了这两项任务的耦合性，这才是关键所在。

在撰写复杂的正则表达式过程中，通常需要尝试多次才能达到正确的匹配效果。如果打算通过执行 substitute 命令的方式来验证模式，每次执行命令都会改变文档的内容，这样做简直太麻烦了。与之形成鲜明对比的是，当执行查找命令时，文档不会被修改。因此，即使我们犯的错误再多也无所谓。在技巧 85 中，我们见识了一套有效构建正则表达式的工作流程。总之，将两个任务彻底分开，将使得我们的工作过程更加清晰。正所谓，万事俱备，一举成功。

另外，谁说我们非得输入模式了？在技巧 87 中，我们就通过一小段 Vim 脚本，在可视模式中新增加了一条命令，其作用相当于 * 命令。当在文档中任意选中一段文本后，该映射项允许按 * 键来查找这段文本。接下来，就可以用一条查找域为空的 substitute 命令，把选中的内容（以及其他匹配）替换掉了。够懒的吧！

并非永远奏效

我的意思并不是说绝对不能在 substitute 命令的查找域中输入文本。例如，下面的 substitute 命令会把文件中每一行的换行符都替换为逗号，最终形成一行。

⇒ `:%s/\n/,`

对于这种简单的命令，就没必要将它一分为二了，否则非但得不到什么好处，反而有可能增加工作量。

对命令历史的影响

另外需要注意一点，把查找域留空，会在命令历史中留下一项不完整的记录。由于模式通常保存在 Vim 的查找历史记录中，substitute 命令则保存于 Ex 命令的历史记录中（参见 `:h cmdline-history` ❶）。因此，将查找任务与替换任务分离，会致使这两组信息被单独存放，从而导致当再想重用之前的 substitute 命令时，会遇到困难。

如果你觉得将来会以完整形式来调用历史记录中的 substitute 命令，就要养成在查找域中填充内容的习惯。只需在命令行中输入 `<C-r>/`，即可把上次的查找内容粘贴进来。因此，通过以下命令，就可以在命令历史中创建一项完整的记录。

⇒ `:%s/<C-r>//"\1"/g`

在使用 substitute 命令时将查找域留空，有时很方便，有时却很麻烦。两种方法都体验一下，你就会形成自己的直觉，并依此来判断使用的时机。就像我常说的那样，要靠你自己的判断。

技巧 92 用寄存器的内容替换

实际上，不必手动输入完整的替换字符串。如果某段文本已在当前文档中出现，可以先把它复制到寄存器，再通过传值或引用的方式将寄存器的内容应用至替换域。

我们已在技巧 91 中看到，当 substitute 命令的查找域为空时，Vim 做出了智能的选择。人们不禁会想，如果将替换域留空的话，substitute 命令也一样会重用上一次的字符串吧？但事实并非如此。将替换域留空，意味着 substitute 命令会用空的字符串替换每一处匹配。换句话说，所有的匹配都被删除了。

传值

输入 `<C-r>{register}`，可以将寄存器的内容插入命令行。假设我们已经复制了一些文本，如果要将它们粘贴到 substitute 命令的替换域，需要输入以下命令。

⇒ `:%s//<C-r>0/g`

当输入 `<C-r>0` 时，Vim 会把寄存器 0 的内容粘贴进来，这意味着我们可以在执行 substitute 命令之前对其进行一番检查。在大多数情况下，它工作得都很好，但也引入了新的问题。

如果寄存器 0 中的文本包含了在替换域中具有特殊含义的字符（例如 & 或 ~），就必须手动编辑这段文本，对这些字符进行转义。另外，如果寄存器 0 包含多行文本，有可能在命令行上显示不全。

为了避免这些问题，可以在替换域中简单地引用某个寄存器，从而得到该寄存器的内容。

引用

假设已经复制了多行文本，并存放于寄存器 0 中。我们现在的目标是在 substitute 命令的替换域中使用这段文本。通过运行以下命令，可以做到这一点。

⇒ `:%s//\=@0/g`

　　替换域中出现的 `\=` 将指示 Vim 执行一段表达式脚本。在 Vim 脚本中，可以用 `@{register}` 来引用某个寄存器的内容。具体来说，`@0` 会返回复制专用寄存器的内容，`@"` 则返回无名寄存器的内容。因此，表达式 `:%s//\=@0/g` 表示 Vim 将会用复制专用寄存器的内容替换上一次的模式。

比较

　　先看一下这条命令。

⇒ `:%s/Pragmatic Vim/Practical Vim/g`

　　再与以下命令序列进行比较。

⇒ `:let @/='Pragmatic Vim'`

⇒ `:let @a='Practical Vim'`

⇒ `:%s//\=@a/g`

　　其中，`:let @/='Pragmatic Vim'` 是采用编程的方式输入查找模式，它等同于直接执行查找命令 `/Pragmatic Vim<CR>`（有一点不同，即运行 `:let @/='Pragmatic Vim'` 不会在查找历史中留下任何记录）。

　　同样的道理，`:let @a='Practical Vim'` 表示设置 `a` 寄存器的内容。它等同于高亮选中 "Practical Vim" 并用 `"ay` 将选中的文本存入寄存器 `a`。

　　这两条 substitute 命令都完成同一件事，即把所有 "Pragmatic Vim" 替换为 "Practical Vim"。但要考虑它们各自的影响。

　　第一种方法会在命令历史中留下一项内容为 `:%s/Pragmatic Vim/Practical Vim/g` 的记录，使人一目了然。在稍后的编辑过程中，如果我们意识到要重复这条命令，可直接从命令历史中调出该项记录，即可加以执行。总之，不会有什么意外发生。

　　而第二种方法会在命令历史中留下一项内容为 `:%s//\=@a/g` 的记录。这看上去是不是相当神秘呢？

　　试想一下，首次运行 substitute 命令时，查找模式为 "Pragmatic Vim"，而寄存器 `a` 包含文本 "Practical Vim"。但是半小时之后，当前的查找模式可能已经被多次修改了，而且寄存器 `a` 也可能被其他内容覆盖。因此，如果重复 `:%s//\=@a/g` 命令，结果会与第一次执行这条命令时截然不同。

可以利用这一特点。首先，查找要操作的文本，并将替换的内容复制到寄存器 a 中。之后，可以重复调用命令 `:%s//\=@a/g`，而该命令会使用刚刚被赋值的 `@/` 和 `@a` 中的内容。接下来，可以查找新的文本，并复制新的替换字符串至寄存器 a。而当再次重复 `:%s//\=@a/g` 命令时，运行结果将会迥然不同。

此法不妨一试。你或许会爱上它，也可能会讨厌它。但无论哪种情况，都是不错的技巧。

技巧 93　重复上一次 substitute 命令

有的时候，我们可能要修正 substitute 命令的执行范围。原因多种多样，有可能是由于在第一次尝试运行 substitute 命令时犯了错，也有可能是想在另一个缓冲区中再次运行相同的命令。可以利用一些快捷方式更容易地重复 substitute 命令。

在整个文件范围内重复面向行的替换操作

假设刚刚执行完以下命令（其作用范围为当前行）。

⇒ `:s/target/replacement/g`

突然，我们意识到了失误，应该加上前缀 `%` 才对。幸好该命令没有造成什么不良后果。

接下来，只需输入 `g&`（参见 `:h g&` ①），即可在整个文件的范围内重复这条命令。在效果上，它等同于以下命令。

⇒ `:%s//~/&`

这条命令可以详解为如下指令：用同样的标志位、同样的替换字符串、同样的查找模式以及新的执行范围 `%`，重复上一次 substitute 命令。换句话说，该命令表示在整个文件的范围内重复上一次替换操作。

当下次再碰到某条 substitute 命令除了没加 `%` 前缀之外，其余都正确的时候，不妨试一试 `g&`。

修正 substitute 命令的执行范围

看一下这段代码。

```
substitution/mixin.js
```

```
mixin = {
    applyName: function(config) {
        return Factory(config, this.getName());
    },
}
```

假设想把它扩展成以下模样。

```
mixin = {
    applyName: function(config) {
        return Factory(config, this.getName());
    },
    applyNumber: function(config) {
        return Factory(config, this.getNumber());
    },
}
```

由于与现有的函数相比，新的 `applyNumber` 函数几乎没什么变化。因此，首先创建一份 `applyName` 函数的副本，然后用 substitute 命令将其中出现"Name"的地方改为"Number"。但表 14-1 展示的操作流程有点问题。

你能发现问题所在么？由于采用符号 `%` 作为范围值，从而导致每一处"Name"都被改成了"Number"。这样做显然不对，应该指定一个范围，限定 substitute 命令只作用于第二个函数（副本）中的那几行文本才对。

不用担心。可以先简单地撤销，然后再修正（参见表 14-2）。

其中，`gv` 命令会激活可视模式，并重新将上次被选中的文本高亮起来（已在技巧 21 中讨论过这一点）。而当在可视模式下按输入 `:` 时，表示范围的 `:'<,'>` 将被预先填充在命令行上，它限定了下一条命令只会在被选中的行上执行。

表 14-1　使用了错误的 substitute 命令

按键操作	缓冲区内容

{start}	```mixin = {```
	 ```applyName: function(config) {```
	 ``` return Factory(config, this.getName());```
	 ```},```
	 ```}```

续表

按键操作	缓冲区内容

Vjj	```
	mixin = {
	    applyName: function(config) {
	        return Factory(config, this.getName());
	    },
	}
	``

yP	```
	mixin = {
	    applyName: function(config) {
	        return Factory(config, this.getName());
	    },
	    applyName: function(config) {
	        return Factory(config, this.getName());
	    },
	}
	``

:%s/Name/Number/g	```
	mixin = {
	    applyNumber: function(config) {
	        return Factory(config, this.getNumber());
	    },
	    applyNumber: function(config) {
	        return Factory(config, this.getNumber());
	    },
	}
	``

另外，需要解释一下 :&& 命令，因为这两处 & 符号的含义有所不同。前一个 & 作为 Ex 命令 :& 的组成部分，用作重复上一次的 :substitute 命令（参见 :h :& ➊），第二个 & 则会重用上一次 :s 命令的标志位。

结论

我们总是可以指定一个新的范围，并使用 :&& 命令重新执行替换操作。至于上次用的范围是什么并不重要。具体来说，:&& 命令本身只作用于当前行，:'<,'>&& 会作用于高亮选区，而 :%&& 会作用于整个文件。正如我们已经看到的那样，g& 命令作为 :%&& 的快捷方式，使用起来会更方便一些。

表 14-2　更改 substitute 命令的范围

按键操作	缓冲区内容

u	```
	mixin = {
	    applyName: function(config) {
	        return Factory(config, this.getName());
	    },
	    applyName: function(config) {
	        return Factory(config, this.getName());
	    },
	}
	``

续表

按键操作	缓冲区内容
| gv | ```
mixin = {
    applyName: function(config) {
        return Factory(config, this.getName());
    },
    applyName: function(config) {
        return Factory(config, this.getName());
    },
}
``` |
| :'<,'>&& | ```
mixin = {
    applyName: function(config) {
        return Factory(config, this.getName());
    },
    applyNumber: function(config) {
        return Factory(config, this.getNumber());
    },
}
``` |

修正 & 命令

& 命令是 :s 命令的同义词，用于重复上一次的替换操作。遗憾的是，不论我们使用什么标志位，& 命令都将忽略它们，这意味着本次替换的结果可能与上一次截然不同。

让 & 来触发 :&& 命令会更有用，因为后者会保留标志位，从而使得执行命令的结果始终如一。以下映射项旨在修正普通模式下的 & 命令，并为可视模式创建一个类似的命令。

```
nnoremap & :&&<CR>
xnoremap & :&&<CR>
```

技巧 94　使用子匹配重排 CSV 文件的字段

在本节中，我们将会看到如何从查找模式中捕获子匹配，并在替换域中引用它们。

假设有一个 CSV 格式的文件，其中包含了一份含有电子邮箱地址以及姓名的列表。

---

substitution/subscribers.csv

```
last name,first name,email
neil,drew,drew@vimcasts.org
doe,john,john@example.com
```

现在假设想交换这些字段的次序，即把电子邮箱放到首列，其次是名字，最后一列为姓氏。使用以下 substitute 命令，可以做到这一点。

⇒ `/\v^([^,]*),([^,]*),([^,]*)$`

⇒ `:%s//\3,\2,\1`

在这个模式中，`[^,]` 会匹配除逗号以外的任何字符，因此，`([^,]*)` 不仅会匹配 0 次或多次连续的非逗号字符，而且会把捕获到的结果当作子匹配（参见技巧 76）。将此表达式重复 3 次，即可分别捕获 CSV 文件中 3 组字段中的每一列内容。

可以通过记号 `\n`[①] 来引用这些子匹配。因此，在替换域中，`\1` 表示姓氏，`\2` 表示名字，`\3` 表示电子邮箱。在把一行内容切分成单独的字段后，可以把它们按照设想的顺序重新排列，即 `\3`, `\2`, `\1` —— 电子邮箱，名字，姓氏。

命令的运行结果如下。

```
email,first name,last name
drew@vimcasts.org,drew,neil
john@example.com,john,doe
```

技巧 95　在替换过程中执行算术运算

替换域中的内容不一定非得是简单的字符串。可以执行一段 Vim 脚本表达式，然后用其结果充当替换字符串使用。具体到本节而言，仅凭一条 substitute 命令，就可以提升文档中每一级 HTML 标题标签的层级。

假设有以下 HTML 文档。

---

substitution/headings.html

```
<h2>Heading number 1</h2>
<h3>Number 2 heading</h3>
<h4>Another heading</h4>
```

[①] n 代表从 1 到 9 的数字。——译者注

我们的目标是提升每一处标题的层级，将 `<h2>` 变为 `<h1>`，`<h3>` 变为 `<h2>`，以此类推。换言之，要将现有的 HTML 标题标签中的数字部分减 1。

将利用 substitute 命令做到这一点。大致的策略为：首先要写一个模式，匹配 HTML 标题标签中的数字部分；然后，写一个 substitute 命令，用一段 Vim 脚本表达式将刚捕获到的数字减 1。这样一来，当在整个文件范围内运行完 substitute 命令时，所有的 HTML 标题标签都应该修改了。

查找模式

由于想改的只是标题标签的数字部分，因此，在理想情况下，要创建的模式只应匹配数字，而不包含其他部分。另外，不想匹配所有的数字，而只想匹配那些紧跟在 `<h` 或者 `</h` 之后的数字。综上所述，以下模式将符合我们的需求。

⇒ `/\v\<\/?h\zs\d`

其中的元字符 `\zs` 将使我们更关注于匹配的一部分。将本例简化后，模式 `h\zs\d` 会匹配 h 以及紧随其后的任意数字（h1、h2 等）。`\zs` 所在的位置表明 h 自身被排除在匹配之外，尽管它是更广泛模式的组成部分（我们已在技巧 78 中结识了元字符 `\zs`，而且还拿它与 Perl 的肯定型逆序环视做过对比）。本例中实际的模式要比这个略微复杂，因为我们不是匹配 h1 与 h2，而是 `<h1`、`</h1`、`<h2`、`</h2`，以此类推。

请试着自己执行一下这条查找命令吧。你会发现所有标题标签的数字部分都被高亮起来，但是单独出现的数字则不会。

substitute 命令

接下来，要在 substitute 命令的替换域中执行算术运算了。为了达到此目的，必须执行一段 Vim 脚本表达式。在 Vim 中，通过调用函数 `submatch(0)`，即可得到当前匹配的内容。具体到本例，由于我们的查找模式只会匹配数字，因此 `submatch(0)` 会返回一个数值。在此基础上，将此数值减 1，并最终用返回值替换匹配所在的位置。

以下这条 substitute 命令就可以搞定。

⇒ `:%s//\=submatch(0)-1/g`

在 HTML 的片段中先后执行查找以及 substitute 命令后，将会产生如下结果。

```
<h1>Heading number 1</h1>
<h2>Number 2 heading</h2>
<h3>Another heading</h3>
```

所有的 HTML 标题标签都被成功地修改了，但单独出现的数字并没有被改动。

技巧 96　交换两个或更多的单词

使用表达式寄存器以及 Vim 脚本中的字典数据结构（dictionary），可以设计一条特殊的 substitute 命令，用它来互换两个单词。

看一下这段文本。

substitution/who-bites.txt

```
The dog bit the man.
```

假设想对单词"dog"和"man"进行互换。当然，正如在**交换两个词**中展示的那样，可以用一系列复制与粘贴操作完成这个任务。但是这一次，考虑如何用 substitute 命令来实现这个功能吧。

事先声明，即将尝试的方法未免有些幼稚可笑。

⇒ `:%s/dog/man/g`

⇒ `:%s/man/dog/g`

第一条命令将"dog"替换成"man"，整句变为"the man bit the man"。而第二条命令又将"man"替换成"dog"，整句变为"the dog bit the dog"。很明显，我们需要再接再厉。

执行两遍 substitute 命令的方案难以奏效，因此，要靠一次 substitute 命令来搞定它。具体来讲，撰写一个既能匹配"dog"又能匹配"man"的模式并不难（请你想一想），难的是撰写一个特殊的表达式，它以一个单词作为输入，将其转换成另一个单词作为输出。接下来，先解决这个难题。

返回另一个单词

我们甚至不需要创建函数就可以实现这个功能。只需为此简单地定义一个字典数据结构，其中包含两组键-值对。请在 Vim 中输入以下命令。

⇒ `:let swapper={"dog":"man","man":"dog"}`

⇒ `:echo swapper["dog"]`

❮ `man`

⇒ `:echo swapper["man"]`

❮ `dog`

　　将 `"dog"` 作为"键"传入字典 `swapper` 时，它会返回 `"man"`，反之亦然。

匹配两个单词

　　你的模式撰写完了么？现在公布答案。

⇒ `/\v(<man>|<dog>)`

　　此模式可以轻松地匹配整个单词"man"或整个单词"dog"。其中，圆括号用于捕获已匹配的文本，方便在替换域中引用。

合而为一

　　把所有命令连贯起来执行。首先，运行查找命令，使"dog"与"man"高亮起来。然后，在运行 substitute 命令之前，把查找域留空，这样将会简单地重用上次的查找模式（正如在技巧 91 中讨论的那样）。

　　至于替换的内容，必须通过执行一小段 Vim 脚本才能获得。这意味着要在替换域中使用符号 `\=`。这一次，不用将字典数据赋给变量，这太麻烦了，只需在替换域中创建一次性使用的字典数据结构即可。

　　通常使用 Vim 的符号 `\1`、`\2`（以此类推）来引用被捕获的文本。但在 Vim 脚本中，必须调用 `submatch()` 函数才能得到被捕获的文本（参见 `:h submatch()`①）。

　　把所有的命令连起来后，会形成如下序列。

⇒ `/\v(<man>|<dog>)`

⇒ `:%s//\={"dog":"man","man":"dog"}[submatch(1)]/g`

结论

　　这是一个得不偿失的例子，因为，我们不得不将单词"man"与"dog"完整地输入 3 遍。很明显，如果在文档中依次修改这两个单词，会更快地完成任务。但是，如果这些单词多次出现在一大段文本之中，这些额外的操作将会很快彰显其优势。值得注意的是，这种技术可以方便地进行扩展，例如，在一次替换操作中互换 3 个或更多的单词。

还有一个问题依然存在，即全部命令需要手动输入。通过引入更多的 Vim 脚本，可以撰写一个自定义的命令，它会把所有重复性的工作隐藏起来，只提供一个更为友好的用户接口。尽管这已经超出了本书的范围，但可以通过阅读 **Abolish.vim:超级 substitute 命令**来获得更多的启发。

Abolish.vim: 超级 substitute 命令

在所有由 Tim Pope 开发的插件之中，Abolish[①] 是我最喜爱的一种。它为 Vim 贡献了一条名为 :Subvert 的自定义命令（或者简写为 :S），其作用类似于 Vim 内置命令 :substitute 的增强版本。凭借这个插件，只需输入以下命令，就可以轻松实现单词 "man" 与 "dog" 之间的交换操作。

⇒ `:%S/{man,dog}/{dog,man}/g`

与 substitute 命令相比，这个自定义命令不仅更容易输入，而且也更灵活。类似于 "dog" 替换 "man"（反之亦然）的方式，它也可以轻松应对诸如 "DOG" 替换 "MAN"，或者 "Dog" 替换 "Man" 的情况。对于这个伟大的插件，本例仅仅是管中窥豹，因此，我鼓励你发掘它在其他方面的潜能。

技巧 97　在多个文件中执行查找与替换

substitute 命令通常只针对当前文件进行操作，如果想在整个工程范围内进行替换，该怎么办呢？尽管此类场景很常见，但是 Vim 确实没有提供一条专用的命令，用于工程范围内的查找与替换操作。不过可以把几条操作 Vim quickfix 列表的简单命令组合起来，间接地实现该功能。

将使用 `refactor-project` 文件夹作为示范。可以在本书附带的源代码中找到它们，具体包含如下文件及内容。

---

① https://github.com/tpope/vim-abolish

```
refactor-project/
  about.txt
  Pragmatic Vim is a hands-on guide to working with Vim.

  credits.txt
  Pragmatic Vim is written by Drew Neil.

  license.txt
  The Pragmatic Bookshelf holds the copyright for this book.

  extra/
    praise.txt
    What people are saying about Pragmatic Vim...

    titles.txt
    Other titles from the Pragmatic Bookshelf...
```

这些文件中都包含单词"Pragmatic"，要么在词组"Pragmatic Bookshelf"中出现，要么在词组"Pragmatic Vim"中出现。接下来，我们将执行一次查找与替换操作，将每一处"Pragmatic Vim"都改为"Practical Vim"，而"Pragmatic Bookshelf"则保持不变。

如果你想跟着做的话，请先登录 Pragmatic Bookshelf 网站的 Practical Vim 页面，下载源代码，先切换到 refactor-project 目录，然后启动 Vim。

本节描述的工作流程依赖于:cfdo 命令，它在 Vim 7.4.858 版本中首次被引入。如果你仍在使用旧的 Vim 版本，需要升级后才能使用该命令。

substitute 命令

先来设计 substitute 命令吧。我们要撰写的模式，需要匹配词组"Pragmatic Vim"中的单词"Pragmatic"，但是要忽略词组"Pragmatic Bookshelf"中的这个单词。下面的模式可以满足这一要求。

⇒ `/Pragmatic\ze Vim`

此处使用了元字符 \ze 把单词"Vim"从匹配中排除掉（参见技巧 78）。然后就可以运行 substitute 命令了。

⇒ `:%s//Practical/g`

接下来要想办法在整个工程范围内执行这条命令。我们将分两步做：首先在整个工程范围内查找目标模式，接着在包含该匹配的文件上运行替换命令。

使用:vimgrep 在工程范围内查找

我们将使用:vimgrep 命令在工程范围内查找（参见技巧 111）。由于这条命令使用的也是 Vim 内置的查找引擎，因此可以重用同一个模式。试着运行以下命令。

⇒ `/Pragmatic\ze Vim`

⇒ `:vimgrep // **/*.txt`

该命令的查找域被两个毗邻的 / 字符隔开。将查找域留空以便让 Vim 使用当前的查找模式，而通配符**/*.txt 是告诉 vimgrep 在当前目录下所有后缀为 .txt 的文件中查找。

使用:cfdo 在整个工程范围内执行 substitute 命令

vimgrep 返回的每一条匹配结果都被记录在 quickfix 列表中（参见第 17 章）。可以运行:copen 命令打开 quickfix 窗口浏览这些匹配结果。但现在不是想逐项浏览每个结果，而是想对 quickfix 列表中的每个文件执行替换命令。用 :cfdo 命令（参见 :h :cfdo ❶）可以实现这一目的。在使用 :cfdo 命令之前，要确保 hidden 设置项已被使能。

⇒ `:set hidden`

该设置项可以无需存盘就可以从某个被修改的文件中切换出去，更详细的讨论请参见技巧 38。

现在执行下面的命令，在 quickfix 列表的所有文件上进行替换。

⇒ `:cfdo %s//Practical/gc`

此处的 c 标记是可选的，它让我们在替换前浏览每处匹配并决定是否替换（参见技巧 90）。最后，用以下命令将修改结果存盘。

⇒ `:cfdo update`

:update 命令用于保存文件，但仅限于该文件中有改动（参见 :h update ❶）。

注意后两条命令也可以合为一条：

⇒ `:cfdo %s//Practical/g | update`

在 Vim 命令行出现的字符 | ，其意义与 shell 用户所想的有所不同。在 UNIX 中，| 字符将一条命令的标准输出传递给下一条命令的标准输入（创建一个"管道"）。而在 Vim 中，| 仅仅作为命令分隔符，作用等同于 Unix 终端中的分号。更多信息请

参 :h :bar ❶。

小结

以下是完整的命令序列。

⇒ /Pragmatic\ze Vim

⇒ :vimgrep // **/*.txt

⇒ :cfdo %s//Practical/gc

⇒ :cfdo update

先构造一个查找模式，并在当前缓冲区中对其进行检验。接着使用 :vimgrep 在整个工程范围内查找这个模式，并将结果加入 quickfix 列表中。然后就可以使用 :cfdo 在 quickfix 列表的所有文件中运行 :substitute 和 :update 命令。

第 15 章

global 命令

:global 命令结合了 Ex 命令与 Vim 的模式匹配这两方面能力。凭借该命令，可以在某个指定模式的所有匹配行上运行 Ex 命令。就处理重复工作的效率而言，global 命令是除点范式以及宏之外，最为强大的 Vim 工具之一。

技巧 98　认识 global 命令

:global 命令允许在某个指定模式的所有匹配行上运行 Ex 命令。首先研究一下它的语法。

:global 命令通常采用以下形式（参见 :h :g ⓘ）。

:[range] global[!] /{pattern}/ [cmd]

首先，在缺省情况下，:global 命令的作用范围是整个文件（%），这一点与其他大多数 Ex 命令（包括 :delete、:substitute 以及 :normal）有所不同，这些命令的缺省范围仅为当前行（.）。

其次，{pattern} 域与查找历史相互关联。这意味着如果将该域留空的话，Vim 会自动使用当前的查找模式。

另外，[cmd] 可以是除 :global 命令之外的任何 Ex 命令。在实际应用中，如表 5-1 中所列的那些 Ex 命令，无一不在处理文本过程中起到了极大的作用。顺便提一下，如果不指定任何 [cmd]，Vim 将缺省使用 :print。

还有，可以用 :global! 或者 :vglobal（v 表示 invert）反转[0] :global 命令的行为[0]。这两条命令将指示 Vim 在没有匹配到指定模式的行上执行 [cmd]。在下一节中，将会分别看到 :global 与 :vglobal 的应用实例。

最后需要指出的是 :global 命令在指定 [range] 内的文本行上执行时通常分为两轮。第一轮，Vim 在所有 [pattern] 的匹配行上做上标记。第二轮，再在所有已标记的文本行上执行 [cmd]。另外，由于 [cmd] 的范围可单独设定，因此可在多行文本段内进行操作，将在技巧 101 中讲解这项强大的技术。

技巧 99　删除所有包含模式的文本行

将 :global 命令与 :delete 命令一起组合使用，可以快速裁剪文件内容。对于那些匹配 {pattern} 的文本行，既可以选择保留，也可以将其丢弃。

以下内容取自 Vimcasts.org 归档网页中有关前几部主题的链接。

global/episodes.html

```
<ol>
  <li>
    <a href="/episodes/show-invisibles/">
      Show invisibles
    </a>
  </li>
  <li>
    <a href="/episodes/tabs-and-spaces/">
      Tabs and Spaces
    </a>
  </li>
  <li>
    <a href="/episodes/whitespace-preferences-and-filetypes/">
      Whitespace preferences and filetypes
    </a>
  </li>
</ol>
```

显而易见，所有列表项均由两部分数据构成：主题的标题及其 URL。接下来，将利用 :global 命令分别取出这两组数据。

用 ':g/re/d' 删除所有的匹配行

如果只想保留 <a> 标签内的标题，而把其他行删掉，该怎么做呢？在本例中，由于每组链接的内容各占一行，而其他文本行只包含或开或闭这两种类型的标签，因此，如果设计一个可以匹配 HTML 标签的模式，再用它调用 :global 命令，就可以删掉所有该模式的匹配行了。

以下命令可以做到这一点。

⇒ /\v\<\/?\w+>

⇒ :g//d

如果在 Vimcasts.org 的归档文件中运行这两条命令，文件的内容将会变为：

```
Show invisibles
Tabs and Spaces
Whitespace preferences and filetypes
```

与 :substitute 命令类似，也可以将 :global 命令的查找域留空。这样一来，Vim 将会重用最后一次的查找模式（参见技巧 91）。这意味着在构造正则表达式的过程中，可以先进行粗粒度匹配，然后再对其进行精细调整，正如技巧 85 展示的那样。

本例的正则表达式采用的是 very magic 模式（在技巧 74 中有所涉及）。首先，它会匹配左尖括号（\<）；然后，匹配可选的正斜杠（\/?）；接下来，再匹配一个或多个单词型字符（\w+）；最后匹配表示单词结尾的分隔符（>）。尽管这个正则表达式并不能匹配所有的标签，但对于这个特定的例子来说，已经够用了。

> ### Grep 一词的来历
>
> 请仔细琢磨一下 :global 命令的简写形式：
>
> ⇒ :g/re/p
>
> re 表示 regular expression，而 p 是 :print 的缩写，它作为缺省的 [cmd] 使用。如果我们把符号 / 忽略掉，便会发现单词 "grep" 已然呼之欲出了。

用 ':v/re/d' 只保留匹配行

这一次，我们将进行相反的操作。正如我们前面提到的，:vglobal 或简写的 :v 命令恰好与 :g 命令的操作相反。也就是说，它用于在指定模式的非匹配行上执行 Ex

命令。

在本例中，包含 URL 的文本行很容易识别，它们都含有 `href` 属性。因此，运行以下命令，可以得到这些文本行。

⇒ `:v/href/d`

以上命令可以解读为"删除所有不包含 `href` 的文本行"。最终的结果如下。

```
<a href="/episodes/show-invisibles/">
<a href="/episodes/tabs-and-spaces/">
<a href="/episodes/whitespace-preferences-and-filetypes/">
```

仅仅凭借一条命令，整篇文档就被精炼为我们感兴趣的文本段了。

技巧 100　将 TODO 项收集至寄存器

通过把 `:global` 和 `:yank` 这两条命令[0]结合在一起，可以把所有匹配 `{pattern}` 的文本行收集到某个寄存器中。

下列代码包含了几行以"TODO"开头的注释行。

global/markdown.js

```javascript
Markdown.dialects.Gruber = {
    lists: function() {
        // TODO: Cache this regexp for certain depths.
        function regex_for_depth(depth) { /* implementation */ }
    },
    "`": function inlineCode( text ) {
        var m = text.match( /(`+)(([\s\S]*?)\1)/ );
        if ( m && m[2] )
            return [ m[1].length + m[2].length ];
        else {
            // TODO: No matching end code found - warn!
            return [ 1, "`" ];
        }
    }
}
```

假设想把所有 TODO 项收集到一起。只需输入以下命令，这些信息就会变得一览无余。

⇒ **:g/TODO**

❰   `// TODO: Cache this regexp for certain depths.`
      `// TODO: No matching end code found - warn!`

　　请牢记，`:print` 是 `:global` 命令的缺省 [cmd]，它只是简单地回显所有匹配单词"TODO"的文本行。这并没什么用处，因为一旦执行了其他命令，这些信息将会消失。

　　这里介绍另外一种做法。先将所有包含单词"TODO"的文本行复制到某个寄存器，再把寄存器的内容粘贴到其他文件中，以备不时之需。

　　这一次，将用到寄存器 a。首先运行 `qaq`，将其清空。对这个命令进行分解。`qa` 会让 vim 开始录制宏，并把它存到寄存器 a 中，最后的 `q` 则负责终止录制。由于在录制宏的过程中，我们没有敲击任何按键，因此寄存器最终被清空了。可以用下面的命令印证一下。

⇒ **:reg a**

❰ `--- Registers ---`
  `"a`

　　现在，可以把包含 TODO 注释的行复制到此寄存器中了。

⇒ **:g/TODO/yank A**

⇒ **:reg a**

❰ `"a // TODO: Cache this regexp for certain depths.`
     `// TODO: No matching end code found - warn!`

　　此处有一个窍门，即要用大写字母 A 引用寄存器。这意味着 Vim 将把内容附加到指定的寄存器，用小写字母 a 的话，则会覆盖原有寄存器的内容。因此，这条 global 命令可以被解读为"将所有匹配模式 /TODO/ 的文本行依次附加到寄存器 a。"

　　这一次，当再次运行 `:reg a` 时，会发现寄存器 a 已经存有两组源自文档的 TODO 项了。（为了方便阅读，已将这些内容调整为两行，但在 Vim 中，换行符实际会显示为 ^J。）此后，只需在任意分割窗口中打开一个新缓冲区，再运行 `"ap` 命令，就可以将寄存器 a 的内容粘贴进去了。

结论

　　本例只收集了两个 TODO 项，即使手动操作也可以很快地完成。但是，以上介绍的技术具有很好的扩展性。如果某篇文档包含十几个 TODO 项，采用该技巧将使我们事半功倍。

甚至可以将 :global 命令与 :bufdo 或 :argdo 一起搭配使用，从一组文件中收集所有的 TODO 项。这个任务就留给你作为练习吧，可以参考技巧 36 中类似的工作流程。

还有另外一种方案：

⇒ :g/TODO/t$

这里用到的 :t 命令已经在技巧 29 中介绍。该命令是将所有 TODO 项复制到当前文件的末尾，而不是把它们附加到寄存器。一旦运行完该命令，就可以在文件的末尾看到这些 TODO 项了。由于此法不会影响寄存器的内容，因此相对简单直接，但它在与 :argdo 以及 :bufdo 命令一起使用时不太干净利落。

技巧 101　将 CSS 文件中所有规则的属性按照字母排序

当 Ex 命令与 :global 一起组合使用时，也可以为 [cmd] 单独指定范围。Vim 允许以 :g/{pattern} 为参考点，动态地设定范围。接下来，看看如何利用这一点，将 CSS 文件中每一条规则的所有属性均按照字母顺序排列。

用以下 CSS 文件作为演示。

global/unsorted.css

```
Line 1  html {
   -      margin: 0;
   -      padding: 0;
   -      border: 0;
   5      font-size: 100%;
   -      font: inherit;
   -      vertical-align: baseline;
   -    }
   -    body {
   10     line-height: 1.5;
   -      color: black;
   -      background: white;
   -    }
```

假设想把每一组规则内的属性都按照字母顺序排序。借助 Vim 的内置命令 :sort（参见:h :sort ⓘ），就可以实现这一功能。

对单条规则的属性进行排序

先用 `:sort` 命令在该文件的子集上练练手（参见表 15-1）。

首先，使用文本对象 `vi{`，可以轻易地选中一段由 `{}` 所围的文本块。然后，运行 `:'<,'>sort`，便可以将这些文本行按照字母顺序重新排列了。如果每次仅对一条规则进行排序，此法完全可以胜任，但假设我们遇到的是一个包含数百条规则的样式表呢？如果能把这一过程自动化岂不更好么？

表 15-1　对文件的子集进行排序

按键操作	缓冲区内容

`{start}`	`html {`
	　`margin: 0;`
	　`padding: 0;`
	　`border: 0;`
	　`font-size: 100%;`
	　`font: inherit;`
	　`vertical-align: baseline;`
	`}`

`vi{`	`html {`
	　`margin: 0;`
	　`padding: 0;`
	　`border: 0;`
	　`font-size: 100%;`
	　`font: inherit;`
	　`vertical-align: baseline;`
	`}`

`:'<,'>sort`	`html {`
	　`border: 0;`
	　`font-size: 100%;`
	　`font: inherit;`
	　`margin: 0;`
	　`padding: 0;`
	　`vertical-align: baseline;`
	`}`

对所有规则的属性进行排序

其实，可以用一条 `:global` 命令对文件中所有规则的属性进行排序。假设在本例的样式表中运行以下命令。

⇒ `:g/{/ .+1,/}/-1 sort`

最终会得到以下结果。

```
html {
  border: 0;
  font-size: 100%;
  font: inherit;
  margin: 0;
  padding: 0;
  vertical-align: baseline;
}
body {
  background: white;
  color: black;
  line-height: 1.5;
}
```

这条排序命令会在每条规则的{}块内执行。尽管本例中的样式表仅仅包含十几行文本，但对于内容更多的 CSS 文件，此法也同样适用。

这条命令很复杂，但掌握其机理后，将会由衷地赞叹 :global 命令的强大。:global 命令的标准格式如下。

:g/{pattern}/[cmd]

请牢记，Ex 命令通常都会接受"范围"作为其参数（正如技巧 28 讨论的那样）。对于 :global 命令内部的 [cmd]，该规则依然有效。因此，可以将命令的模板扩展成以下形式。

:g/{pattern}/[range][cmd]

实际上，可以用 :g/{pattern} 匹配作为参考点，动态设置 [cmd] 的 [range]。. 符号通常表示光标所在行，但在 :global 命令的上下文中，它则表示 {pattern} 的匹配行。

可以把原有的命令拆分成两条单独的 Ex 命令进行讲解，先分析命令的后半部分。以下是一条有效的 Ex 命令。

⇒ :.+1,/}/-1 sort

如果去掉范围中的偏移，该范围可简化为 .,/}/，其含义是"从当前行开始，一直到匹配模式 /}/ 的那一行为止"。偏移值 +1 与 -1 仅仅用于缩小操作范围，让我们把目光集中在 {} 之间的内容上面。对于排序前的原始 CSS 文件，如果把光标置于第 1 行或第 9 行，以上这条 Ex 命令将会对相应 {} 之内的规则按照字母顺序重新排序。

也就是说，只需将光标置于每个 {} 块的起始位置，再运行 `:.,/}/ sort` 命令，即可将其中的规则按照字母顺序重新排序了。明白了么？现在，试着用 `:global` 命令中的 `{pattern}` 执行一次查找。

⇒ `/{/`

以上命令会将光标置于某个 {} 块的起始位置，即我们的目标所在。现在，再重新将 `:global` 与 Ex 命令 `[cmd]` 组合在一起。

⇒ `:g/{/ .+1,/}/-1 sort`

其中，模式 `{` 会匹配每个 {} 块的起始行。而对于每个匹配行，`:sort` 会在匹配行到 {} 块的结尾这个 `[range]` 范围内执行。最终，每一条规则的 CSS 属性都会按照字母顺序排列整齐。

结论

`:global` 命令的广义形式如下。

`:g/{start}/ .,{finish} [cmd]`

可以将其解读为"对从 `{start}` 开始，到 `{finish}` 结束的所有文本行，执行指定的 `[cmd]`"。

对于 `:global` 命令与任意 Ex 命令的组合，都可以采用相同的范式。例如，假设想对某一段指定范围内的文本内容进行缩进，用 Ex 命令 `:>`（参见 `:h >` ❶）就可以实现。

⇒ `:g/{/ .+1,/}/-1 >`

❰ 6 lines >ed 1 time
　3 lines >ed 1 time

> 注意：与 `:sort` 不同的是，每当调用 `:>` 命令时，Vim 都会提示一条信息。如果在 `[cmd]` 的前面加上 `:slient`（参见 `:h :sil` ❶），就可以屏蔽这些信息：
>
> ⇒ `:g/{/sil .+1,/}/-1 >`

此法尤其适用于 `:g/{pattern}` 匹配大量文本行的情况。

第六部分　工具

"只做一件事，并做到极致"是 UNIX 哲学的精髓所在。

Vim 提供了一些包装命令，让人们可以方便地调用诸如 make 或 grep 等外部程序。

有些编辑任务需要与编辑器更紧密地集成在一起，为此，Vim 提供了用于拼写检查及自动补全的原生工具和内置的:vimgrep 命令。

在本书的这一部分，将研究 Vim 的工具箱及其与外部工具协同工作的接口。

第 16 章

通过 ctags 建立索引，并用其浏览源代码

ctags 是一个外部程序，它通过扫描代码库，生成关键字的索引。ctags 最初内置于 Vim 程序中，但随着 Vim 6.0 的发布，它脱离 Vim 成为一个独立的项目。现如今，Vim 与 ctags 仍然紧密集成在一起，由此可见这一段历史渊源。

Vim 对于 ctags 的支持，使得我们可以快速地跳到函数及类的定义之处，从而实现浏览整个代码库的目的。具体的操作方法会在技巧 104 中展示。另外，我们将在**标签文件**中看到，ctags 的输出结果也可以用于建立自动补全的单词列表，这是 ctags 的第二点好处。

除非 Vim 知道要到哪里去找最新的索引文件，否则不论是基于标签的跳转还是自动补全，都无从谈起。技巧 103 展示了如何配置 Vim 才能使用 ctags。但是首先看看如何安装并运行 ctags。

技巧 102　认识 ctags

为了能够使用 Vim 的标签跳转功能，首先，必须安装 ctags 程序，然后，需要掌握其执行方法，最后，再深入了解由它产生的索引内容。

安装 Exuberant Ctags

Linux 用户应该可以通过包管理器获取到 `ctags` 程序。例如，在 Ubuntu 上，可以通过以下命令安装该程序。

⇒ `$ sudo apt-get install exuberant-ctags`

OS X 的发行版也预装了一套名为 `ctags` 的 BSD 软件。

> **注意：** 此程序并非 Exuberant Ctags。还需自行安装真正的 Exuberant Ctags。当然，使用 homebrew 程序可以让安装过程变得更容易一些。

⇒ `$ brew install ctags`

以下命令可以检测出系统是否安装了 `ctags` 以及路径正确与否。

⇒ `$ ctags --version`

《 `Exuberant Ctags 5.8, Copyright (C) 1996-2009 Darren Hiebert`
　`Compiled: Dec 18 2010, 22:44:26`
　　…

如果没有看到以上信息，就意味着要对 $PATH 进行修改，即确保 `/usr/local/bin` 比 `/usr/bin` 优先。

扩展 ctags 或者使用兼容的标签生成工具

可以对 ctags 进行扩展，以便为那些尚未支持的语言生成标签。通过使用--regex、--langdef 以及--langmap 选项，可以定义正则表达式来创建简单规则，以便为任何一种语言的核心结构建立索引。另外，还可以用 C 语言来直接写一个解析器。用 C 语言写的解析器性能要好于基于正则表达式的解析器，如果你所开发的工程代码量很大，这种差异就会很明显。

除了扩展 ctags 外，还可以开发专用工具来为所选的语言生成索引。例如，gotags 就是一款用于索引 Go 语言的标签解析器，它与 ctags 兼容，本身就是由 Go 语言实现的 [a]。它生成的输出文件在格式上与 ctags 相同，因此可以与 Vim 无缝兼容。

标签文件的格式并不是专有的：它只是一个纯文本文件。任何人都可以写个脚本来生成 Vim 可识别的标签文件。

[a].https://github.com/jstemmer/gotags

用 ctags 创建代码库的索引

可以在系统命令行中调用 ctags，以要建立索引的文件路径作为它的参数，既可以是一个文件，也可以是多个文件。随书附带的源代码收录了一组由 3 个 Ruby 文件组成的小演示程序。先在这组代码库中运行 ctags。

⇒ $ cd code/ctags

⇒ $ ls

❰ anglophone.rb francophone.rb speaker.rb

⇒ $ ctags *.rb

⇒ $ ls

❰ anglophone.rb francophone.rb speaker.rb tags

> 注意：ctags 创建了一个名为 tags 的纯文本文件，其内容是 ctags 经过对 3 个源文件的分析而生成的关键字索引。

详解标签文件

对刚生成的标签文件做一番深入研究。出于版面的限制，个别文本行已做了适当的调整。

ctags/tags-abridged

```
!_TAG_FILE_FORMAT        2     /extended format/
!_TAG_FILE_SORTED        1     /0=unsorted, 1=sorted, 2=foldcase/
!_TAG_PROGRAM_AUTHOR     Darren Hiebert //
!_TAG_PROGRAM_NAME       Exuberant Ctags //
!_TAG_PROGRAM_URL        http://ctags.sourceforge.net  /official site/
!_TAG_PROGRAM_VERSION    5.8      //
Anglophone  anglophone.rb        /^class Anglophone < Speaker$/;"  c
Francophone  francophone.rb        /^class Francophone < Speaker$/;"  c
Speaker speaker.rb   /^class Speaker$/;"  c
initialize  speaker.rb        /^ def initialize(name)$/;" f
speak  anglophone.rb    /^ def speak$/;"        f         class:Anglophone
speak  francophone.rb    /^ def speak$/;"        f         class:Francophone
speak  speaker.rb    /^ def speak$/;"        f         class:Speaker
```

标签文件的前几行由元数据组成。而此后的每一行文本均由关键字、文件名以及关键字在源代码中的位置这 3 项内容构成。另外，由于关键字是按照字母顺序排列的，因此，Vim（或者其他文本编辑器）可以采用折半查找法快速定位到某个关键字。

用模式定位关键字，而不是用行号

描述标签文件格式的规格文档明确指出，关键字的地址可以是任意的 Ex 命令。虽然使用绝对行号是选择之一，例如，通过 Ex 命令 `:42`，可以将光标移至第 42 行上，但想想这种方法有多么脆弱，哪怕只在文件的开头新加入一行文本，都有可能造成所有关键字位置的错位。

ctags 不采用绝对行号，而是用查找命令定位每一处关键字（如果你不相信查找命令是一种 Ex 命令，请试着输入 `:/pattern`）。相比使用行号而言，此法更为健壮，但依然不算完美。试想一下，如果在给定的文件中，用于定位关键字的查找命令不止一处匹配，那该怎么办？

这种事情应该不会发生，因为如果有必要的话，模式可以匹配连续多行文本，直到可以唯一定位这个关键字为止。另外，只要标签文件每一行的长度不超过 512 个字符，它就可以向后兼容 vi。当然，当查找模式变得更长了，它自身也会变得脆弱。

用元数据标记关键字

传统的标签文件格式只需由制表符分隔的 3 组字段构成：关键字、文件名以及定位符。但目前使用的扩展格式，允许在末尾添加额外字段，为关键字提供元数据。在本例中，可以看到 Anglophone、Francophone 以及 Speaker 这 3 个关键字都被冠以 c 标签，用来表示"类"，而 initialize 与 speak 被标记为 f，以此代表"函数"。

技巧 103　配置 Vim 使用 ctags

如果想在 Vim 中使用基于 ctag 的跳转命令，首先，要确保标签文件是最新的，其次，要让 Vim 知道到哪里去找标签文件。

告诉 Vim 标签文件在哪里

'tags' 选项指定了 Vim 应该到哪里去找标签文件（参见 `:h 'tags'` ①）。当 'tags' 选项为 `./` 时，Vim 将把它替换成当前文件所在的路径。以下命令用于查看缺省的配置。

⇒ `:set tags?`

❰ `tags=./tags,tags`

根据上述配置，Vim 会在当前文件所在目录以及工作目录中查找标签文件。在某些情况下，如果 Vim 已在第一个标签文件中找到了匹配项，就不会在第二个标签文件中继续查找了（更多细节，请参见 `:h tags-option` ①）。根据 Vim 的缺省配置，可以在工程的每一个子目录中都建立一个标签文件，或者为了简单起见，只在工程的根目录中维护一个全局的标签文件即可。

如果你经常运行 `ctags` 来确保索引与代码同步，每次提交代码时，标签文件也会出现在已修改文件列表中。为了不影响源代码的提交记录，可以把版本控制工具配置成忽略标签文件。

生成标签文件

正如在**用 ctags 创建代码库的索引**所看到的那样，ctags 可以在系统命令行中执行。但其实不必离开 Vim 也可以重新生成标签文件。

简单的例子：手动执行 ctags

通过以下命令，可在 Vim 中直接调用 `ctags`。

⇒ `:!ctags -R`

该命令将从 Vim 当前的工作目录开始，遍历其所有的子目录，并为其中的每一个文件建立索引。最终，再把这个标签文件保存到当前工作目录中。

假设想调整一下命令，加入 `--exclude=.git` 或 `--languages=-sql` 等类似的参数，如果每次手动输入命令的话，势必会很麻烦。使用以下映射项，能节省不少时间。

⇒ `:nnoremap <f5> :!ctags -R<CR>`

这样一来，只需按 `<F5>` 键就可以完成索引的更新工作，尽管如此，仍要定期手动更新这个标签文件。现在，考虑如何利用一些方式使此过程自动执行。

在每次保存文件时自动执行 ctags

Vim 的自动命令（autocommand）功能允许在某个事件发生时调用一条命令，这些事件包括缓冲区的创建、打开或者保存等。因此，可以创建一条自动命令，在每次保存文件时自动调用 `ctags`。

⇒ `:autocmd BufWritePost * call system("ctags -R")`

这样一来，每当保存文件的改动时，都会对整个代码库进行更新索引操作。

通过版本控制工具的回调机制自动执行 ctags

大多数版本控制工具都支持回调机制，允许执行一个脚本来响应代码仓库（repository）的事件。可以充分利用这一点，将源代码控制工具配置成每次提交代码改动时，自动为代码仓库更新索引。

在 Tim Pope 的《Effortless Ctags with Git》一文中，讲解了如何为 `post-commit`、`post-merge` 以及 `post-checkout` 等事件建立回调机制[①]。该方案的优势在于实现了全局回调功能，通过它，不必为系统中的每个代码仓库单独进行配置。

结论

每一种为源代码创建索引的策略都各有利弊。虽然手动更新索引的方式最简单，但要求定期更新索引，否则索引就会过时了。

第二种策略是，每当缓冲区被保存时，通过自动命令调用 `ctags`。此法保证了标签文件总是处于最新状态，但由此产生的代价是什么呢？对于规模较小的代码库，运行 `ctags` 消耗的时间可能察觉不到，但对于规模较大的工程，这段时间足以中断我们的工作流程。另外，对于在编辑器之外发生的任何文件改动，此项技术也无法派上用场。

最后一种策略是，每当提交代码改动时，自动更新代码库的索引。此法很好地兼顾了前两种方式的优缺点。虽然索引文件可能无法与我们最新开发的代码保持同步，但这些缺陷是可以容忍的。因为，当前正在开发的代码是最不可能用于标签跳转的。还要牢记一点，标签文件的关键字都是通过查找命令定位的（参见**详解标签文件**），这样一来，即使关键字涉及修改，也依然能够保持较强的健壮性。

技巧 104　使用 Vim 的标签跳转命令，浏览关键字的定义

Vim 与 `ctags` 的集成，使得代码中的关键字变成了某种形式的超链接。这使得我们可以快速地跳转到关键字的定义处。接下来，将会看到如何使用普通模式下的 `<C-]>` 与 `g<C-]>` 命令及其相应的 Ex 命令。

[①] http://tbaggery.com/2011/08/08/effortless-ctags-with-git.html

跳转到关键字的定义处

一旦按下 `<C-]>`，光标将会从当前所在的关键字跳转到它的定义处。下表展示了实际的操作过程。

按键操作	缓冲区内容

{start}	```ruby
	require './speaker.rb'
	class Anglophone < Speaker
	  def speak
	    puts "Hello, my name is #{@name}"
	  end
	end
	Anglophone.new('Jack').speak```

`<C-]>`	```ruby
	require './speaker.rb'
	class Anglophone < Speaker
	  def speak
	    puts "Hello, my name is #{@name}"
	  end
	end
	Anglophone.new('Jack').speak```

在本例中，Anglophone 类的定义恰巧在同一个缓冲区。但如果将光标移到 Speaker 关键字上，并调用相同的命令，结果将会切换到这个类定义所在的缓冲区。

按键操作	缓冲区内容

fS	```ruby
	require './speaker.rb'
	class Anglophone < Speaker
	  def speak
	    puts "Hello, my name is #{@name}"
	  end
	end
	Anglophone.new('Jack').speak```

`<C-]>`	```ruby
	class Speaker
	  def initialize(name)
	    @name = name
	  end
	  def speak
	    puts "#{name}"
	  end
	end```

当按照以上方式浏览整个代码库时，Vim 会为访问过的标签维护一个历史列表。在浏览标签历史记录时，`<C-t>` 命令充当"后退按钮"的角色。如果此刻按下该键，

光标会从 Speaker 的定义处回到 Anglophone 的定义处，而如果再按一次的话，光标会回到原位。与标签跳转列表交互有关的更多信息，请查阅 `:h tag-stack` ⓘ。

当关键字存在多处匹配时，可指定跳转的位置

前面的例子之所以一目了然，是因为示例代码库只包含 Speaker 与 Anglophone 关键字的一处定义。但假设光标此时位于 speak 方法的调用处，例如：

```
Anglophone.new('Jack').speak
```

而由于 Speaker、Francophone 以及 Anglophone 这 3 个类都定义了名为 speak 的函数，因此，如果此时调用 `<C-]>` 命令，Vim 会跳到哪个定义上呢？自己试试看。

如果当前缓冲区有标签匹配此关键字，则它的优先级最高。针对本例，光标会跳转到 Anglophone 类的 speak 函数定义。要了解更多有关 Vim 划分匹配标签优先级的情况，请查阅 `:h tag-priority` ⓘ。

还可以用 `g<C-]>` 命令来代替 `<C-]>`。如果当前关键字只有一处匹配，这两条命令的行为将完全一致，但如果发生了多处匹配的情况，`g<C-]>` 命令会从标签匹配列表中挑出可选项供我们选择。

```
# pri kind tag              file
1 F C f    speak            anglophone.rb
             class:Anglophone
             def speak
2 F   f    speak            francophone.rb
             class:Francophone
             def speak
3 F   f               speak  speaker.rb
             class:Speaker
             def speak
Type number and <Enter> (empty cancels):█
```

正如提示信息所示，只需输入相应的数字并按下 `<CR>` 键，就可以跳转到指定的位置了。

假设已经调用了 `<C-]>`，但发现光标所到之处并非如我们所愿。补救措施之一是通过 `:tselect` 命令，调出标签匹配列表，从而进行回溯。其次，还可以用 `:tnext` 命令直接跳转到下一处匹配的标签，这个过程不会显示提示信息。另外，正如你所预料的那样，也可以用 `:tprev`、`:tfirst`、`:tlast`。可以参考 unimpaired 插件，为这些命令分别建立映射项。

使用 Ex 命令

其实，不必非得将光标移到关键字上，才能进行标签跳转，也可以用 Ex 命令达到同样的目的。例如，`:tag {keyword}` 与 `:tjump {keyword}` 就分别等同于 `<C-]>` 与 `g<C-]>` 的功能（参见 `:h :tag` ❶与 `:h :tjump` ❶）。

有的时候，手动输入这些命令，甚至会比把光标移动到某个关键字还要快，特别是当 Vim 为标签文件的所有关键字提供 tab 补全功能时。例如，只需输入 `:tag Fran<Tab>`，Vim 就会把这段内容扩展成完整的 `Francophone`。

另外，这些 Ex 命令也可以使用正则表达式，调用时需采用 `:tag /{pattern}` 或 `:tjump /{pattern}` 这种形式（注意位于 `{pattern}` 前面的 `/` ）。例如，为了浏览所有以 `phone` 为结尾的关键字定义，可以调用以下命令。

⇒ `:tjump /phone$`

```
❰ # pri kind tag
  1 F C c    Anglophone      anglophone.rb
                class Anglophone < Speaker
  2 F   c    Francophone     francophone.rb
                class Francophone < Speaker
Type number and <Enter> (empty cancels):
```

下表总结了在使用标签浏览代码时的可用命令。

命令	用途
`<C-]>`	跳转到匹配当前光标所在关键字的第一处标签
`g<C-]>`	如果有多处标签可以匹配当前光标所在的关键字，提示用户指定一处进行跳转。如果只有一处匹配，则不会提示，直接进行跳转
`:tag {keyword}`	跳转到匹配 `{keyword}` 的第一处标签
`:tjump {keyword}`	提示用户从匹配 `{keyword}` 的多处标签中指定一处进行跳转。如果只有一处匹配，则不会提示，直接进行跳转
`:pop` 或 `<C-t>`	反向遍历标签历史
`:tag`	正向遍历标签历史
`:tnext`	跳转到下一处匹配的标签
`:tprev`	跳转到上一处匹配的标签
`:tfirst`	跳转到第一处匹配的标签
`:tlast`	跳转到最后一处匹配的标签
`:tselect`	提示用户从标签匹配列表中选择一项进行跳转

第 17 章

编译代码，并通过 **Quickfix** 列表浏

览错误信息

Quickfix 列表作为 Vim 的核心功能，旨在将外部工具融入我们的工作过程当中。简单地来说，Quickfix 列表会维护一组由文件名、行号、列号（可选）与消息组成的注释定位信息。从传统意义上讲，这些定位信息是由某个编译器所产生的一组错误信息，但也可能是由语法检查器、静态分析器或者其他工具输出的类似的警告信息。

先以如下工作过程为例：在外部 shell 中运行 make 并手动浏览其输出的错误信息。然后，介绍 :make 命令，看看它如何通过对编译器的错误信息进行解析，并生成 quickfix 列表供我们浏览，从而帮助简化工作过程。

凭借技巧 106 提供的一组最有用的命令，可以方便地浏览源自 :make 的运行结果。而在之后的技巧 107 中，将掌握 quickfix 功能特有的撤销命令。在技巧 108 中，将按部就班地配置 Vim，使其在运行 :make 时调用 JSLint 来验证 JavaScript 文件的内容，并将结果转换成 quickfix 列表供我们浏览。

技巧 105　不用离开 Vim 也能编译代码

可以在 Vim 中调用外部编译器，从而省去了离开编辑器的麻烦。如果编译器有任

何错误信息输出的话，Vim 还提供了快速跳转到出错位置的方法。

准备工作

这里将用一个小的 C 语言程序作为演示。这些源代码文件都已随书发行（更多细节，请参考下载本书中的示例），请在 shell 中切换至代码所在的路径 `code/quickfix/wakeup`。

⇒ `$ cd code/quickfix/wakeup`

编译此程序需要用到 `gcc` 编译器，但如果你只是想验证本技巧中步骤，其实没必要安装此编译器，因为这里展示的工作过程只是为了说明 quickfix 列表的设计初衷（其名字就由此而来）。我们很快会看到此功能的其他用途。

在 Shell 中编译工程

示例中的 `wakeup` 程序由 3 个文件组成：`Makefile`、`wakeup.c` 以及 `wakeup.h`。在 shell 中，可以运行 `make` 来编译此程序。

⇒ `$ make`

❮
```
gcc    -c -o wakeup.o wakeup.c
wakeup.c:68: error: conflicting types for 'generatePacket'
wakeup.h:3: error: previous declaration of 'generatePacket' was here
make: *** [wakeup.o] Error 1
```

编译器输出了一份提示性的报告，其中指出了几处错误。能在系统终端中看到这些信息固然不错，但现在的目的是要浏览每一处错误，并在 Vim 中将它们一一改正。

在 Vim 中编译工程

这一次，我们不在 shell 中运行 `make`，而是尝试着在 Vim 内部编译整个工程。首先，请确保已经切换到 Makefile 文件所在的目录 `code/quickfix/wakeup`，然后使用以下命令打开 Vim。

❮
```
$ pwd; ls

 ~/code/quickfix/wakeup
Makefile wakeup.c wakeup.h
```

⇒ `$ vim -u NONE -N wakeup.c`

现在可以从 Vim 内部运行 `:make` 命令了。

⇒ :make

```
❰ gcc    -c -o wakeup.o wakeup.c
  wakeup.c:68: error: conflicting types for 'generatePacket'
  wakeup.h:3: error: previous declaration of 'generatePacket' was here
  make: *** [wakeup.o] Error 1
```

Press ENTER or type command to continue

　　得到的结果与在 shell 中运行 make 的结果一致。唯一的不同是 Vim 会对输入结果进行某些智能的处理。Vim 除了会显示 make 命令的输出结果外，还会解析结果中的每一行内容，并把文件名、行号以及错误信息提取出来。对于每一条出错信息，Vim 都会在 quickfix 列表中为其创建一项记录。可以上下浏览这些记录项，让 Vim 跳到错误信息所在的行上。正如 Vim 的 quickfix 文档所述（参见 :h quickfix ❶），它允许"加快 编辑-编译-编辑 循环"。

　　运行完 :make 后，Vim 会跳转到 quickfix 列表的第一项记录。具体到本例来讲，光标此时应该位于 wakeup.c 中以下函数的起始位置。

```
void generatePacket(uint8_t *mac, uint8_t *packet)
{
  int i, j, k;
  k = 6;
  for (i = 0; i <= 15; i++)
  {
    for (j = 0; j <= 5; j++, k++)
    {
      packet[k] = mac[j];
    }
  }
}
```

　　此处的错误信息显示"冲突的类型 'generatePacket'"。利用命令 :cnext，可以跳转到 quickfix 列表的下一处出错位置。具体到本例来讲，将会跳转到文件 wakeup.h 中的这一行文本。

```
void generatePacket(char *, char *);
```

　　很明显，编译器之所以报错，是因为该函数在头文件中的声明与具体的实现不符。把位于头文件中的类型改为 uint8_t。具体改动如下。

```
void generatePacket(uint8_t *, uint8_t *);
```

　　保存此处的修改，然后重新调用 :make。

⇒ `:write`

⇒ `:make`

```
❰ gcc    -c -o wakeup.o wakeup.c
  gcc -o wakeup wakeup.o
```

这一次，程序编译成功了。quickfix 列表的内容也会根据最近一次 make 调用的输出相应地更新。由于没有出现编译错误，因此光标保持不动。

不改变光标位置

运行 :make 命令时，Vim 会自动跳转到第一处错误上（除非没有出现任何错误）。如果想保持光标位置不变，可用以下命令来代替原来的命令。

⇒ `:make!`

位于结尾处的符号！将指示 Vim 只更新 quickfix 列表，而不跳到第一处错误。现在假设在运行 :make 之后，突然发现应该使用带叹号的版本，要怎样才能让光标回到运行 :make 之前的位置呢？很简单，使用 <C-o> 命令将返回跳转列表（jump list）的上一处位置。更多细节，请参见技巧 56。

技巧 106　浏览 Quickfix 列表

quickfix 列表会保存一组针对单个或多个文件内容的位置信息。每一项记录可以是在执行 :make 时由编译器产生的出错信息，也可以是在执行 :grep 时找到的查找匹配。不论列表是如何生成的，都要能够浏览这些记录。本节将仔细研究浏览 quickfix 列表的几种方式。

通过查阅 :h quickfix ❶，可以找到一份详尽的命令列表，用于浏览 quickfix 列表。表 17-1 展示了其中最有用的几种命令及其用途。

这些命令均以 :c 开头，而位置列表（参见**结识位置列表**）也有与这些命令类似的命令，只不过需要将起始的字符换成 :l，如 :lnext、:lprev 等。:ll N 命令用于跳转到位置列表的第 n 项，它是对上述规则的一种很自然的变通。

表 17-1　浏览 Quickfix 列表的命令

命令	用途
:cnext	跳转到下一项
:cprev	跳转到上一项
:cfirst	跳转到第一项
:clast	跳转到最后一项
:cnfile	跳转到下一个文件中的第一项
:cpfile	跳转到上一个文件中的最后一项
:cc N	跳转到第 n 项
:copen	打开 quickfix 窗口
:cclose	关闭 quickfix 窗口
:cdo {cmd}	在 quickfix 列表中的每一行上执行 {cmd}
:cfdo {cmd}	在 quickfix 列表中的每个文件上执行一次 {cmd}

结识位置列表

对于每一条用于填充 quickfix 列表的命令，都有一条对应的命令，把结果保存到位置列表。:make、:grep 以及 :vimgrep 会使用 quickfix 列表，类似地，:lmake、:lgrep 以及 :lvimgrep 将使用位置列表。二者有何不同呢？区别就在于，在任一特定的时刻，只能有一个 quickfix 列表，而位置列表却要多少有多少。

假设根据技巧 108 中的步骤，完成了外部编译器的配置，这样当在某个 JavaScript 文件中运行 :make 时，Vim 就会调用 JSLint 来验证该文件的内容。现在假设用两个分割窗口分别打开两个不同的 JavaScript 文件。运行 :lmake 检查当前窗口的内容时，任何错误信息都将被保存至位置列表。紧接着，切换到另一个窗口，并再次运行 :lmake。此时，Vim 不会覆盖已有的位置列表，而是创建一个新的列表。到目前为止，我们得到了两个位置列表，并且分别保存着来自两个不同 JavaScript 文件的错误信息。

任何与位置列表交互的命令（:lnext、:lprev 等），仅操作与当前活动窗口相关联的那个位置列表。Vim 全局可见的 quickfix 列表则与之形成了鲜明对比。不论哪个标签页或者窗口处于活动状态，一旦运行 :copen，quickfix 窗口都将显示同一份列表。

Quickfix 的基本移动命令

通过 :cnext 与 :cprevious 这两条命令，可以向下或者向上遍历整个 quickfix 列表。如果想直接跳转到列表的起始或结尾项，可以用 :cfirst 与 :clast 命令分别实现。由于需要大量使用这 4 条命令，因此将它们映射成更顺手的快捷键不失为一个好主意。请参见关于 unimpaired 插件的讨论。

Quickfix 的快速前进/后退命令

无论是 :cnext 还是 :cprev，都可以在其前面附加执行次数。因此，可以像下面这样每次间隔 5 项进行浏览，而不是依次浏览 quickfix 列表中的每一项。

⇒ :5cnext

假设在浏览 quickfix 列表的过程中发现，尽管当前的文件存在多处匹配，却没有一处是我们想要的。在此场景中，与其每次浏览一项（甚至是 10 项），还不如跳过当前文件中的所有结果。cnfile 命令就是做这个用的。正如你预期的那样，:cpfile 会执行反向移动，即直接跳转到上一个文件的最后一项 quickfix 记录。

使用 Quickfix 窗口

运行 :copen，可以打开一个包含 quickfix 列表内容的窗口。在某些方面，此窗口就像是一个普通的 Vim 缓冲区，分别可以用 k、j 两键进行上、下滚动，甚至还可以查找 quickfix 列表中的内容。

另外，quickfix 窗口也有其特别之处。如果将光标置于某条列表项并按 <CR> 键，Vim 将会打开相应的文件，并将光标置于包含匹配结果的那一行上。文件会显示在 quickfix 窗口上方的窗口中，但如果该文件已经在当前标签页的某个窗口中打开了，就会复用该缓冲区。

> **注意**：quickfix 窗口中的每一行都对应 quickfix 列表的一项记录。如果运行 :cnext，quickfix 窗口中的光标位置将会向下移动一行，即使它不是活动窗口也不例外。反之，当通过操作 quickfix 窗口跳转到 quickfix 列表中的某一项记录之后，一旦再次运行 :cnext，就会跳转到刚才所选中条目的后一项上。通过 quickfix 窗口选中某一项就好像运行了 :cc[nr] 命令，只不过采用的是更直观的可视化界面而已。

当 quickfix 窗口处于活动状态时，可以像平常一样使用 :q 将其关闭。但如果其他窗口是活动窗口，也可以通过 :cclose 将其关闭。

技巧 107　回溯以前的 Quickfix 列表

更新 quickfix 列表时，Vim 并不会覆盖之前的内容，而是将使用过的 quickfix 列表结果保存起来，方便回溯。

运行 :colder 命令（遗憾的是，并没有 :warmer 命令），可以回溯 quickfix 列表之前的某个版本（Vim 会保存最近的 10 个列表）。为了从旧的 quickfix 列表回到比较新的列表，可以运行 :cnewer。请注意，:colder 与 :cnewer 命令都支持次数，这意味着可以分别让这两个命令运行指定的次数。

如果在运行 :colder 或者 :cnewer 之后打开 quickfix 窗口，状态栏将显示刚刚用于创建此列表的命令。

可以将 :colder 与 :cnewer 命令想象成针对 quickfix 列表的撤销（undo）与重做（redo）命令。就是说，可以试着执行其他重新生成 quickfix 列表的命令，而不必担心后果，因为我们总是可以凭借 :colder 回退到上一个列表。除此之外，也不必重复执行 :make 或者 :grep 命令，因为可以取回它们上次的执行结果（除非已经修改了某些文件）。这的确是个节省时间的好办法，特别是在命令要用很久时间才能执行完的情况下，尤为明显。

技巧 108　定制外部编译器

Vim 的 :make 命令不仅限于调用外部的 make 程序，也可以调用任何安装在机器上的编译器。（注意，Vim 对编译器的定义，比你所熟识的定义更宽松，请参见 **‘：compiler’与‘：make’不仅限于编译型语言**。）本节将对 :make 命令进行设置，使其可以调用 JSLint 来验证 JavaScript 文件，并根据输出的结果填充 quickfix 列表。

首先配置 Vim，使其在运行 :make 时可以调用 nodelint [①]，即 JSLint [②] 的命令行接口。nodelint 依赖 Node.js，它可以通过以下简单的 NPM 命令进行安装。[③]

---

① https://github.com/tav/nodelint
② http://jslint.com/
③ http://nodejs.org/ 与 http://npmjs.org/，两个网址

⇒ `$ npm install nodelint -g`

将使用 FizzBuzz 的 JavaScript 实现版本作为本节的测试用例。

quickfix/fizzbuzz.js

```
var i;
for (i=1; i <= 100; i++) {
    if(i % 15 == 0) {
        console.log('Fizzbuzz');
    } else if(i % 5 == 0) {
        console.log('Buzz');
    } else if(i % 3 == 0) {
        console.log('Fizz');
    } else {
        console.log(i);
    }
};
```

配置 ':make'，使其调用 Nodelint

'makeprg' 选项允许指定运行 :make 时调用的程序（参见 :h 'makeprg' ①）。通过以下命令，可以指示 Vim 运行 nodelint。

⇒ `:setlocal makeprg=NODE_DISABLE_COLORS=1\ nodelint\ %`

符号 % 将被扩展成当前文件所在的路径。因此，如果正在编辑文件~/quickfix/fizzbuzz.js，则在 Vim 中运行 :make 等于在 shell 中运行以下命令。

⇒ `$ export NODE_DISABLE_COLORS=1`

⇒ `$ nodelint ~/quickfix/fizzbuzz.js`

```
❮ ~/quickfix/fizzbuzz.js, line 2, character 22: Unexpected '++'.
  for (i=1; i <= 100; i++) {
~/quickfix/fizzbuzz.js, line 3, character 15: Expected '===' ...
if(i % 15 == 0) {
~/quickfix/fizzbuzz.js, line 5, character 21: Expected '===' ...
} else if(i % 5 == 0) {
~/quickfix/fizzbuzz.js, line 7, character 21: Expected '===' ...
} else if(i % 3 == 0) {
~/quickfix/fizzbuzz.js, line 12, character 2: Unexpected ';'.
};
5 errors
```

在缺省情况下，nodelint 采用 ANSI 色标编码把错误信息高亮为红色。而配置 NODE_DISABLE_COLORS=1 将会禁用颜色高亮，这样可以更容易地解析出错信息。

接下来，让 Vim 解析 nodelint 的输出结果，并根据这些结果来构建 quickfix 列表。解决这个问题的方式有两种：其一，配置 nodelint，使其输出的结果类似于由 make 产生的错误信息，这样 Vim 就可以识别了；或者由我们来指导 Vim 如何解析来自 nodelint 的缺省输出结果。此处将采用第二种技术。

用 Nodelint 的输出结果填充 Quickfix 列表

'errorformat' 选项允许我们指导 Vim 如何解析由 :make 产生的输出结果（参见 :h 'errorformat' ❶）。通过下列命令，可以查看该选项的缺省值。

⇒ `:setglobal errorformat?`

❰ `errorformat=%*[^"]"%f"%*\D%l: %m,"%f"%*\D%l: %m, ...[省略]...`

如果对 scanf 函数（C 语言）比较熟悉，就肯定会对即将介绍的概念深有体会。在设置 'errorformat' 选项时，每个以百分号开头的字符都有特殊含义。%f 表示文件名，%l 表示行号，%m 表示错误信息。完整的说明列表，请查询 :h errorformat ❶。

为了解析来自 nodelint 的输出结果，可以将错误格式的选项设为如下内容。

⇒ `:setlocal efm=%A%f\,\ line\ %l\,\ character\ %c:%m,%Z%.%#,%-G%.%#`

自此以后，一旦再次运行 :make，Vim 就采用这种错误格式来解析 nodelint 的输出结果。对于每一项警告信息，Vim 都将提取文件名、行号以及列号，生成一条定位信息，即 quickfix 列表中的一项记录。这意味着可以通过技巧 106 中讨论的所有命令，在不同警告位置之间跳转。

用一条命令设置 'makeprg' 与 'errorformat'

没有人愿意去记 'errorformat' 配置的一大串命令。相反地，可以将其保存到某个文件并使用 :compiler 命令来激活它。通过这种方式对 'makeprg' 与 'errorformat' 进行配置，既方便又快捷（参见 :h :compiler ❶）。

⇒ `:compiler nodelint`

:compiler 命令会激活一个编译器插件，它会设置 'makeprg' 与 'errorformat' 选项，使之能够运行并解析 nodelint。这一条命令相当于加载了以下多行配置。

quickfix/ftplugin.javascript.vim

```
setlocal makeprg=NODE_DISABLE_COLORS=1\ nodelint\ %
let &l:efm='%A'
let &l:efm.='%f\, '
```

```
let &l:efm.='line %l\, '
let &l:efm.='character %c:'
let &l:efm.='%m' . ','
let &l:efm.='%Z%.%#' . ','
let &l:efm.='%-G%.%#'
```

　　编译器插件的内部实现更加复杂，但的确物有所值。通过运行以下命令，可以对 Vim 自带的编译器插件了解得更透彻。

⇒ **:args $VIMRUNTIME/compiler/*.vim**

> **注意**：尽管 nodelint 编译器插件并没有随同 Vim 一起发布，但可以方便地安装[①]。如果想一直使用 nodelint 作为 JavaScript 文件的编译器，则可以采用自动命令（autocommand）或者文件类型插件实现。具体操作的过程，请参见 **A1.3 为特定类型的文件应用个性化设置**。

':compiler' 与 ':make' 不仅限于编译型语言

　　在编译型语言的范畴中，单词 make 与 compile 均有其特殊的含义。而在 Vim 中，相应的 :make 与 :compiler 命令却具有更灵活的定义，这使得它们同样适用于解释型语言与标记格式文档（markup formats）。

　　例如，当我们正在编辑某个 LaTeX 文档时，可以对 Vim 进行定制，使其在运行 :make 命令时可将此 .tex 文件转换成 PDF 文件。或者，假设我们正在编辑某个解释型语言的源文件，如 JavaScript，也可以配置 :make，使其采用 JSLint 或者其他几种（不那么自以为是的）语法检查器。另外，还可以配置 :make，使其能够运行测试套件。

　　在 Vim 的术语中，编译器是指任何可以针对我们的文档进行处理，并生成错误或警告列表的外部程序。而 :make 命令只负责调用外部编译器，并对其输出进行解析，以此构建一个可供浏览的 quickfix 列表。

[①] https://github.com/bigfish/vim-nodelint

第 18 章

通过 grep、vimgrep 以及其他工具对整个工程进行查找

Vim 的查找命令很适合搜索位于文件内的所有匹配。但如果想在整个工程范围内查找这些匹配呢？我们不得不扫描许多文件。传统上，这是一个专用的 UNIX 工具——grep 所负责的领域。

本章将发掘 Vim 的 :grep 命令，它允许在不离开编辑器的情况下调用外部程序。尽管该命令会缺省调用 grep（前提是已安装 grep 程序），不过它可以被方便地进行定制，从而将查找任务外包给其他的专用程序，如 ack。

使用外部程序的缺点之一是它们的正则表达式语法可能与 Vim 查找命令的语法不兼容。好消息是，:vimgrep 命令允许通过 Vim 自带的查找引擎，在多个文件中查找指定的模式。不过俗话说得好，有得必有失，vimgrep 的查找速度几乎不可能达到专用程序的水平。

技巧 109   不必离开 Vim 也能调用 grep

Vim 的 :grep 命令给外部 grep（或类似 grep 的）程序提供了一层封装。凭借此命令，可以在不离开 Vim 的情况下，通过 grep 在多个文件中查找某个模式，然后就可以用 quickfix 列表浏览这些查找结果了。

首先，来看一个工作过程，在此过程中，grep 与 Vim 各自独立运行，没有任何调用关系。然后将分析这种方法的弱点，再考虑使用集成的方案来解决这些问题。

在系统命令行中执行 grep

假设正在 Vim 中编辑文本，突然想在当前目录的所有文件中查找单词"Waldo"。可以离开 Vim，在 shell 中执行下面的命令。

⇒ `$ grep -n Waldo *`

❮ ```
department-store.txt:1:Waldo is beside the boot counter.
goldrush.txt:6:Waldo is studying his clipboard.
goldrush.txt:9:The penny farthing is 10 paces ahead of Waldo.
```

在缺省情况下，grep 会为每个匹配项打印一行，显示该匹配行的内容及所在的文件名。-n 参数将指示 grep 在显示结果时加入行号信息。

那么，能用这些结果做什么呢？当然，可以把其当成一个目录来用。对于结果中的每一行，都可以打开对应的文件，并指定要跳转的行号。例如，要跳转到 goldrush.txt 的第 9 行，可以在 shell 中运行以下命令。

⇒ `$ vim goldrush.txt +9`

这是不是有点麻烦？毋庸置疑的是，我们的工具能提供更好的集成。

## 在 Vim 内部调用 grep

Vim 的 :grep 命令是对外部 grep 程序的包装（参见 :h :grep ①）。这样就可以直接在 Vim 中执行 grep，而不用到 shell 中执行了。

⇒ `:grep Waldo *`

Vim 将在后台为我们在 shell 中执行 grep -n Waldo *。Vim 会对 grep 的输出进行更有用的处理，而不仅仅将它们显示出来。具体来讲，它会解析此输出，并由此创建一个 quickfix 列表。使用 :cnext/:cprev 命令以及在第 17 章介绍过的其他技术，可以浏览这些结果。

尽管只调用了 :grep Waldo *，但 Vim 会自动加入 -n 参数，指示 grep 在输出结果中加入行号信息。这就是为什么在浏览 quickfix 列表时，可以直接跳转到每一处匹配所在行的原因。
```

假设想让 grep 不区分大小写，则需要提供 -i 参数。

⇒ :grep -i Waldo *

Vim 将在幕后执行 grep -n -i Waldo *。请注意，缺省的 —n 参数仍会出现。如果还想进一步控制 grep 的行为，可以按照同样的方式传递其他的参数。

技巧 110　定制 grep 程序

Vim 的 :grep 命令是外部 grep 程序的包装。配置 'grepprg' 与 'grepformat' 这两个选项，可以对 Vim 查找的行为进行定制。首先看一下这两个选项的缺省设置，然后对这些设置进行修改，从而将查找任务外包给其他合适的程序。

Vim 缺省的 grep 设置

执行 Vim 的 :grep 命令时，'grepprg' 选项负责指定调用的 shell 程序（参见 :h 'grepprg' ❶）。'grepformat' 选项则指示 Vim 如何解析来自 :grep 命令的输出结果（参见 :h 'grepformat' ❶）。在 UNIX 系统中，这些缺省的设置如下。

```
grepprg="grep -n $* /dev/null"
grepformat="%f:%l:%m,%f:%l%m,%f  %l%m"
```

其中，出现在 'grepprg' 选项中的符号 $* 表示占位符，最终它将被提供给 :grep 命令的参数代替。

'grepformat' 选项由一串字符组成，其内容包括用于解析 :grep 执行结果的符号。'grepformat' 选项中的特殊标识符，与在**用 Nodelint 的输出结果填充 Ouickfix 列表**中所见的 'errorformat' 相同。要了解完整的列表，请查阅 :h errorformat ❶。

接下来看看缺省的 %f:%l %m 格式如何解析来自 grep 的输出结果。

```
department-store.txt:1:Waldo is beside the boot counter.
goldrush.txt:6:Waldo is studying his clipboard.
goldrush.txt:9:The penny farthing is 10 paces ahead of Waldo.
```

对于每一项记录，%f 表示文件名（如本例中的 department-store.txt 或者 goldrush.txt），%l 表示行号，%m 则表示匹配行的文本。

'grepformat' 字符串可以包含以逗号分隔的多组格式。缺省设置也能匹配

%f:%l%m 或 %f %l%m，不过 Vim 将采用第一种格式匹配来自 :grep 的输出结果。

通过 ':grep' 调用 ack

ack 作为可取代 grep 的程序，尤其受到程序员的青睐。如果想了解它与 grep 的对比情况，请访问其首页，而且一定要看网址 http://betterthangrep.com。

首先，需要安装 ack。在 Ubuntu 中，可以通过以下命令完成。

⇒ **$ sudo apt-get install ack-grep**

⇒ **$ sudo ln -s /usr/bin/ack-grep /usr/local/bin/ack**

其中，第一条命令负责安装 ack 程序，让我们可以用 ack-grep 调用它。第二条命令负责创建符号链接，让我们只需通过 ack 即可实现调用。

在 OS X 中，可以通过 Homebrew 进行安装。

⇒ **$ brew install ack**

让我们看看如何定制 'grepprg' 与 'grepformat' 这两个选项，实现让 :grep 调用 ack，而不是缺省的 grep。在缺省情况下，ack 会用单独的一行列出文件名，然后再从下一行起，列出此文件匹配行的行号及内容，如下所示。

⇒ **$ ack Waldo ***

```
❮ department-store.txt
  1:Waldo is beside the boot counter.

  goldrush.txt
  6:Waldo is studying his clipboard.
  9:The penny farthing is 10 paces ahead of Waldo.
```

可以方便地改变 ack 的输出格式，即通过在运行 ack 时加入 --nogroup 参数，实现类似 grep –n 的效果。

⇒ **$ ack --nogroup Waldo ***

```
❮ department-store.txt:1:Waldo is beside the boot counter.
  goldrush.txt:6:Waldo is studying his clipboard.
  goldrush.txt:9:The penny farthing is 10 paces ahead of Waldo.
```

事实证明，输出的结果的确与 grep -n 的格式吻合，另外，由于 Vim 缺省的 'grepformat' 选项已经知道如何解析这些内容，因此，没必要对它进行修改。综上所述，采用 ack 代替 grep 最简单的方法就是把 'grepprg' 设成以下值。

⇒ `:set grepprg=ack\ --nogroup\ $*`

通过 ack 跳转到指定的行与列

Ack 还有另一项绝技。采用 `--columm` 参数运行 `ack` 时，它会给出每一处匹配的行号与列号。实际结果如下所示。

⇒ `$ ack --nogroup --column Waldo *`

❮ department-store.txt:1:1:Waldo is beside the boot counter.
goldrush.txt:6:1:Waldo is studying his clipboard.
goldrush.txt:9:41:The penny farthing is 10 paces ahead of Waldo.

如果能够通过修改 'grepformat' 选项，将这项额外的信息提取出来，在浏览查找结果时，就可以跳转到每一处匹配的精确位置，而不仅是准确的行。通过以下设置，即可轻松实现这一功能。

⇒ `:set grepprg=ack\ --nogroup\ --column\ $*`

⇒ `:set grepformat=%f:%l:%c:%m`

其中，符号 `%c` 表示列号。

其他 grep 插件

对于 Vim 来说，将跨文件搜索的工作外包给外部程序很容易。只需修改 'grepprg' 与 'grepformat' 这两项设置并执行 `:grep` 即可。这样我们的结果就会顺理成章地出现在 quickfix 列表中。实际上，不论 Vim 调用的是哪种程序，其接口基本上是统一的。

但程序之间毕竟存在着一些重要的差异。例如，grep 采用的是 POSIX 风格的正则表达式，ack 则采用的是 Perl 风格的正则表达式。如果 `:grep` 命令在后台调用 ack，可能会引起误导。与其这样，你为什么不创建一条名为 `:Ack` 的命令，使其名副其实呢？

Ack.vim [1] 插件恰好符合以上需求。类似地，fugitive.vim [2] 插件也提供了一个名

---

[1] https://github.com/mileszs/ack.vim

[2] https://github.com/tpope/vim-fugitive

> 其他 grep 插件（续）
>
> 为 :Ggrep 的自定义命令用于执行 git-grep。当然，还可以安装几个类似的插件，而且由于每个插件都是创建各自的自定义命令，而不是覆盖 :grep 命令，因此，它们彼此之间不受影响。我们再也用不着死守着一个 grep 程序了。
>
> 可以针对当前的任务，选用合适的命令。

技巧 111　使用 Vim 内置正则表达式引擎的 Grep

:vimgrep 命令允许使用 Vim 内置的正则表达式引擎在多个文件中查找。

此处将使用 grep/quotes 目录作为演示，你可以在随书发布的源文件中找到此目录。具体包含以下文件及内容。

```
quotes/
  about.txt
  Don' t watch the clock; do what it does. Keep going.

  tough.txt
  When the going gets tough, the tough get going.

  where.txt
  If you don' t know where you are going,
  You might wind up someplace else.
```

单词 "going" 在每个文件里都出现至少一次。可以用 :vimgrep 命令让 Vim 在所有文件中查找该单词，像这样：

⇒ `:vimgrep  /going/  clock.txt tough.txt where.txt`

❮ (1 of 3): Don' t watch the clock; do what it does. Keep going.

⇒ `:cnext`

❮ (2 of 3): When the going gets tough, the tough get going.

⇒ `:cnext`

❮ (3 of 3): If you don' t know where you are going.

:vimgrep 命令会把所有包含匹配项的行加入 quickfix 列表，然后就可以用诸如:cnext、:cprev 这样的命令浏览这些结果（参见技巧 106）。

尽管文件 tough.txt 在一行出现过两次单词"going"，但上述:vimgrep 命令只会列出首处匹配。如果在模式域后加上 g 标志，:vimgrep 就把所有匹配此模式的地方都列出来，而不仅仅是首处匹配。

⇒ **:vim　/going/g　clock.txt tough.txt where.txt**

❰ (1 of 4): Don' t watch the clock; do what it does. Keep going.

这一次，所有 4 个匹配单词"going"的地方都显示在 quickfix 列表中了。这可能会让你回想起:substitute 命令工作方式：在缺省情况下，该命令也仅仅作用于每行中的第一处匹配，但是当加入 g 标志后，会对文本行上的所有匹配进行替换。使用:substitute 或者:vimgrep 命令时，几乎总是用带 g 标志的版本。

指定查找哪些文件

以下是:vimgrep 命令的格式（:h :vimgrep ⓘ）。

:vim[grep][!] /{pattern}/[g][j] {file} …

{file}参数一定不能为空，它可以是文件名、通配符、反引号表达式以及这些类型的组合。所有用于填充参数列表的技巧也可以在这里使用（有关更多细节的讨论，参见**填充参数列表**）。

上例一一列出了文件的名字，但是用通配符也可以达到同样的效果。

⇒ :vim　/going/g　*.txt

❰ (1 of 4): Don' t watch the clock; do what it does. Keep going.

除了可以使用*和**通配符外，也可以使用##符号，它将被扩展成参数列表中的所有文件（:h cmdline-special ⓘ）。这一技巧提供了另一种方法，可以先把希望查找的文件加入参数列表，然后再在参数列表中的所有文件上运行 :vimgrep。

⇒ **:args　*.txt**
⇒ **:vim　/going/g ##**

❰ (1 of 4): Don' t watch the clock; do what it does. Keep going.

这样做貌似工作量更大，因为要运行两条单独的 Ex 命令。但是平时我更倾向于用这种方式使用:vimgrep，因为这种方式能够让我把下面两件事分开：要在哪些文件中查找，以及要用什么模式查找。一旦文件被加入参数列表，在这组文件上执行多少次:vimgrep 命令都可以。

先在文件内查找，再扩大到整个工程

保持模式域为空，这会让:vimgrep 使用当前的查找模式。这一技巧也适用于:substitute 命令（技巧 91）以及:global 命令。如果想在多个文件中查找某一正则表达式，使用这一功能会很方便。可以先构造一个正则表达式，并在当前文件中进行测试。对该模式的匹配结果满意时，就可以使用此模式执行:vimgrep。例如，此处先用查找命令在当前文件中查找既匹配 "don't" 又匹配 "Don't" 的模式。

⇒ `/[Dd]on' t`

⇒ `:vim //g *.txt`

❰ (1 of 2): Don' t watch the clock; do what it does. Keep going.

使用:vimgrep 的主要优点在于其使用的模式与 Vim 的查找命令一致。如果是使用 :grep 在工程范围内查找相同模式，就不得不先把该模式转化成 POSIX 正则表达式。对于本例这样的简单模式，这种转换不费什么事，但对在技巧 85 中构造的那种复杂正则表达式，你可能就快快不乐了。

查找历史与:vimgrep 的关系

我经常使用如下命令，用当前查找模式在参数列表的所有文件中查找。

⇒ `:vim //g ##`

❰ (1 of 2): Don' t watch the clock; do what it does. Keep going.

使用该命令时需要注意一件事，即它总是使用当前的参数列表和查找历史的内容进行查找。如果稍后重复此命令，结果可能会不同，因为这取决于当时参数列表和查找历史的内容。

或者，可以用 <C-r>/ 把当前模式的内容填到查找域中。这两种方式的查找结果并没什么不同，但是命令历史却截然不同。

⇒ `:vim /<C - r>//g ##`

如果想稍后再次执行同一条:vimgrep 命令，上述命令将很有用，因为它会把模式保存到命令历史中。

第 19 章

自动补全

自动补全功能为我们省去了输入整个单词的麻烦。只需给出单词的前几个字母，Vim 就会根据这些信息创建一份包含建议内容的列表，以便选择合适的进行补全。该功能能否达到物尽其用的效果，取决于使用补全建议列表的熟练程度。在技巧 113 中，将学到一些与自动补全菜单交互的技巧。

技巧 112 介绍了关键字自动补全的一些基本操作。它会扫描当前编辑会话中的所有文件、所有包含文件（included files）以及标签文件（tag files），依此创建补全列表。将在技巧 114 中追踪该列表的来龙去脉，并将看到如何缩小补全建议列表的范围。

除了关键字，Vim 还会通过其他方式生成补全建议列表。表 19-1 列举了其中的一些重要方式，每种方式在本章里都会用单独的一节来介绍。

为了能够充分利用 Vim 的自动补全功能，需要理解两件事情：第一，如何获取与当前上下文相关度最高的补全建议；第二，如何从补全列表中选择正确的单词。将通过以下几节内容逐一对这些主题加以讨论。

技巧 112 认识 Vim 的关键字自动补全

当关键字自动补全功能被激活后，Vim 会试图猜测我们正在输入的单词，从而省去了手动输入完整单词的麻烦。

Vim 的自动补全可以在插入模式下触发。当此功能被调用时，Vim 首先会根据当前编辑会话内所有缓冲区的内容建立一份补全列表，然后再检测光标左侧的字符，看能否找到单词的一部分。如果找到的话，会用这个未完成的单词对补全列表进行过滤，所有不是以它开头的内容都将被过滤掉。最终的补全列表将以菜单形式出现，供我们选择。

下图的两组屏幕截图，分别描述了触发 Vim 关键词自动补全前后的情况：

```
She sells sea shells by the s|

..

She sells sea shells by the sea|
                           sells
                           sea
                           shells
..

-- match 2 of 3
```

在本例中，字母"s"被用于过滤补全列表，然后提供了 3 项选择："sells"、"sea"以及"shells"。如果你奇怪为什么"She"没有被列出来，请参见**自动补全与大小写敏感性**的说明。

自动补全与大小写敏感性

'ignorecase' 选项被启用后，无论是大写字母还是小写字母，Vim 的查找命令都对它们一视同仁（正如技巧 73 讨论的那样），但这样做也有副作用，即在自动补全时也会忽略大小写。

在以上介绍的"She sells sea shells"一例中，由于单词"She"以大写字母"S"开头，因此没有出现在补全列表中。然而，一旦 'ignorecase' 选项被启用，以大写 S 开头的"She"将会出现在补全列表中。鉴于我们已经输入了小写字母"s"，因此，"She"的出现对我们毫无用处。

可以通过启用 'infercase' 选项来修正这一行为（参见:h 'infercase' ①）。这样"she"仍旧会被加到补全列表中，不过会把开头的字母改为小写"s"。

触发自动补全

通过 `<C-p>` 与 `<C-n>` 这两个组合键，不仅可以在插入模式下触发 Vim 的自动补全，而且可以用它们在补全列表中反向或正向选择。

<C-p> 与 <C-n> 命令均会调用普通关键字自动补全。除此之外，还有其他几种自动补全的方式，所有这些命令均以组合键 <C-x> 作为起始操作。本章将对表 19-1 所列的补全方式进行深入讨论（可以通过 :h ins-completion ❶找到完整的列表）。

表 19-1 触发 Vim 自动补全的方法总结

命令	补全类型
<C-n>	普通关键字
<C-x><C-n>	当前缓冲区关键字
<C-x><C-i>	包含文件关键字
<C-x><C-]>	标签文件关键字
<C-x><C-k>	字典查找
<C-x><C-l>	整行补全
<C-x><C-f>	文件名补全
<C-x><C-o>	全能（Omni）补全

如果在 "She sells sea shells" 一例中使用 <C-x><C-n>，应该会看到与上图相同的补全列表。但是 <C-n> 可能会产生更多的补全建议，因为除了当前缓冲区以外，它还用其他来源来填充补全列表。在技巧 114 中，将深入研究普通关键字的补全列表是如何生成的。

不论触发了哪种形式的自动补全，与补全建议菜单进行交互的命令都是通用的。将在下一节对这些命令进行深入探讨。

技巧 113 与自动补全的弹出式菜单进行交互

为了能够从自动补全命令中获得最大收益，需要掌握其弹出式菜单的操作方法。简而言之，要么通过精简选项让我们可以快速地做出选择，要么在没有理想单词的情况下，允许关闭列表。

自动补全功能被触发时，Vim 会显示一份包含补全列表内容的下拉菜单。可以通过表 19-2 所列的命令与其进行交互。

有关更多细节，可以查询 Vim 文档 :h popupmenu-completion ❶。

　　不论使用哪种自动补全命令，当其弹出式菜单出现时，都可以用 `<C-n>` 与 `<C-p>` 选择菜单中的上一项或者下一项。而在插入模式下使用 `<C-n>` 与 `<C-p>` 时， 将会触发普通关键字自动补全。

　　表 19-2　可供弹出式菜单使用的命令

按键操作	作用
`<C-n>`	使用来自补全列表的下一个匹配项（*next* 匹配项）
`<C-p>`	使用来自补全列表的上一个匹配项（*previous* 匹配项）
`<Down>`	选择来自补全列表的下一个匹配项
`<Up>`	选择来自补全列表的上一个匹配项
`<C-y>`	确认使用当前选中的匹配项（*yes*）
`<C-e>`	还原最早输入的文本（从自动补全中 *exit*）
`<C-h>` （与 `<BS>`）	从当前匹配项中删除一个字符
`<C-l>`	从当前匹配项中增加一个字符
`{char}`	中止自动补全并插入字符 `{char}`

　　`<C-n>` 与 `<Down>` 这两个键都用于在弹出式菜单中选择下一项，同样地， `<C-p>` 与 `<Up>` 都用于选择上一项。无论采用的是 `<C-p>`/`<C-n>`，还是 `<Up>`/`<Down>` ，请注意它们之间细微的功能性差异。

浏览补全列表，但不改变文档内容

　　按下 `<Down>` 时，位于弹出式菜单中的下一项将被选中，但不会改变文档中的文本。因此，可以通过 `<Up>` 与 `<Down>` 这两个键滚动浏览位于弹出式菜单中的补全列表，直到找到理想的单词为止。然后，可以通过 `<CR>` 或者 `<C-y>` 将其插入文档中。

滚动浏览补全列表的同时更新文档内容

　　相对于 `<Down>` 键而言， `<C-n>` 键不仅可以选择列表中的下一项，而且它会使用选中的单词来更新文档。这意味着不用按 `<CR>` 就可以确认选择项，因为文档中的文本总是与弹出式菜单中的选择项保持同步。一旦从列表中选中了理想的单词，只要继续输入文本，即可关闭弹出式菜单。

　　由于下列种种原因，我更倾向于使用 `<C-p>` 与 `<C-n>` 这两个组合键，而不是 `<Up>` 与 `<Down>`。首先，当使用 `<C-p>` 与 `<C-n>` 时，不用把手指从本位行上挪开；其次，不必通过 `<CR>` 或者 `<C-y>` 来确认选择项，因为该项文本会自动插入当前文档中。这也再一次印证了技巧 47 中的忠告，你的手指要始终放在本位行上。

放弃所有选择项

调出自动补全的菜单之后，或许又想再把它关掉。例如，如果补全列表包含了太多的补全建议，那么手动输入整个单词可能会更快一些。这种情况下，可以通过 `<C-e>` 来终止这次自动补全，其效果是下拉菜单将被清除，并恢复光标前的文本，即调用自动补全前输入的内容。

随着输入字符的增多，补全列表将得到精简

在与自动补全弹出式菜单的交互过程中，输入 `<C-n><C-p>` 是我最喜欢的技巧之一。这其实是两个单独的命令，`<C-n>` 之后紧接着 `<C-p>`（用 `<C-p><C-n>` 也异曲同工）。前一个命令将触发自动补全功能，调出弹出式菜单，并选中补全列表中的第一项。第二条命令则选中补全列表的前一项，即在不关闭弹出式菜单的情况下回到输入的文本中。现在，可以继续输入文本，而 Vim 将实时过滤补全列表。

如果补全列表中包含了太多补全建议，让我们一眼望去无从下手，用这种方式将很管用。假设补全列表包含 20 项补全建议，而只输入了单词的前两个字符。输入第 3 个字符时，补全列表会立即得到精简。可以继续按照这种方式输入单词，直到补全列表短到足以令我们方便地选择理想的单词为止。

该技巧对于其他自动补全功能也同样有效。例如，可以通过 `<C-x><C-o><C-p>` 对全能补全的结果进行实时性过滤，或者利用 `<C-x><C-f><C-p>` 为文件名补全实现相同的功能。

技巧 114　掌握关键字的来龙去脉

普通关键字自动补全会把来自于多个来源的内容编入其补全列表。可以对生成补全列表项的来源加以限定。

有几种自动补全的变体形式，会根据特定的文件或者文件集合生成它们各自的补全列表。而普通关键字自动补全会将这些补全列表加以组合。为了掌握普通关键字的来龙去脉，首先应该看一看几种更具有针对性的自动补全形式。

缓冲区列表

填充自动补全单词列表最简单的方法就是使用当前缓冲区中的单词。基于当前文件关

键字的补全功能就是这样实现的，它可以通过 `<C-x><C-n>` （参见 `:h compl-current` ❶） 进行触发。当普通关键字的补全产生过多的补全建议，而你知道要找的单词就位于当前缓冲区之中时，采用此法将会很有成效。

但如果当前缓冲区的内容本身就很少，将导致这种补全方式所能提供的补全建议也少。为了扩充补全列表的内容，可以让 Vim 将缓冲区列表中所有文件的关键字都加载进来。以下命令可用于查看缓冲区列表。

⇒`:ls!`

缓冲区列表代表了当前 Vim 会话打开的所有文件。在生成普通关键字时，会用到列表中每个文件的内容。接下来将看到，即使不打开某个文件，也可以将其内容添加到自动补全的单词列表中来。

包含文件

大多数编程语言都提供了某种从外部文件或者代码库加载代码的方式。在 C 语言中，这一功能是通过 `#include` 指示符实现的，而 Python 使用 `import`，Ruby 则用 `require`。假设正在编辑的文件包含了一些来自其他代码库的代码。如果 Vim 可以在建立自动补全的单词列表时，将这些引用文件的内容加载进来，将对我们大有裨益。这恰好是通过 `<C-x><C-i>` 触发关键字补全时发生的事情（参见 `:h compl-keyword` ❷）。

Vim 本身就理解 C 语言包含文件的方式，但通过设置 `'include'` 选项（参见 `:h 'include'` ❸），也可以让它了解其他语言的对应提示符。通常，文件类型（file-type）插件会对该选项进行设置。好消息是 Vim 在发布时本身就支持多种编程语言，因此一般情况下不用修改该项设置，除非正在使用某种尚未得到支持的语言。请试着打开某个 Ruby 或者 Python 文件，并且运行 `:set include?`，你应该发现 Vim 已经知道如何去找此类语言的包含文件了。

标签文件

在第 16 章中，我们结识了 Exuberant Ctags 这个外部程序，它可以对源码进行扫描，找出里面的关键字，如函数名、类名，以及对应语言的其他重要结构。当 ctags 扫描某个代码库时，它会生成关键字的索引，该索引是按字母顺序排列的，可以用它来定位关键字。根据惯例，这些索引会被存入一个名为 `tags` 的文件中。

之所以采用 ctags 来建立代码库的索引，主要原因在于它让浏览代码变得更容易。

另外，标签文件还产出了一项有用的副产品，即一份可用于自动补全的关键字列表。可以用 `<C-x><C-]>`（参见 `:h compl-tag` ❶）命令将其调出来。

当要补全的单词属于编程语言对象（如函数名或者类名）时，标签自动补全可以很好地过滤非语言因素。

合而为一

普通关键字自动补全，会把来自于缓冲区列表、包含文件以及标签文件的单词列表组合在一起，并生成补全建议。如果想改变该功能的行为，请参见定制普通关键字自动补全。还记得么，用 `<C-n>` 组合键就可以触发普通关键字自动补全了，而更具针对性的补全方式则需要先按 `<C-x>`，再按另一个组合键来触发。

定制普通关键字自动补全

可以通过 `'complete'` 选项来定制普通关键字补全时扫描的位置。该选项包含一组由逗号分隔的单个字符，当某个参数出现时，就意味着需要扫描该参数代表的位置。该选项的缺省设置为 complete=.,w,b,u,t,i。可以使用以下命令禁止扫描所有的包含文件。

⇒ `:set complete-=i`

或者，可以通过以下命令来激活拼写字典自动补全功能。

⇒ `:set complete+=k`

请查阅 `:h 'complete'`，以便了解各个参数的作用。

技巧 115　使用字典中的单词进行自动补全

Vim 字典自动补全会根据某个单词列表，创建自己的补全建议列表。通过对 Vim 进行配置，可以让字典自动补全功能与内置的拼写检查功能使用同一份单词列表。

有时候，我们可能想通过自动补全功能输入某个单词，但它并没有在任何打开的缓冲区、包含文件或者标签文件中出现过。在这种情况下，可以在字典中查找。

`<C-x><C-k>` 命令（参见 `:h compl-dictionary` ⓘ）可用于触发此功能。

为了激活该功能，需要为 Vim 提供一份合适的单词列表。最简单的方法就是通过运行 `:set spell` 来激活 Vim 的拼写检查功能（有关更多的细节，请参见第 20 章）。一旦输入 `<C-x><C-k>` 命令，所有位于拼写字典中的单词都会变成补全建议项。

如果不想激活拼写检查功能，也可以通过 `'dictionary'` 选项来指定一个或多个含有单词列表的文件（参见 `:h 'dictionary'` ⓘ）。

当想输入一个长单词或者很难拼写的单词时，字典自动补全也许最管用了。这里有一个例子：

```
  1 The antidi|
      antidisestablishmentarianism
      antidisestablishmentarianism's

-- Back at original
```

除此之外，还有一种通过拼写字典实现自动补全的方式。在技巧 123 中介绍了其应用实例。

技巧 116 自动补全整行文本

到目前为止的所有示例中，看到的都是为单词补全，但是 Vim 也可以为整行的文本实现自动补全。面向行的自动补全功能可以通过 `<C-x><C-l>`（参见 `:h compl-whole-line` ⓘ）进行触发。

假设由这段文本开始：

auto_complete/bg-colors.css

```
.top {
  background-color: #ef66ef; }
.bottom {
```

假设想复制第二行内容并将其粘贴至文件的末尾。下面将介绍如何通过整行的自动补全功能来实现这一点（参见表 19-3）。

表 19-3　复制第二行至文件的末尾

按键操作	缓冲区内容
{start}	.top { 　　background-color:#ef66ef; } .bottom █

oba	.top {
	　　background-color: #ef66ef; }
	.bottom {
	ba█

`<C-x><C-l>`\<Esc\>	.top {
	　　background-color: #ef66ef; }
	.bottom {
	background-color: #ef66ef; █

　　普通关键字自动补全（参见技巧 114）采用的文件也同样用于生成行自动补全的建议列表。另外请注意，Vim 会忽略行首的缩进。

　　面向行的自动补全功能妙就妙在不用知道要复制的行的具体位置，而只需知道有这样一行文本存在即可。想象一下，在输入了前几个字符后，当我们敲 `<C-x><C-l>` 时，哇塞！Vim 真的帮我们补全了余下的字符。

　　我们已经见识过另外两种通过寄存器（参见**创建文本行的副本**）或 Ex 命令（**用': t' 命令复制行**）实现复制整行文本的方法。这 3 种方法各有利弊。因此，要试着辨别这 3 种技术各自擅长的场景，再相应地使用它们。

技巧 117　自动补全单词序列

　　当使用自动补全功能补全单词时，Vim 会记住该单词的来源位置。如果紧接着再次调用自动补全功能，Vim 就会插入位于其后的单词。可以一次次重复此动作以插入整个单词序列。用这种方式复制短句通常比复制粘贴更快。

　　假设正在编辑以下文档。

auto_complete/help-refs.xml

```
Here's the "hyperlink" for the Vim tutor:
<vimref href="http://vimhelp.appspot.com/usr_01.txt.html#tutor">tutor</vimref>.

For more information on autocompletion see:
<vimr
```

　　<vimref>是我在用 XML 书写本书时自定义的一个标签，用于表示 Vim 帮助文档的链接。在文档的最后一行，我们想插入一个指向:h ins-completion 帮助文档的链接。要插入的标签看起来和已有的 <vimref>标签非常像，只需把 usr_01 换成 insert，把 tutor 换成 ins-completion。

　　可以复制已有的 <vimref> 项并修改其中需要修改的地方，这样就可以快速达成目标。先把光标移到已有 <vimref>标签所在之处进行复制，然后把光标移到插入点并把所复制的内容粘贴过来。在本例中这样做并不麻烦，因为我们编辑的文档非常短。但如果编辑的文档包含了成千上万个单词，那么可能要把光标从当前编辑位置移动很远才能找到要复制的 <vimref>。

　　另外一种做法是，可以用 Vim 的自动补全功能在当前编辑位置插入一份<vimref>标签的副本。

按键操作	缓冲区内容
{start}	<vimr
a <C-x><C-p>	<vimref
<C-x><C-p>	<vimref>.

<C-p>	<vimref href
<C-x><C-p>	<vimref href="http
<C-x><C-p>	<vimref href="http://vimhelp

　　先按下 a 键切换到插入模式。现在就可以用 `<C-x><C-p>` 把未完成的 vimr 自动补全成 vimref（本例中用 `<C-x><C-n>` 也可以）。

　　第二次输入 `<C-x><C-p>` 时，情况变得比较有意思。Vim 记得它在文档的哪个位置找到补全项 vimref 的，当再次调用自动补全命令时，Vim 会使用 vimref 后面那个词来补全。然而在本例中出现了两种可能的选择，因为 vimref 在开标签和闭标签中都出现过。此时 Vim 会弹出一个补全菜单，提示选择本次补全的上下文。现在按一次 `<C-p>` 就可以得到想要的结果。接下来可以连续一次又一次按 `<C-x><C-p>`，每次调用这条命令，Vim 就会插入先前补全内容的后一个词，完成整个 XML 标签的补全花不了多少时间。在补全完成后就可以手动编辑这个标签了，把 usr_01 改为 insert，把 tutor 改为 ins-completion。

　　Vim 的自动补全不仅仅可以插入单词序列，也可以用于插入一系列行。如果重复使用 `<C-x><C-l>` 命令（技巧 116），就可以插入文档其他位置上的若干个连续的行。能够自动补全连续的单词或行，通常能比复制粘贴更快地复制文本。当你的搭档看到你在使用这一技术时，他们肯定会打断你，问你究竟是怎么做到的！

技巧 118　自动补全文件名

在命令行上工作时，可以用 `<Tab>` 来自动补全路径中的目录和文件名。借助于文件名自动补全的方式，也可以在 Vim 的编辑窗口中完成相同的操作。文件名自动补全功能可以通过 `<C-x><C-f>` 命令（参见 `:h compl-filename` ❶）触发。

Vim 总是维护着一个当前工作目录，这一做法与 shell 类似。在任何给定的时间点，都可以通过 `:pwd` 命令（print working directory）获取到该信息，还可以通过 `:cd {path}` 命令（change directory）随时切换工作目录。Vim 的文件名自动补全功能只相对于工作目录的路径进行扩展，而不是相对于当前编辑文件的路径，理解这一点很重要。

假设正在开发一个由下列文件组成的小型 web 应用。

```
webapp/
  public/
    index.html
    js/
      application.js
```

此时，正在编辑 index.html 文件。

`auto_complete/webapp/public/index.html`

```
<!DOCTYPE html>
<html>
  <head>
    <title>Practical Vim - the app</title>
    <script src="" type="text/javascript"></script>
  </head>
  <body></body>
</html>
```

我们的目的是想把 `src=""` 的属性填充为 `application.js` 文件的路径。但如果想通过文件名自动补全的方式实现这一点，会遇到点麻烦。

⇒ `:pwd`

❬ `webapp`

倘若此刻就调用文件名自动补全的话，它补全的内容将是相对于 `webapp` 的路径，即 `src="public/js/application.js"`。但实际上，我们想让其引用的是 `src="js/application.js"`。因此，如果想用文件名自动补全，必须先切换到 `public` 目录。

⇒ `:cd public`

现在就可以调用文件名自动补全了，它补全的内容将是相对于 `webapp/public` 的路径。

按键操作	缓冲区内容
`i`	`<script src="▌/>`
`js/ap`	`<script src="js/ap▌/>`
`<C-x><C-f>`	`<script src="js/application.js▌/>`

插入文件路径后，可以重新回到原来的工作目录。

⇒ `:cd -`

与 shell 的用法类似，`cd -` 将切换到之前的工作目录（参见 `:h :cd-` ❶）。

在描述文件名自动补全功能的文档中指出"（目前）这里不使用 'path' 选项"。也许在未来的 Vim 版本中，不用切换目录就可以利用该功能完成那个假想的 Web 应用任务了。

技巧 119　根据上下文自动补全

全能补全是由 Vim 实现的 intellsense 功能 ①。它将提供一份为光标所处的上下文量身定做的补全建议列表。本节将看到它在 CSS 文件的上下文中是如何工作的。

全能补全功能可通过 `<C-x><C-o>` 命令（参见 `:h compl-omni` ❶）进行触发。

实际上，该功能由专用的文件类型插件实现，因此，必须先加载以下配置行。

essential.vim

```
set nocompatible
filetype plugin on
```

---

① intellsense 是 Intelligent Sense 的缩写，指的是一套编程环境，它通过减少程序员常犯的误解、笔误以及其他错误，帮助他们加快编码的流程。http://en.wikipedia.org/wiki/Intelli-sense。——译者注

此外，还必须安装一个为所用语言实现全能补全功能的插件。Vim 的发行版本身就支持十几种语言，包括 HTML、CSS、JavaScript、PHP 以及 SQL。可以通过 :h compl-omni-filetypes ❶找到完整的列表。

图 19-1 展示了在某个 CSS 文件中有两处有细微不同的上下文时，触发全能补全的结果。在第一次触发全能补全时，由于 "ba" 作为 CSS 属性的一部分，因此显示的列表内容将包括 background、background-attachment 以及其他的几种属性。在此例中，选择的是 background-color。而当第二次触发全能补全时，尽管没有输入任何文本，但 Vim 会根据上下文判断出我们需要的是颜色信息，因此，它提供了 3 项补全建议：#、rgb(以及 transparent。

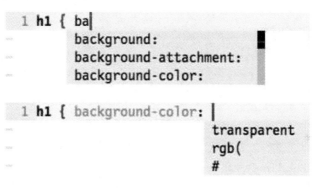

图 19-1　CSS 属性与值的全能补全

CSS 相对静态的语法特性决定了其非常适合采用全能补全功能，但如果想在某个编程语言环境中使用该功能，实际的情况可能有所不同。如果你对基于某个特定语言的全能补全功能不满意，就到官网上淘个新插件，或者干脆自己写一个。要了解如何撰写全能补全插件，可以查阅 :h complete-functions ❶。

第 20 章

利用 Vim 的拼写检查器，查找并更正拼写错误

Vim 的拼写检查器可以帮助人们更容易地查找并更正拼写错误。在技巧 120 中，将研究如何在普通模式下操作拼写检查器，而在技巧 123 中，我们还将看到该工具可以在插入模式下工作。

Vim 的发行版通常只为英语提供了拼写文件，但是安装其他语言的拼写文件也绝非难事。另外，正如将在技巧 121 中看到的那样，人们可以在美式与英式英语（还有其他区域性英语）之间切换。还有，正如将在技巧 122 中看到的那样，如果某个单词被误判成了拼写错误，那么将其添加到拼写文件中也是小事一桩。

技巧 120 对你的工作进行拼写检查

当拼写检查器启用后，Vim 将对所有未在拼写文件中出现过的单词进行标记。可以在这些拼写错误项之间快速跳转，并让 Vim 提供更正建议。以这段文本为例。

spell_check/yoru-moustache.txt

```
Yoru mum has a moustache.
```

很明显，第一个单词拼错了。可以启用 Vim 内置的拼写检查器，使其被高亮显示

出来：

⇒ `:set spell`

这时候，单词"Yoru"应该已经按 `SpellBad` 采用的语法高亮颜色被标记出来了。

在一般情况下，这意味着该词下方会显示一条红色虚线，但实际的显示效果则取决于当前采用的配色方案。

在缺省情况下，Vim 将用包含英文单词的字典进行拼写检查。将在技巧 121 中看到如何定制其他语言的字典，但目前先暂时采用缺省配置。

操作 Vim 的拼写检查器

可以用 `[s` 与 `]s` 命令在拼写错误间相应地进行反向及正向跳转（参见 `:h ]s` ⓘ）。当光标位于某个拼错单词之上时，可以通过 `z=` 命令（参见 `:h z=` ⓘ）来获取 Vim 提供的更正建议列表。下图所示的两组屏幕截图，分别描述了触发 `z=` 命令前后的情况。

```
1 Yoru mum has a moustache.
```
```
Change "Yoru" to:
 1 "Your"
 2 "Yore"
 3 "York"
Type number and <Enter>:
```

正如提示信息所示，可以输入 `1<CR>`，将拼错的单词替换为"Your"。而如果列表中没有出现理想的单词，可以按 `<Esc>` 将其关闭。

通过在 `z=` 命令前加编号前缀的方式，可以直接跳过提示，并采纳指定编号所指的更正建议。如果我们有足够的信心确保第一项建议是正确的，就可以直接运行 `1z=`，一气呵成。

在编辑文本的过程中，我更喜欢将撰写任务与拼写检查过程分开进行。我经常在撰写文本时关闭拼写检查器，从而避免了每次由于拼写检查而造成的干扰。当撰写任务完成后，再启用拼写检查器，对整篇文档做一次全面的检查，并将其标记的拼写错误一一改正。

下表总结了在普通模式下，操作 Vim 拼写检查器的基本命令。

命令	用途
]s	跳到下一处拼写错误
[s	跳到上一处拼写错误
z=	为当前单词提供更正建议
zg	把当前单词添加到拼写文件中
zw	把当前单词从拼写文件中删除
zug	撤销针对当前单词的 zg 或 zw 命令

将在技巧 122 中结识 zg、zw 与 zug 这 3 条命令。

技巧 121　使用其他拼写字典

Vim 的拼写检查器本身就支持英语的区域性变体。接下来，将研究如何指定这些区域，以及如何获取其他语言的拼写字典。

一旦启用了 Vim 的拼写检查器，它将以英语字典作为缺省的拼写字典进行单词比较。通过配置 'spelllang' 选项（参见 :h 'spelllang' ❶），可以更改其缺省设置。但 'spelllang' 选项并不是全局性的，它永远只在本地缓冲区生效。这意味着在编辑两个或两个以上的文档时，可以分别采用不同的拼写文件。如果用双语进行写作，这样做的确很方便。

指定某个语言的区域性变体

Vim 的拼写文件本身就支持英语的几种区域性变体。缺省设置 spelllang=en 意味着所有被以英语为母语的地区所认可的单词都是合法的。无论输入的是 "moustache"（采用英式拼法）还是 "mustache"（美式拼法），Vim 的拼写检查器都认为是正确的。

可以指示 Vim 只接受美式拼法。

⇒ :set spell

⇒ :set spelllang=en_us

这样设置后，"moustache" 将被标记为拼写错误，"mustache" 则是允许的。Vim 支持的其他区域包括 en_au、en_ca、en_gb 以及 en_nz。有关更多细节，请参考 :h spell-remarks ❶。

获取其他语言的拼写文件

Vim 的发行版本身就内置了支持英语的拼写文件，但也可以到 http://ftp.vim.

org/vim/runtime/spell/ 下载它支持的其他几十种语言的拼写文件。

如果试着加载某个尚未得到系统支持的拼写文件，Vim 会提供下载与安装的方法。

⇒ `:set spell`

⇒ `:set spelllang=fr`

❰ ```
Cannot find spell file for "fr" in utf-8
Do you want me to try downloading it?
(Y)es, [N]o:
```

⇒ `Y`

❰ ```
Downloading fr.utf-8.spl
In which directory do you want to write the file:
1. /Users/drew/.vim/spell
2. /Applications/MacVim.app/Contents/Resources/vim/runtime/spell
[C]ancel, (1), (2):
```

该功能由一个名为 `spellfile.vim` 的插件实现，并且已经内置于 Vim 的发行版（参见 `:h spellfile.vim` ❶）中。为了激活该功能，需要将以下两行内容复制到 `vimrc` 中（至少这两行）。

```
set nocompatible
plugin on
```

技巧 122　将单词添加到拼写文件中

Vim 的拼写字典并非十全十美，但可以通过把单词添加到拼写文件的方式来进一步完善它。

有的时候，由于某个单词并没有出现在拼写字典中，Vim 会误把它标记为拼写错误。可以用 `zg` 命令（参见 `:h zg` ❶）把光标下的单词加到拼写文件中，使 Vim 可以识别它。

另外，Vim 还提供了一条相辅相成的 `zw` 命令，用于把光标所在处的单词标记为拼写错误。在实现上，该命令允许把该单词从拼写文件中删除。如果在无意中触发了 `zg` 或者 `zw` 命令，最终将会意外地向拼写文件中添加单词，或从其中删除单词。为此，Vim 专门提供了一条撤销命令 `zug`，用于撤销对光标下单词所执行的 `zg` 或 `zw` 命令。

Vim 会把添加到字典中的单词保存至某个拼写文件中，这样一来，就可以一直使用它们。而拼写文件的名字由所使用的语言以及文件编码类型决定。

例如，假设我们编辑的是一个 UTF-8 编码的文件，并且拼写检查器采用的是英语字典。任何通过 `zg` 命令添加的单词都将被保存到一个名为 `~/.vim/spell/en.utf-8.add` 的文件中。

为专业术语创建拼写文件

通过配置 'spellfile' 选项，可以指定一个文件路径，用于保存由 `zg` 和 `zw` 命令添加、删除的单词（参见 `h 'spellfile'` ❶）。

Vim 允许同时指定多个拼写文件，这意味着可以维护多份单词列表。

本书涉及的很多文本串压根儿谈不上是英语单词，包括 Vim 的命令（如 `ciw`）及选项（如 'spelllang'）。我既不想让 Vim 将它们标记为拼写错误，也不想让 Vim 视其为合法的英语单词。作为折中方案，我会单独维护一个单词列表，专门用于保存 Vim 的术语。这样一来，在撰写 Vim 相关的文章时，可以随时把它作为拼写文件加载进来。

例如，当我准备为本书的某个章节进行拼写检查时，就可以将包含以下配置行的文件加载进来。

spell_check/spellfile.vim

```
setlocal spelllang=en_us
setlocal spellfile=~/.vim/spell/en.utf-8.add
setlocal spellfile+=~/books/practical_vim/jargon.utf-8.add
```

`~/.vim/spell/en.utf-8.add` 是缺省路径，它保存所有由 `zg` 命令添加的单词。而路径 `~/books/practical_vim/jargon.utf-8.add` 指向本书代码库中的一个文件，它保存由我维护的 Vim 术语列表。

对于每一个被拼写检查器误判的单词，目前都有两种处理方式，既可以通过 `2zg` 将其添加到 Vim 的术语列表中，也可以通过 `1zg` 将其添加到缺省的单词列表中。

技巧 123　在插入模式下更正拼写错误

Vim 的拼写自动补全功能甚至允许我们在不离开插入模式的情况下，更正拼写错误。

想象一下这样的情景：我们刚刚输入完一行文本，却突然发现位于几个单词之前的地方出现了一处拼写错误。该怎么办呢？

准备工作

以下技巧要求必须启用拼写检查器。

⇒ `:set spell`

通常做法：切换到普通模式

为了更正这一处拼写错误，可以先切换到普通模式，再通过 `[s` 命令跳回到发生拼写错误的地方，最后用 `1z=` 将其更正过来。在完成改正工作之后，可以通过 `A` 命令切回到插入模式，并跳到刚才的位置继续编辑。

快捷方式：利用拼写自动补全功能

还有另外一种方式，即在插入模式下通过 `<C-x>s` 命令更正拼写错误，该命令会触发一个特殊的自动补全功能（参见 `:h compl-spelling` ①）。还可以通过 `<C-x><C-s>` 实现同样的功能，该命令更易于输入。在下图中，两组屏幕截图分别展示了触发 `<C-x>s` 命令前后的情况。

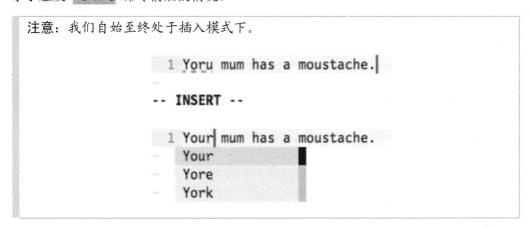

自动补全单词列表提供的补全建议与我们在技巧 120 中通过 `z=` 命令获得的结果完全一致。

当触发某个自动补全命令时，Vim 通常会在当前光标所在的位置提供如何完成单词的补全建议。但对于 `<C-x>s` 则有所不同。首先，Vim 会从光标位置开始进行反向扫描，直到发现一处拼写错误为止；然后，再根据更正建议创建单词列表，并将它们显示在弹出式菜单中。可以通过技巧 113 中介绍的任何一种方法来选择最终的结果。

　　只有某行文本出现的拼写错误不止一处时，`<C-x>s` 命令才能充分发挥出其优势。同样以上图所示的内容为例，假设运行了 `:set spelllang=en_us`，则单词 "moustache" 也将被标记为拼写错误。而如果一开始就处于插入模式下，且光标位于行末，则只需输入两次 `<C-x>s`，就可以一举将这两处拼写错误更正过来了。你也试一试吧。简直太酷了！

第 21 章

接下来干什么

祝贺你——本书已经接近尾声了！接下来该做什么呢？

21.1　继续练习

持之以恒地使用 Vim。因为通过训练，曾经很棘手的事情都将变成你的第二天性，你应该把"不加思考就能用 Vim 完成操作"当成你的目标。一旦达到了这种水平，就能以思考的速度编辑文本了。

本书不打算提供循序渐进式的阅读体验，因此，在你第一次阅读全书时不必掌握所有的技巧。有些技巧很简单，但有些技巧则针对有一定基础的读者。我希望你能重温本书，从中学到新的东西。

21.2　定制你自己的 Vim

我们一直用 Vim 的缺省配置进行工作。可以把出厂设置当成是基准，它让我们可以在工作时使用一套通用的功能集。但是，我并不是说你要坚持这样用，因为有些 Vim 的缺省设置不太人性化。如果你想知道为什么某个功能会以这种方式工作，答案通常是"因为 Vi 就是这么做的"。

但是，你大可不必将就这些缺省的设置。可以对 Vim 进行定制，使其按照你想要的方式工作。如果将偏好设置保存至 vimrc 文件，就能让 Vim 一直按你的方式工作。附录 A 提供了一些基本的配置，用于指导你入门。

21.3　欲善其事，先利其器

在 Bram Moolenaar 的经典文章 *Seven Habits of Effective Text Editing* 中，他建议人们要花一些时间把"锯子"磨锋利 ①。构建自己的 `vimrc` 文件正是其中的一种方式。但至关重要的是，你只有首先了解 Vim 的基本功能，才能在此基础上构建 `vimrc` 文件，即要先学会使用锯子，然后再打磨它。

我曾经见过有人把 Vim 定制得更难用，就好像把锯子磨得更钝了，我甚至也看到有些人磨错了边。不用担心，因为你读过本书，已经掌握了 Vim 的核心功能，所以不会再犯同样的错误。

请从零开始构建你的 `vimrc` 文件。可以使用随本书代码发布的 `essential.vim` 文件作为你的 `vimrc` 的基础。许多 Vim 用户都会将其 `vimrc` 文件共享至互联网，这些文件可以作为你的灵感源泉。你可以只复制那些能够解决你问题的部分，但一定要舍弃不需要的部分。你应该拥有属于自己的 `vimrc`，就是说你要理解究竟有什么东西在里面。

我并没有将我的 `vimrc` 分享给大家（如果我这么做了，本书的篇幅将会翻倍），但我已经时不时地给出了一些暗示。可以在 github 上找到我的 `vimrc`，以及其他很多我所使用的配置文件②。另外，我也已经把一些个人的定制化设置以及喜爱的插件放在了 Vimcasts.org 上③。

Vim 的安装许可证与众不同，它是作为慈善共享软件发布的（参见 `:h license` ❶）。这意味着它可以被免费使用，但它也鼓励你为 ICC 荷兰基金会④ 提供捐款，该基金会旨在帮助乌干达的贫困儿童。该捐赠项目值得你付出，并可借此向 Vim 的作者们表达谢意。

⇒ `:x`

---

① http://www.moolenaar.net/habits.html
② http://github.com/nelstrom/dotfiles
③ http://vimcasts.org/
④ http://iccf-holland.org/

根据个人喜好定制 Vim

本书的重点旨在教授你掌握 Vim 的核心功能，但有一些缺省设置可能并不合你的意。Vim 是高度可配置的，因此，可以根据个人喜好加以调整。

A.1　动态改变 Vim 的设置项

Vim 有数以百计的选项供我们定制其行为（完整的列表请参见 :h option-list ①）。可以通过 :set 命令来改变它们。

以 'ignorecase' 选项为例（已在技巧 72 中讨论过）。这是一个布尔型的选项，要么打开，要么关闭。可以通过以下命令将其打开。

⇒ :set ignorecase

为了关闭此功能，要在设置项的名字前添加单词 "no"。

⇒ :set noignorecase

如果在某个布尔类型的选项之后添加叹号，则可以反转该设置。

⇒ :set ignorecase!

如果在结尾加一个问号，则可以获取该选项当前的状态。

⇒ :set ignorecase?

❰ ignorecase

还可以通过引入 & 号后缀，将任意选项重置为默认值。

⇒ `:set ignorecase&`

⇒ `:set ignorecase?`

❰ `noignorecase`

有些 Vim 设置项的参数要用到字符串或者数字。例如，`'tabstop'` 选项要求指定制表符所占的列数（参见 `:h 'tabstop'` ❶）。可以通过以下方式设置该值。

⇒ `:set tabstop=2`

还可以用一条 set 语句设置多组选项。

⇒ `:set ts=2 sts=2 sw=2 et`

> **注意：** `'softtabstop'`、`'shiftwidth'` 以及 `'exandtab'` 选项也会影响 Vim 的缩进策略。如果想要了解更多的信息，请查阅 Vimcasts 上有关制表符和空格的主题①。

另外，大多数 Vim 选项都有其简写形式。例如，`'ignorecase'` 设置项可被简写为 ic。因此，可以通过 `:se ic!` 切换该功能或者用 `:se noic` 关闭该功能。在动态定制 Vim 时，我更倾向使用选项的简写名称，这样做很方便；但在配置 vimrc 文件时，出于可读性的考虑，我更喜欢使用全称。

Vim 的设置项通常全局生效，但有些选项只对一个窗口或缓冲区生效。例如，当运行 `:setlocal tabstop=4` 时，只会影响当前活动的缓冲区。这意味着我们可以打开不同的文件，并为每个文件单独定制 `'tabstop'` 设置项。如果我们想在现有的所有缓冲区内应用同样的设置，可以运行以下命令。

⇒ `:bufdo setlocal tabstop=4`

`'number'` 选项只在窗口范围内生效。运行 `:setlocal number` 时，Vim 将会激活当前活动窗口的显示行号功能。如果想为每个窗口都激活该功能，可以运行下面这条命令。

⇒ `:windo setlocal number`

由 `:setlocal` 命令触发的改动，只会影响当前窗口或者缓冲区（除非该选项只能被设置为全局性的）。假设运行了 `:set number`，Vim 将为当前窗口激活显示行号功能，与此同时，这条命令也会设置一个新的全局缺省值。这样一来，现有的窗口依

---

① http://vimcasts.org/e/2

旧保持它们原有的本地设置（local setting），但是新的窗口将会应用新的全局性设置。

A.2　将配置信息存至 vimrc 文件

动态改变 Vim 的设置项非常有用，但假设你已经定制了某些特别中意的选项，如果能让它们固定下来的话，肯定更方便吧？

可以将定制化的选项写入文件，加以保存。此后，可以通过 `:source {file}` 命令，将指定 `{file}` 中的设置项应用于当前的编辑会话（参见 `:h :source` ❶）。在加载文件时，Vim 会把每一行文本当作 Ex 命令加以执行，就好像在 Vim 命令行上执行它们一样。

假设经常编辑缩进两个空格的文件，就可以创建一个包含特定选项的文件，并将其保存至磁盘。

customizations/two-space-indent.vim

```
" Use two spaces for indentation
set tabstop=2
set softtabstop=2
set shiftwidth=2
set expandtab
```

每当想在当前缓冲区应用这些配置项时，可以运行这条命令。

⇒ `:source two-space-indent.vim`

动态改变这些设置项时，要先输入一个冒号切换至命令行模式。但当这些设置项被保存至文件后，就没有必要在前面添加冒号了，因为 `:source` 命令会把文件的每一行都当成 Ex 命令，让 Vim 执行。

当 Vim 启动时，会检查名为 `vimrc` 的文件是否存在。如果 Vim 找到了该文件，会在启动时自动加载其所有内容。通过这种机制，可以将喜爱的定制选项保存至 `vimrc` 文件中，这样每当 Vim 启动时，都会应用这些选项。

Vim 会在许多地方查找 `vimrc` 文件（参见 `:h vimrc` ❶）。在 UNIX 系统中，Vim 希望能找到路径为 `~/.vimrc` 的文件。在 Windows 系统中，理想的文件路径为 `$HOME/_vimrc`。无论运行的是哪种系统，都可以通过以下命令在 Vim 的内部打开该文件：

⇒ `:edit $MYVIMRC`

　　$MYVIMRC 是 Vim 的一个环境变量，它将被扩展为 vimrc 的文件路径。在完成针对 vimrc 文件的改动后，可以通过以下命令为当前的 Vim 会话加载新的配置选项。

⇒ `:source $MYVIMRC`

　　如果 vimrc 文件恰好是当前活动的缓冲区，则可把此命令简化为 `:so %`。

A.3　为特定类型的文件应用个性化设置

　　我们的偏好设置有可能根据文件的类型不同而有所差异。例如，假设排版格式要求，对 Ruby 文件要采用两个空格的缩进，而对 JavaScript 文件采用 4 列宽度的制表符。为此，可以将以下文本行添加至 vimrc，应用这些设置。

customizations/filetype-indentation.vim

```
if has("autocmd")
    filetype on
    autocmd FileType ruby setlocal ts=2 sts=2 sw=2 et
    autocmd FileType javascript setlocal ts=4 sts=4 sw=4 noet
endif
```

　　autocmd 语句的检测机制将指示 Vim 监听某一类事件，一旦该事件发生，Vim 将执行指定的命令（参见 `:h :autocmd` ⓘ）。在本例中，将监听 FileType 事件，它会在 Vim 检测出当前文件类型时被触发。

　　可以为相同类型的事件添加不止一条自动命令。假设想采用 nodelint 来检查 JavaScript 类型的文件，就可以将以下文本添加到上例中。

```
autocmd FileType javascript compiler nodelint
```

　　每当 JavaScript 类型文件中的 FileType 事件被触发时，这两条自动命令都会被执行。

　　如果只是为特定类型的文件定制一至两处选项的话，将这些自动命令置于 vimrc 中就可以工作得很好了。但如果想在某一类文件中应用很多项设置，这样做会使 vimrc 变得很乱。另一种方法是使用文件类型插件（ftplugin）来定制不同文件类型。这一次不是在 vimrc 添加自动命令来设置 JavaScipt 文件类型的偏好，而是将它们移到路径为 ~/.vim/after/ftplugin/javascript.vim 的文件中。

customizations/ftplugin/javascript.vim

```
setlocal ts=4 sts=4 sw=4 noet
compiler nodelint
```

　　该文件就像普通的 `vimrc` 文件，但这些设置项只会在 JavaScript 类型的文件中才会应用。也可以针对 Ruby 的定制选项创建 `ftplugin/ruby.vim` 文件，或者对我们常用的其他类型文件进行定制。更多细节请查阅 `:h ftplugin-name` ①。

　　为了能够使用 `ftplugin` 机制，必须确保检测文件类型的功能以及插件功能都被激活了。请检查 `vimrc`，看看是否包含了这行文本。

```
filetype plugin on
```